普通高等学校应用型教材·数学

微积分

Calculus

（第二版）下册

主　编　刘　强　聂　力

副主编　张　琳　于威威　魏晓云　聂高琴

　　　　梅超群　陶桂平　孙激流　范林元

中国人民大学出版社

·北京·

图书在版编目（CIP）数据

微积分. 下册/刘强，聂力主编. --2版. --北京：
中国人民大学出版社，2022.9
普通高等学校应用型教材. 数学
ISBN 978-7-300-30941-5

Ⅰ.①微… Ⅱ.①刘… ②聂… Ⅲ.①微积分-高等学校-教材 Ⅳ.①O172

中国版本图书馆CIP数据核字（2022）第152081号

普通高等学校应用型教材·数学
微 积 分（第二版）（下册）
主　编　刘　强　聂　力
副主编　张　琳　于威威　魏晓云　聂高琴　梅超群　陶桂平　孙激流　范林元
Weijifen (Di-er Ban) (Xiace)

出版发行	中国人民大学出版社		
社　　址	北京中关村大街31号	**邮政编码**	100080
电　　话	010－62511242（总编室）		010－62511770（质管部）
	010－82501766（邮购部）		010－62514148（门市部）
	010－62515195（发行公司）		010－62515275（盗版举报）
网　　址	http://www.crup.com.cn		
经　　销	新华书店		
印　　刷	北京宏伟双华印刷有限公司	**版　　次**	2018年12月第1版
规　　格	185 mm×260 mm　16开本		2022年9月第2版
印　　张	16.5	**印　　次**	2022年9月第1次印刷
字　　数	372 000	**定　　价**	42.00元

内容摘要

本书是根据教育部高等学校大学数学课程教学指导委员会的总体要求，结合地方财经类专业需求特点进行编写的. 按照“专业适用，内容够用，学生适用”的设计思路，量身定制课程内容，突出经济数学的“经济”特色. 在内容编排上，尽量做到结构合理、概念清楚、条理分明、深入浅出、强化应用.

全书共有 10 章，分为上、下两册. 其中上册涵盖了函数、极限与连续、导数与微分、微分中值定理与导数的应用、不定积分等内容，下册涵盖了定积分、多元函数微积分、无穷级数、微分方程以及差分方程等内容. 本书为下册. 为了便于读者学习，每节后均附有习题，每章后附有总复习题，书末附有答案.

本书既可以作为普通高等学校经管类本科生学习微积分课程的教材，也可以作为教师的教学参考用书和全国硕士研究生统一入学考试的复习用书.

第二版 前言

社会的持续进步、经济的高质量发展离不开一流本科人才的支撑，而一流本科人才的培养离不开大学数学课程的支撑. 大学数学课程在落实立德树人根本任务、打造一流本科人才中扮演着不可或缺的角色.

地方高校工科类、经管类专业的数学课程主要包括微积分（或高等数学）、线性代数以及概率论与数理统计三大课程. 2009 年以来，在北京市教委的大力支持下，由首都经济贸易大学牵头，联合部分兄弟院校，立足工科类、经管类专业的建设特点，致力于地方高校数学教育教学模式的探索与改革，取得了一系列成果，其中两次获得北京市教育教学成果奖.

在此基础上，由首都经济贸易大学刘强教授牵头，编写了普通高等学校应用型教材的数学系列. 该系列丛书主要包括《微积分》（上、下册）、《线性代数》和《概率论与数理统计》三门课程教材，以及配套的习题全解与试题选编.

本丛书自第一版发行以来，收到了国内兄弟院校的一致好评，也收到了读者与同行的一些意见与建议，我们在教学过程中也发现了一些需要改进的地方. 在中国人民大学出版社李丽娜编辑的建议下，我们着手修订本系列教材. 本次修订的内容主要有如下三个方面：

1. 打造新形态教材，包括录制了课程慕课、微课，制作了多媒体课件，建设了课程资源库.

2. 调整与修订章节内容，包括教材概念定义的推敲、典型例题的优化、语言的润色等.

3. 融入课程思政、数学文化，力争做到过渡自然，润物无声.

在第二版教材的修订过程中，我们得到了对外经济贸易大学的刘立新教授、北京工商大学的曹显兵教授、北京化工大学的姜广峰教授、中央财经大学的贾尚晖教授、北京交通大学的于永光教授、北京工业大学的薛留根教授、北方工业大学的刘喜波教授、重庆工商大学的陈义安教授、北京师范大学的李高荣教授、江苏师范大学的赵鹏教授、山西财经大学的王俊新教授、北京联合大学的玄祖兴教授、北京印刷学院的朱晓峰教授、广东财经大学的黄辉教授、北京信息科技大学的侯吉成教授、北京物资学院的李珍萍教授以及首都经济贸易大学的张宝学教授、马立平教授等同行们的大力支持，在此一并表示诚挚的感谢.

由于作者水平所限，新版中错误和疏漏之处在所难免，恳请读者和同行不吝指正. 欢迎来函，邮箱地址为：cuebliuqiang@163. com.

作者

2022 年 4 月

第一版 前言

数学是一门工具，更是一种思维方式. 学习数学有助于我们培养发现问题、分析问题、解决问题的能力. 财经类专业与数学联系密切，大学数学在财经类专业人才培养中的作用日益凸显，在应用复合型人才的综合素养培养方面发挥着重要作用. 当前，在地方财经类院校中，大学数学已经成为本科教育的必修课程. 财经类院校大学数学主要包括三大类课程，即微积分、线性代数以及概率论与数理统计，当然还有一些其他衍生课程，例如数学史与数学文化、数学软件与应用、数学实验，等等.

2009 年以来，在北京市和学校相关部门的大力支持下，首都经济贸易大学数学公共基础课的教学改革一直在如火如荼地进行着，数学公共基础课教学团队从全国地方财经类专业的数学需求出发，结合教育部高等学校大学数学课程教学指导委员会的总体要求，对课程管理与队伍建设、数学理念、教学大纲与课程内容、考核方式、教学模式与教学手段、教学研究、学科竞赛等方面进行了全方位改革，涉及面广，内容深刻，力度很大，效果很好. 在此基础上，我们对原有讲义进行了系统的整理、修订，编写了“十三五”普通高等教育应用型规划教材，该系列教材主要包括《微积分》（上、下册）、《线性代数》和《概率论与数理统计》，以及相应的同步练习、深化训练、考研辅导和大学生数学竞赛用书等，由首都经济贸易大学的刘强教授担任丛书的总主编.

编写组曾经在北京、山东、江苏等省市的部分高校进行调研，很多学生在学习的过程中，对于一些重要的数学思想、数学方法难以把握，许多高校数学公共课期末考试不及格的现象普遍存在，这一方面说明了当前大学数学教学改革的紧迫性，另一方面说明了教材编写的合理定位的重要性. 从规划教材的定位来看，本系列教材主要适用于地方财经类一本、二本院校的教学. 在教材的编写过程中，在保持数学体系严谨的前提下，尽量简明通俗，尽量形象化，强调数学思想的学习与培养，淡化理论与方法的证明，注重经济学案例的使用，强调经济问题的应用，体现出经济数学的“经济”特色.

本书为《微积分》（下册），内容体系在符合教育部高等学校大学数学课程教学指导委员会的总体要求的基础上，结合地方财经类专业特点进行系统设计，尽可能做到结构合理、概念清楚、条理分明、深入浅出、强化应用. 本书涵盖了定积分、多元函数微积分、无穷级数、微分方程以及差分方程等内容.

为了便于学生学习和教师布置课后作业，配套习题将按节设计，每章附有总复习题，书末附有习题答案。同时为了便于读者学习，选学内容和有一定难度的内容将用“＊”标出.

在系列教材编写的过程中，我们得到了北京航空航天大学的韩立岩教授、清华大学的邓邦明教授、北京工商大学的曹显兵教授、北京工业大学的薛留根教授、广东财经大学的胡桂武教授、北方工业大学的刘喜波教授、中央财经大学的贾尚晖教授、重庆工商大学的陈义安教授、北京信息科技大学的侯吉成教授、北京联合大学的邢春峰教授、昆明理工大学的吴刘仓教授、江苏师范大学的赵鹏教授、北京化工大学的李志强副教授以及首都经济贸易大学的马立平教授、张宝学教授、任韬副教授等同行的大力支持，中国人民大学出版社的责任编辑李丽娜女士为丛书的出版付出了很多努力，在此一并表示诚挚的感谢.

编写组的教师均长期工作在大学数学教学的第一线，积累了丰富的教学经验，深谙当前本科教学的教育规律，熟悉学生的学习习惯、认知水平和认知能力，在教学改革中取得了一些成绩，出版过包括同步训练、深化训练、考研辅导以及大学生数学竞赛等多个层次的教材和辅导用书. 然而此次规划教材的编写又是一次新的尝试，书中难免存在不妥甚至错误之处，恳请读者和同行不吝指正，欢迎来函，邮件 cuebliuqiang@163. com.

作者

2018 年 12 月

目 录

第6章 定积分

定积分是积分学的重要组成部分之一. 本章主要介绍定积分的概念与基本性质、微积分基本定理、定积分的计算方法、广义积分初步以及定积分的应用等内容.

§6.1 定积分的概念

本节首先给出两个引例，在此基础上给出定积分的相关概念.

6.1.1 引例

一、曲边梯形的面积问题

在初等几何中，我们会计算由直线和圆弧所围成的平面图形的面积. 但在现实应用中，常常需要计算由任意形状闭曲线所围成的平面图形的面积，解决这一问题需要使用极限的方法.

如图 6-1 所示，对于一条封闭曲线围成的平面区域，往往可用相互垂直的两组平行线将其分成若干部分：矩形（如图 6-1 中（a）部分），曲边三角形（如图 6-1 中（b），（c），（d），（e）部分），曲边梯形（如图 6-1 中（f），（g），（h），（i）部分）. 矩形面积的计算方法已知，曲边三角形可看作曲边梯形的特殊情况，所以只要会计算曲边梯形的面积，就可给出任意形状闭曲线所围成的平面图形的面积.

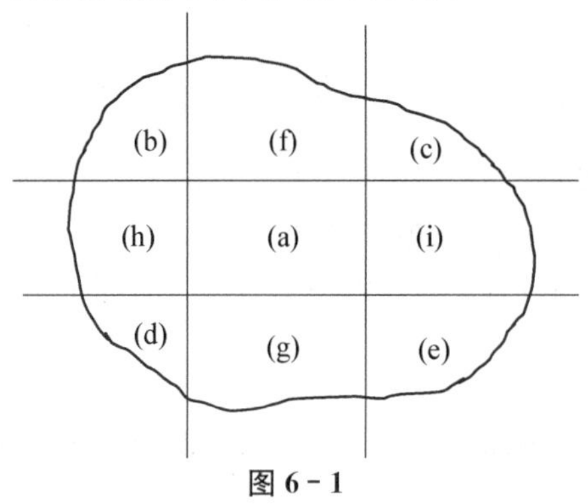

图 6-1

设曲边梯形由非负连续曲线 $y=f(x)$ $(a\leqslant x\leqslant b)$、$x$ 轴以及直线 $x=a$、$x=b$ 所围成，如图 6－2 所示.

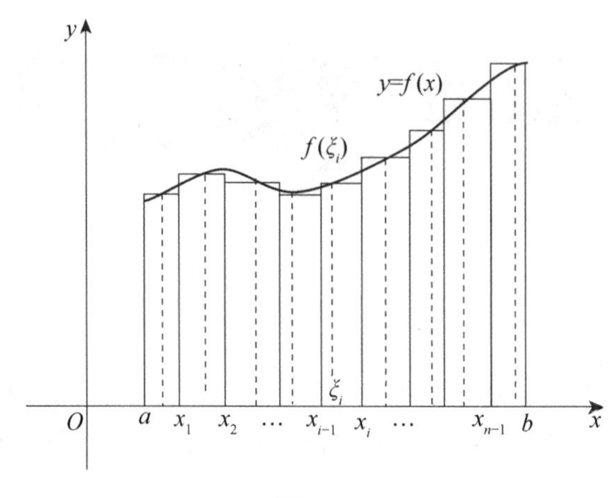

图 6－2

众所周知，矩形的高是不变的，

$$\text{矩形的面积}=\text{底边长}\times\text{高}.$$

而曲边梯形在底边上各点处的高 $f(x)$ 在区间 $[a, b]$ 上是变动的，故它的面积不能直接按矩形面积公式计算. 然而，由于曲边梯形的高 $f(x)$ 在区间 $[a, b]$ 上是连续变化的，在很小的区间上它的变化也很小. 因此，可以采用**"以直代曲"**的方法，通过计算矩形的面积间接计算曲边梯形的面积. 具体作法如下：

第一步　分割　在区间 $[a, b]$ 内任意插入 $n-1$ 个分点：x_1，x_2，…，x_{n-1}. 为书写方便，记 $a=x_0$，$b=x_n$，使得

$$a=x_0<x_1<x_2<\cdots<x_{n-1}<x_n=b,$$

称上述做法为区间 $[a, b]$ 的一个**分法**，如图 6－2 所示，该分法将区间 $[a, b]$ 分成 n 个小区间：

$$[x_0, x_1],\quad [x_1, x_2],\quad \cdots,\quad [x_{n-1}, x_n],$$

各小区间长度可表示为

$$\Delta x_i=x_i-x_{i-1}\quad (i=1, 2, \cdots, n).$$

第二步　近似替代　过每个分点作平行于 y 轴的直线，将曲边梯形分成 n 个小曲边梯形. 在每个小区间 $[x_{i-1}, x_i]$ 上任取一点 ξ_i，计算出 $f(\xi_i)$ 值. 用以 $f(\xi_i)$ 为长、以 Δx_i 为宽的小矩形近似代替第 i $(i=1, 2, \cdots, n)$ 个小曲边梯形，则小曲边梯形的面积

$$\Delta S_i\approx f(\xi_i)\Delta x_i.$$

第三步　求和　将 n 个小曲边梯形的面积相加，即得到曲边梯形面积（以 S 表示）的近似值为

$$S=\sum_{i=1}^{n}\Delta S_i\approx\sum_{i=1}^{n}f(\xi_i)\Delta x_i.$$

第四步　取极限　当分割越来越细，即使得每一个小区间的长度越来越小时，和式 $\sum\limits_{i=1}^{n}f(\xi_i)\Delta x_i$ 越来越趋近于曲边梯形的面积 S. 为保证所有小区间的长度均趋于零，只需让所有小区间长度的最大值趋于零即可，记

$$\lambda=\max\{\Delta x_1,\Delta x_2,\cdots,\Delta x_n\},$$

则当 $\lambda\to 0$ 时，和式 $\sum\limits_{i=1}^{n}f(\xi_i)\Delta x_i$ 的极限即为曲边梯形面积的精确值，即

$$S=\lim_{\lambda\to 0}\sum_{i=1}^{n}f(\xi_i)\Delta x_i.$$

二、变速直线运动的路程问题

设某物体作变速直线运动，已知速度 $v=v(t)$ 是时间 t 的连续函数，且 $v(t)\geqslant 0$，求此物体在时间区间 $[T_1, T_2]$ 内所经过的路程 s.

当物体作匀速直线运动时，其运动路程等于速度乘以时间. 但对于变速直线运动的物体，速度随时间变化，因此，所求路程 s 不能直接按匀速直线运动的路程公式来计算. 由于作变速直线运动的物体的速度 $v=v(t)$ 是连续的，因此在很短的时间段内，速度变化很小，可近似看作匀速运动. 因此，仍然可以采用“以直代曲”的方法，通过匀速直线运动的路程计算公式间接计算变速直线运动的路程. 具体计算步骤如下：

第一步　分割　在时间区间 $[T_1, T_2]$ 内任意插入 $n-1$ 个分点：t_1，t_2，$\cdots$，t_{n-1}，使得

$$T_1=t_0<t_1<t_2<\cdots<t_{n-1}<t_n=T_2,$$

将区间 $[T_1, T_2]$ 分成 n 个小时间段：$[t_0, t_1]$，$[t_1, t_2]$，$\cdots$，$[t_{n-1}, t_n]$，各小区间长度可表示为

$$\Delta t_i=t_i-t_{i-1}\qquad(i=1, 2, \cdots, n).$$

第二步　近似替代　在每个小区间 $[t_{i-1}, t_i]$ 上任取一点 ξ_i，以 ξ_i 时刻的速度 $v(\xi_i)$ 来近似代替 $[t_{i-1}, t_i]$ 上的平均速度 $(i=1, 2, \cdots, n)$，则得到小时间段 $[t_{i-1}, t_i]$ 上物体的运动路程为

$$\Delta s_i\approx v(\xi_i)\Delta t_i\qquad(i=1, 2, \cdots, n).$$

第三步　求和　将 n 个小时间段上物体所经过的路程相加，即得变速直线运动的物体所经过的路程的近似值为

$$s=\sum_{i=1}^{n}\Delta s_i\approx\sum_{i=1}^{n}v(\xi_i)\Delta t_i.$$

第四步　取极限　应用极限方法求作变速直线运动的物体所经过的路程. 记

$$\lambda=\max\{\Delta t_1, \Delta t_2, \cdots, \Delta t_n\}$$

为各时间段长度的最大值，则当 $\lambda\to 0$ 时，和式 $\sum\limits_{i=1}^{n} v(\xi_i)\Delta t_i$ 的极限即为物体在时间区间 $[T_1, T_2]$ 内所经过的路程 s，即

$$s=\lim_{\lambda\to 0}\sum_{i=1}^{n} v(\xi_i)\Delta t_i.$$

6.1.2 定积分的定义

上述两个引例，一个是几何学中的面积问题，一个是物理学中的路程问题. 尽管它们的实际意义完全不同，但是从抽象的数量关系来看，其解决问题的思路和步骤是完全相同的. 这样的问题在经济管理、科学技术等众多领域中广泛存在，因此可以将这一方法抽象成一个数学概念，即定积分.

定义 6.1.1 设函数 $f(x)$ 在区间 $[a, b]$ 上有界，在 (a, b) 内任意插入 $n-1$ 个分点 $x_1, x_2, \cdots, x_{n-1}$，使得

$$a=x_0<x_1<x_2<\cdots<x_{n-1}<x_n=b,$$

该分法将区间 $[a, b]$ 分成 n 个小区间

$$[x_0, x_1], [x_1, x_2], \cdots, [x_{n-1}, x_n],$$

各小区间长度为 $\Delta x_i=x_i-x_{i-1}$ $(i=1, \cdots, n)$. 在每个小区间 $[x_{i-1}, x_i]$ 上任取一点 ξ_i，作乘积的和式

$$\sum_{i=1}^{n} f(\xi_i)\Delta x_i.$$

记 $\lambda=\max\{\Delta x_1, \Delta x_2, \cdots, \Delta x_n\}$，若无论对区间 $[a, b]$ 如何划分以及点 ξ_i 如何选取，当 $\lambda\to 0$ 时，和式 $\sum\limits_{i=1}^{n} f(\xi_i)\Delta x_i$ 的极限总存在且相等，则称函数 $f(x)$ 在区间 $[a, b]$ 上**可积**，并称该极限值为 $f(x)$ 在区间 $[a, b]$ 上的**定积分**，记作 $\int_a^b f(x)\mathrm{d}x$，即

$$\int_a^b f(x)\mathrm{d}x=\lim_{\lambda\to 0}\sum_{i=1}^{n} f(\xi_i)\Delta x_i,$$

其中 $f(x)$ 称为**被积函数**，$f(x)\mathrm{d}x$ 称为**被积表达式**，x 称为**积分变量**，$[a, b]$ 称为**积分区间**，a 称为**积分下限**，b 称为**积分上限**，$\sum\limits_{i=1}^{n} f(\xi_i)\Delta x_i$ 称为**积分和**.

若当 $\lambda\to 0$ 时，和式 $\sum\limits_{i=1}^{n} f(\xi_i)\Delta x_i$ 的极限不存在，则称函数 $f(x)$ 在区间 $[a, b]$ 上**不可积**.

根据定积分的定义 6.1.1，不难看出，上述两个引例都是定积分在实际问题中的应用.

曲边梯形的面积 S 是非负函数 $f(x)$ 在区间 $[a, b]$ 上的定积分，即

$$S=\lim_{\lambda\to 0}\sum_{i=1}^{n}f(\xi_i)\Delta x_i=\int_a^b f(x)\mathrm{d}x.$$

物体作变速直线运动所经过的路程 s 是速度 $v=v(t)$ 在时间区间 $[T_1, T_2]$ 上的定积分，即

$$s=\lim_{\lambda\to 0}\sum_{i=1}^{n}v(\xi_i)\Delta t_i=\int_{T_1}^{T_2}v(t)\mathrm{d}t.$$

注 关于定积分的定义，作如下三点说明：

(1) 如果函数 $f(x)$ 在区间 $[a, b]$ 上可积，则定积分 $\int_a^b f(x)\mathrm{d}x$ 为一常量，其取值仅与被积函数 $f(x)$ 和积分区间 $[a, b]$ 有关，与积分变量的符号无关，即有

$$\int_a^b f(x)\mathrm{d}x=\int_a^b f(t)\mathrm{d}t.$$

(2) 在定积分的定义中，假定 $a<b$，但如果 $b<a$，规定

$$\int_b^a f(x)\mathrm{d}x=-\int_a^b f(x)\mathrm{d}x.$$

即定积分的上下限互换时，定积分变号.

当 $a=b$ 时，规定 $\int_a^a f(x)\mathrm{d}x=0$.

(3) $f(x)$ 在 $[a, b]$ 上有界是 $f(x)$ 在 $[a, b]$ 上可积的必要条件.

函数 $f(x)$ 在区间 $[a, b]$ 上满足什么条件一定可积？对这个问题不作深入讨论和证明，只给出如下两个充分条件.

定理 6.1.1 若函数 $f(x)$ 在区间 $[a, b]$ 上连续，则 $f(x)$ 在区间 $[a, b]$ 上可积.

定理 6.1.2 若函数 $f(x)$ 在区间 $[a, b]$ 上有界，且仅存在有限个间断点，则 $f(x)$ 在区间 $[a, b]$ 上可积.

下面利用定积分的定义来计算定积分的值.

例 6.1.1 利用定义计算定积分 $\int_0^1 x^2\mathrm{d}x$.

解 由于被积函数 $f(x)=x^2$ 在 $[0, 1]$ 上连续，故由定理 6.1.1 可知，$f(x)$ 在 $[0, 1]$ 上可积. 由于定积分的值与区间 $[0, 1]$ 的分法及点 ξ_i 的取法无关，为了便于计算，不妨对区间 $[0, 1]$ 进行 n 等分，分点为 $x_i=\frac{i}{n}$ $(i=1, 2, \cdots, n-1)$，如图 6-3 所示. 这样，每个小区间 $[x_{i-1}, x_i]$ 的长度 $\Delta x_i=\frac{1}{n}$ $(i=1, 2, \cdots, n)$. 取 ξ_i 为第 i 个小区间的右端点. 于是，和式

$$\sum_{i=1}^{n} f(\xi_i)\Delta x_i = \sum_{i=1}^{n} \xi_i^2 \Delta x_i = \sum_{i=1}^{n} \left(\frac{i}{n}\right)^2 \cdot \frac{1}{n}$$
$$= \frac{1}{n^3}\sum_{i=1}^{n} i^2 = \frac{1}{n^3}\cdot(1^2+2^2+\cdots+n^2)$$
$$= \frac{1}{n^3}\cdot\frac{n(n+1)(2n+1)}{6}$$
$$= \frac{1}{6}\left(1+\frac{1}{n}\right)\cdot\left(2+\frac{1}{n}\right).$$

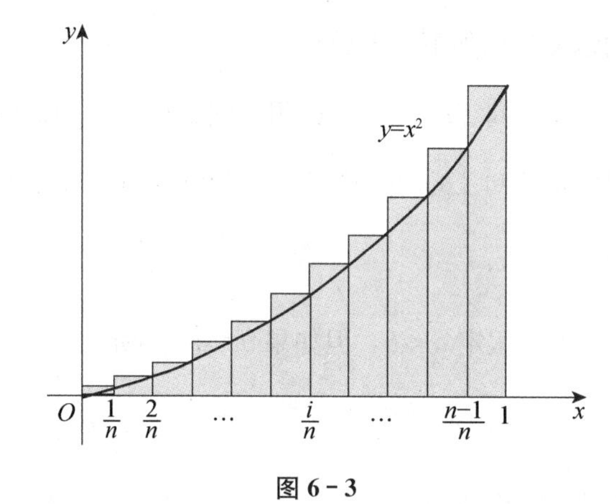

图 6－3

当 $\lambda\to 0$ 即 $n\to\infty$ 时，对上式两端取极限，由定积分的定义，即得所要计算的定积分为

$$\int_0^1 x^2 \mathrm{d}x = \lim_{\lambda\to 0}\sum_{i=1}^{n}\xi_i^2\Delta x_i = \lim_{n\to\infty}\frac{1}{6}\left(1+\frac{1}{n}\right)\cdot\left(2+\frac{1}{n}\right) = \frac{1}{3}.$$

有时，也可按定义将和式的极限表示为定积分.

如果函数 $f(x)$ 在 $[0, 1]$ 上可积，根据定积分的定义，有

$$\int_0^1 f(x)\mathrm{d}x = \lim_{\lambda\to 0}\sum_{i=1}^{n} f(\xi_i)\Delta x_i.$$

由于在 $f(x)$ 可积的条件下，不论区间 $[0, 1]$ 如何划分，点 ξ_i（$i=1, 2, \cdots, n$）如何选取，极限 $\lim\limits_{\lambda\to 0}\sum\limits_{i=1}^{n} f(\xi_i)\Delta x_i$ 均存在且相等，因此在 $\int_0^1 f(x)\mathrm{d}x$ 存在的前提下，可以选取一种简单的区间划分方式和一种简单的 ξ_i（$i=1, 2, \cdots, n$）的选取方式. 特别地，对 $[0, 1]$ 进行 n 等分，此时每个小区间的长度都等于$\frac{1}{n}$，即 $\Delta x_i = \frac{1}{n}$（$i=1, 2, \cdots, n$），选取 ξ_i 为第 i 个小区间的右端点值，即 $\xi_i = \frac{i}{n}$. 此时 $\lambda\to 0$ 与 $n\to\infty$等价，则

$$\lim_{n\to\infty}\frac{1}{n}\sum_{i=1}^{n} f\left(\frac{i}{n}\right) = \int_0^1 f(x)\mathrm{d}x.$$

一般地，若函数 $f(x)$ 在 $[a, b]$ 上可积，则有

$$\lim_{n\to\infty}\frac{b-a}{n}\sum_{i=1}^{n}f\left[a+(b-a)\frac{i}{n}\right]=\int_a^b f(x)\mathrm{d}x.$$

例 6.1.2 试将极限 $\lim\limits_{n\to\infty}\frac{1}{n}\left(\cos\frac{1}{n}+\cos\frac{2}{n}+\cdots+\cos 1\right)$ 表示成定积分.

解 由于 $f(x)=\cos x$ 在 $[0, 1]$ 上可积，故

$$\begin{aligned}&\lim_{n\to\infty}\frac{1}{n}\left(\cos\frac{1}{n}+\cos\frac{2}{n}+\cdots+\cos 1\right)\\&=\lim_{n\to\infty}\frac{1}{n}\sum_{i=1}^{n}\cos\frac{i}{n}=\int_0^1\cos x\,\mathrm{d}x.\end{aligned}$$

6.1.3 定积分的几何意义

若 $f(x)$ 在 $[a, b]$ 上连续且 $f(x)\geqslant 0$，则定积分 $\int_a^b f(x)\mathrm{d}x$ 在几何上表示由曲线 $y=f(x)$、直线 $x=a$、$x=b$ 以及 x 轴所围成的曲边梯形的面积.

若 $f(x)$ 在 $[a, b]$ 上连续且 $f(x)\leqslant 0$，则由曲线 $y=f(x)$、直线 $x=a$、$x=b$ 以及 x 轴所围成的曲边梯形位于 x 轴的下方，定积分 $\int_a^b f(x)\mathrm{d}x$ 表示上述曲边梯形面积的负值.

若 $f(x)$ 在 $[a, b]$ 上连续且既取得正值又取得负值，则定积分 $\int_a^b f(x)\mathrm{d}x$ 表示 x 轴上方图形的面积与 x 轴下方图形的面积之差，如图 6－4 所示.

$$\int_a^b f(x)\mathrm{d}x=A_1-A_2+A_3.$$

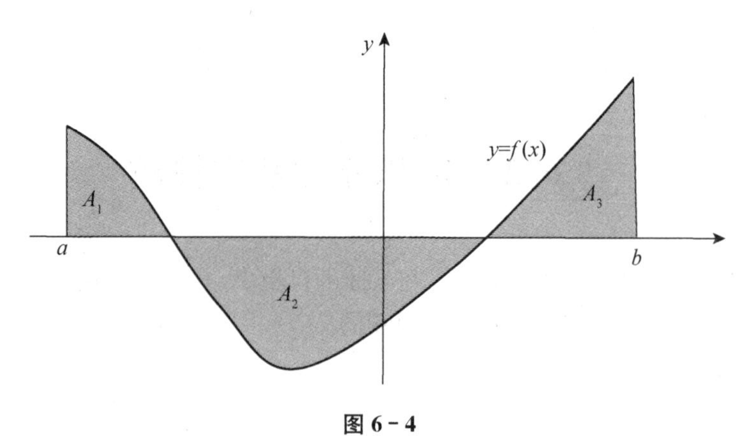

图 6－4

下面看一个利用几何意义简化定积分计算的例子.

例 6.1.3 求定积分 $\int_0^a\sqrt{a^2-x^2}\,\mathrm{d}x$ $(a>0)$.

解 如图 6－5 所示，由定积分的几何意义可知，定积分 $\int_0^a\sqrt{a^2-x^2}\,\mathrm{d}x$ 表示由被积

函数曲线 $y=\sqrt{a^2-x^2}$、直线 $x=0$、$x=a$ 以及 x 轴所围成的曲边梯形的面积，即四分之一圆的面积，故

$$\int_0^a \sqrt{a^2-x^2}\,\mathrm{d}x=\frac{1}{4}\pi a^2.$$

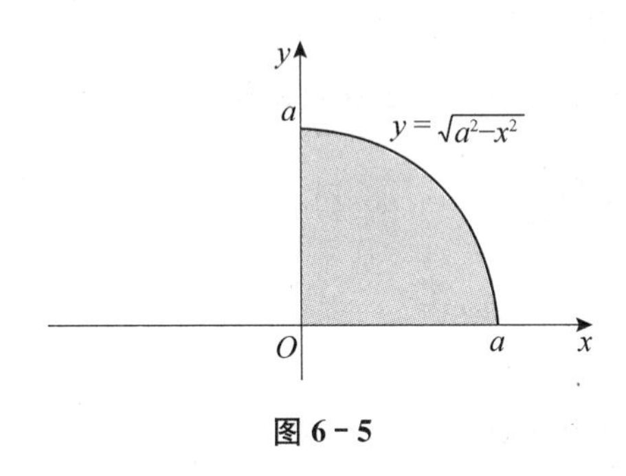

图 6－5

习题 6.1

1. 利用定义计算定积分 $\int_0^1 \mathrm{e}^x\,\mathrm{d}x$.

2. 利用定积分的几何意义计算下列定积分的值：

(1) $\int_0^1 (2x+1)\,\mathrm{d}x$；　　(2) $\int_{-\pi}^{\pi} \cos x\,\mathrm{d}x$；

(3) $\int_{-3}^{3} \sqrt{9-x^2}\,\mathrm{d}x$；　　(4) $\int_a^b \sqrt{(x-a)(b-x)}\,\mathrm{d}x\,(a<b)$.

3. 试将极限 $\lim\limits_{n\to\infty}\left(\frac{1}{n+1}+\frac{1}{n+2}+\cdots+\frac{1}{n+n}\right)$ 表示成定积分.

4. 试将极限 $\lim\limits_{n\to\infty}\left(\sqrt{\frac{n+1}{n^3}}+\sqrt{\frac{n+2}{n^3}}+\cdots+\sqrt{\frac{n+n}{n^3}}\right)$ 表示成定积分.

§6.2 定积分的基本性质

本节将介绍定积分的一些基本性质. 在下面的讨论中，如不特别指明，积分上下限的大小均不加以限制，同时假定被积函数是可积的.

性质 6.2.1 $\int_a^b 1\,\mathrm{d}x=\int_a^b \mathrm{d}x=b-a$.

证 由定积分的定义，有

$$\int_a^b 1\,\mathrm{d}x=\lim_{\lambda\to 0}\sum_{i=1}^{n} 1\cdot\Delta x_i=\lim_{\lambda\to 0}\sum_{i=1}^{n}\Delta x_i=b-a.$$

注 定积分 $\int_a^b \mathrm{d}x$ 在几何上表示以 $[a,b]$ 为底、以 1 为高的矩形的面积.

性质 6.2.2 $\int_a^b [f(x) \pm g(x)] \mathrm{d}x = \int_a^b f(x) \mathrm{d}x \pm \int_a^b g(x) \mathrm{d}x$.

证 由定积分的定义，有

$$\begin{aligned}\int_a^b [f(x) \pm g(x)] \mathrm{d}x &= \lim_{\lambda \to 0} \sum_{i=1}^n [f(\xi_i) \pm g(\xi_i)] \Delta x_i \\ &= \lim_{\lambda \to 0} \sum_{i=1}^n f(\xi_i) \Delta x_i \pm \lim_{\lambda \to 0} \sum_{i=1}^n g(\xi_i) \Delta x_i \\ &= \int_a^b f(x) \mathrm{d}x \pm \int_a^b g(x) \mathrm{d}x.\end{aligned}$$

注 性质 6.2.2 对于任意有限个函数的情形也成立.

性质 6.2.3 $\int_a^b k f(x) \mathrm{d}x = k \int_a^b f(x) \mathrm{d}x$（$k$ 为常数）.

证 由定积分的定义，有

$$\begin{aligned}\int_a^b k f(x) \mathrm{d}x &= \lim_{\lambda \to 0} \sum_{i=1}^n k f(\xi_i) \Delta x_i = \lim_{\lambda \to 0} k \sum_{i=1}^n f(\xi_i) \Delta x_i \\ &= k \lim_{\lambda \to 0} \sum_{i=1}^n f(\xi_i) \Delta x_i = k \int_a^b f(x) \mathrm{d}x.\end{aligned}$$

一般地，设 k_1，k_2，…，k_n 为常数，则有

$$\begin{aligned}&\int_a^b [k_1 f_1(x) + k_2 f_2(x) + \cdots + k_n f_n(x)] \mathrm{d}x \\ =& k_1 \int_a^b f_1(x) \mathrm{d}x + k_2 \int_a^b f_2(x) \mathrm{d}x + \cdots + k_n \int_a^b f_n(x) \mathrm{d}x.\end{aligned}$$

性质 6.2.4（积分对区间的可加性） 对任意的实数 a，b，c，有

$$\int_a^b f(x) \mathrm{d}x = \int_a^c f(x) \mathrm{d}x + \int_c^b f(x) \mathrm{d}x.$$

证 不妨假定 $a<b$.

（1）若 $a<c<b$，则由 $f(x)$ 在 $[a, b]$ 上可积可知，不论对 $[a, b]$ 怎样分割，积分和的极限总不变. 因此，在分割 $[a, b]$ 时，总可选取 c 为一个分点，使得

$$\sum_{[a,b]} f(\xi_i) \Delta x_i = \sum_{[a,c]} f(\xi_i) \Delta x_i + \sum_{[c,b]} f(\xi_i) \Delta x_i.$$

令 $\lambda \to 0$，上式两端取极限，即得

$$\int_a^b f(x) \mathrm{d}x = \int_a^c f(x) \mathrm{d}x + \int_c^b f(x) \mathrm{d}x.$$

（2）若 $a<b<c$，由（1）可知

$$\int_a^c f(x) \mathrm{d}x = \int_a^b f(x) \mathrm{d}x + \int_b^c f(x) \mathrm{d}x,$$

故

$$\int_a^b f(x)\mathrm{d}x = \int_a^c f(x)\mathrm{d}x - \int_b^c f(x)\mathrm{d}x$$
$$= \int_a^c f(x)\mathrm{d}x + \int_c^b f(x)\mathrm{d}x.$$

(3) 若 $c<a<b$，证明过程与 (2) 类似.

综上，不论 a、b、c 的相对位置如何，所证等式均成立.

性质 6.2.5 **(保号性)** 若在区间 $[a, b]$ 上有 $f(x)\geqslant 0$，则

$$\int_a^b f(x)\mathrm{d}x \geqslant 0 \quad (a<b).$$

证 因为 $f(x)\geqslant 0$，则 $f(\xi_i)\geqslant 0$ $(i=1, 2, \cdots, n)$. 又由于 $\Delta x_i \geqslant 0$ $(i=1, 2, \cdots, n)$，因此，积分和 $\sum_{i=1}^{n} f(\xi_i)\Delta x_i \geqslant 0$. 令 $\lambda\to 0$，由极限的保号性可知，$\lim_{\lambda\to 0}\sum_{i=1}^{n} f(\xi_i)\Delta x_i \geqslant 0$，从而结论成立.

推论 6.2.1 **(有序性)** 若 $f(x)$，$g(x)$ 在区间 $[a, b]$ 上满足 $f(x)\leqslant g(x)$，则

$$\int_a^b f(x)\mathrm{d}x \leqslant \int_a^b g(x)\mathrm{d}x \quad (a<b).$$

证 在区间 $[a, b]$ 上，因为 $g(x)-f(x)\geqslant 0$，由性质 6.2.5 得

$$\int_a^b [g(x)-f(x)]\mathrm{d}x \geqslant 0,$$

即

$$\int_a^b f(x)\mathrm{d}x \leqslant \int_a^b g(x)\mathrm{d}x.$$

推论 6.2.2 $\left|\int_a^b f(x)\mathrm{d}x\right| \leqslant \int_a^b |f(x)|\mathrm{d}x$ $(a<b)$.

证 因为 $-|f(x)|\leqslant f(x)\leqslant |f(x)|$，由推论 6.2.1 可得

$$-\int_a^b |f(x)|\mathrm{d}x \leqslant \int_a^b f(x)\mathrm{d}x \leqslant \int_a^b |f(x)|\mathrm{d}x,$$

即

$$\left|\int_a^b f(x)\mathrm{d}x\right| \leqslant \int_a^b |f(x)|\mathrm{d}x.$$

性质 6.2.6 函数 $f(x)$ 在 $[a, b]$ 上连续，$f(x)\geqslant 0$，且 $f(x)$ 不恒等于 0，则

$$\int_a^b f(x)\mathrm{d}x > 0.$$

*证 由性质 6.2.5 可知，$\int_a^b f(x)\,dx \geqslant 0$. 下面进一步证明 $\int_a^b f(x)\,dx > 0$.

由题设知 $f(x)\geqslant 0$，且 $f(x)$ 不恒等于 0，则存在 $x_0\in[a, b]$，使得 $f(x_0)>0$. 假设 $x_0\in(a, b)$（$x_0=a$ 或 $x_0=b$ 的情形可以类似证明）. 由 $f(x)$ 的连续性可知，一定存在 x_0 的某个邻域 $(x_0-\delta, x_0+\delta)$，使得当 $x\in(x_0-\delta, x_0+\delta)$ 时，有

$$f(x)>\frac{1}{2}f(x_0)>0.$$

根据积分对区间的可加性有

$$\int_a^b f(x)\,dx=\int_a^{x_0-\delta} f(x)\,dx+\int_{x_0-\delta}^{x_0+\delta} f(x)\,dx+\int_{x_0+\delta}^b f(x)\,dx,$$

其中

$$\int_a^{x_0-\delta} f(x)\,dx\geqslant 0,\quad \int_{x_0+\delta}^b f(x)\,dx\geqslant 0,$$

从而

$$\begin{aligned}\int_a^b f(x)\,dx&=\int_a^{x_0-\delta} f(x)\,dx+\int_{x_0-\delta}^{x_0+\delta} f(x)\,dx+\int_{x_0+\delta}^b f(x)\,dx\\&\geqslant\int_{x_0-\delta}^{x_0+\delta} f(x)\,dx\\&\geqslant\int_{x_0-\delta}^{x_0+\delta}\frac{1}{2}f(x_0)\,dx\\&=\frac{1}{2}f(x_0)\cdot 2\delta\\&>0,\end{aligned}$$

结论得证.

性质 6.2.7（估值定理） 设 M 和 m 分别为函数 $f(x)$ 在 $[a, b]$ 上的最大值和最小值，则

$$m(b-a)\leqslant\int_a^b f(x)dx\leqslant M(b-a)\ (a<b).$$

证 因为在区间 $[a, b]$ 上有 $m\leqslant f(x)\leqslant M$，则由性质 6.2.1、性质 6.2.3 及推论 6.2.1 得

$$m(b-a)=\int_a^b m\,dx\leqslant\int_a^b f(x)dx\leqslant\int_a^b M\,dx=M(b-a).$$

注 (1) 性质 6.2.7 说明，由被积函数在积分区间上的最大值和最小值，可以估计出定积分值的大致范围.

(2) 性质 6.2.7 具有明显的几何意义，即以 $[a, b]$ 为底、$y=f(x)$ 为曲边的曲边

梯形面积$\int_a^b f(x)\mathrm{d}x$介于以$[a,b]$为底、高分别为M与m的矩形面积$M(b-a)$与$m(b-a)$之间，如图6-6所示.

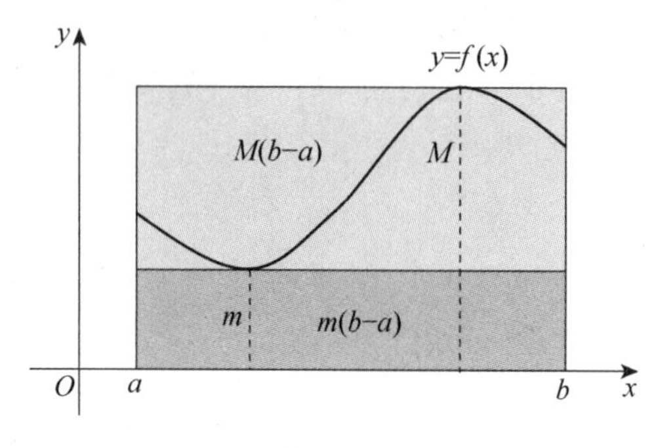

图6-6

性质6.2.8（积分中值定理） 若函数$f(x)$在$[a,b]$上连续，则在$[a,b]$上至少存在一点ξ，使得

$$\int_a^b f(x)\mathrm{d}x=f(\xi)(b-a).$$

证 因为$f(x)$在闭区间$[a,b]$上连续，故$f(x)$在$[a,b]$上可取得最大值M和最小值m，于是由性质6.2.7，有

$$m(b-a)\leqslant\int_a^b f(x)\mathrm{d}x\leqslant M(b-a),$$

即有

$$m\leqslant\frac{1}{b-a}\int_a^b f(x)\mathrm{d}x\leqslant M,$$

这表明，数值$\frac{1}{b-a}\int_a^b f(x)\mathrm{d}x$介于$f(x)$的最大值$M$和最小值$m$之间，由介值定理可知，在$[a,b]$上至少存在一点$\xi$，使得

$$f(\xi)=\frac{1}{b-a}\int_a^b f(x)\mathrm{d}x,$$

即

$$\int_a^b f(x)\mathrm{d}x=f(\xi)(b-a).$$

注 积分中值定理有如下几何解释：在$[a,b]$上至少存在一点ξ，使得以区间$[a,b]$为底、以$y=f(x)$为曲边的曲边梯形面积$\int_a^b f(x)\mathrm{d}x$等于与其同底、高为$f(\xi)$的矩形面积$f(\xi)(b-a)$，如图6-7所示.

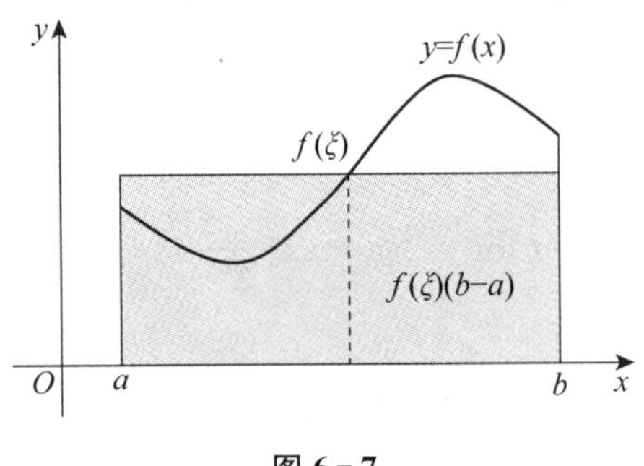

图 6-7

通常，将

$$f(\xi)=\frac{1}{b-a}\int_a^b f(x)\mathrm{d}x$$

称为函数 $f(x)$ 在 $[a, b]$ 上的**积分均值**或**平均值**.

例 6.2.1 比较定积分 $\int_3^4 \ln x\mathrm{d}x$ 与 $\int_3^4 (\ln x)^2\mathrm{d}x$ 的大小.

解 当 $x\in[3, 4]$ 时，有

$$\ln x\geqslant\ln 3>\ln \mathrm{e}=1,$$

故有 $\ln x<(\ln x)^2$. 因此，由推论 6.2.1 有

$$\int_3^4 \ln x\mathrm{d}x<\int_3^4 (\ln x)^2\mathrm{d}x.$$

例 6.2.2 估计定积分 $\int_{\frac{\pi}{6}}^{\frac{\pi}{2}} \frac{\sin x}{x}\mathrm{d}x$ 的值.

解 设函数 $f(x)=\frac{\sin x}{x}$. 当 $x\in\left(\frac{\pi}{6}, \frac{\pi}{2}\right)$ 时，由

$$f'(x)=\frac{x\cos x-\sin x}{x^2}=\frac{\cos x(x-\tan x)}{x^2}<0$$

可知，函数 $f(x)$ 在区间 $\left[\frac{\pi}{6}, \frac{\pi}{2}\right]$ 上单调递减，故函数 $f(x)$ 在 $x=\frac{\pi}{6}$ 处取得最大值 $M=f\left(\frac{\pi}{6}\right)=\frac{3}{\pi}$，在 $x=\frac{\pi}{2}$ 处取得最小值 $m=f\left(\frac{\pi}{2}\right)=\frac{2}{\pi}$. 因此，

$$\frac{2}{\pi}\left(\frac{\pi}{2}-\frac{\pi}{6}\right)\leqslant\int_{\frac{\pi}{6}}^{\frac{\pi}{2}} \frac{\sin x}{x}\mathrm{d}x\leqslant\frac{3}{\pi}\left(\frac{\pi}{2}-\frac{\pi}{6}\right),$$

即

$$\frac{2}{3}\leqslant\int_{\frac{\pi}{6}}^{\frac{\pi}{2}} \frac{\sin x}{x}\mathrm{d}x\leqslant 1.$$

例 6.2.3 设 $f(x)$ 可导，且 $\lim\limits_{x\to+\infty}f(x)=\dfrac{1}{2}$，求 $\lim\limits_{x\to+\infty}\int_x^{x+2}t\arctan\left(\dfrac{3t}{t^2+1}\right)f(t)\mathrm{d}t$.

解 由积分中值定理可知，至少存在一点 $\xi\in[x, x+2]$，使得

$$\int_x^{x+2}t\arctan\left(\frac{3t}{t^2+1}\right)f(t)\mathrm{d}t=2\xi\arctan\left(\frac{3\xi}{\xi^2+1}\right)f(\xi),$$

微课

例 6.2.3

由迫敛性定理可知，当 $x\to+\infty$ 时，$\xi\to+\infty$，$\dfrac{3\xi}{\xi^2+1}\to0^+$，因此

$$\begin{aligned}\lim_{x\to+\infty}\int_x^{x+2}t\arctan\left(\frac{3t}{t^2+1}\right)f(t)\mathrm{d}t&=\lim_{x\to+\infty}2\xi\arctan\left(\frac{3\xi}{\xi^2+1}\right)f(\xi)\\&=2\lim_{\xi\to+\infty}\frac{3\xi^2}{\xi^2+1}\cdot\lim_{\xi\to+\infty}f(\xi)\\&=6\times\frac{1}{2}=3.\end{aligned}$$

习题 6.2

1. 比较下列各组定积分的大小：

(1) $\int_0^1x^2\mathrm{d}x$ 与 $\int_0^1x^4\mathrm{d}x$；　(2) $\int_1^2\mathrm{e}^x\mathrm{d}x$ 与 $\int_1^2\mathrm{e}^{x^2}\mathrm{d}x$；

(3) $\int_{-\frac{\pi}{2}}^0\sin x\mathrm{d}x$ 与 $\int_0^{\frac{\pi}{2}}\sin x\mathrm{d}x$；　(4) $\int_0^1\mathrm{e}^x\mathrm{d}x$ 与 $\int_0^1(x+1)\mathrm{d}x$.

2. 估计下列定积分的值：

(1) $\int_0^2\mathrm{e}^{x^2-x}\mathrm{d}x$；　(2) $\int_{\frac{\pi}{4}}^{\frac{5\pi}{4}}(2+\sin^2x)\mathrm{d}x$；

(3) $\int_1^{\sqrt{3}}x\arctan x\mathrm{d}x$；　(4) $\int_{\sqrt{2}}^3\dfrac{x}{2+x^2}\mathrm{d}x$.

3. 设 $\int_{-1}^1 2f(x)\mathrm{d}x=8$，$\int_{-1}^4f(x)\mathrm{d}x=3$，$\int_1^4g(x)\mathrm{d}x=5$，求下列定积分：

(1) $\int_{-1}^1f(x)\mathrm{d}x$；　(2) $\int_1^4f(x)\mathrm{d}x$；　(3) $\int_1^4[2g(x)+3f(x)]\mathrm{d}x$.

4. 利用积分中值定理计算 $\lim\limits_{n\to\infty}\int_0^{\frac{1}{2}}\dfrac{x^n}{1+x^2}\mathrm{d}x$.

5. 比较 $I_1=\int_0^{\frac{\pi}{2}}x\mathrm{d}x$，$I_2=\int_0^{\frac{\pi}{2}}\sin x\mathrm{d}x$ 及 $I_3=\int_0^{\frac{\pi}{2}}\sin(\sin x)\mathrm{d}x$ 的大小关系.

6. 设函数 $f(x)$ 在 $[0, 1]$ 上连续，在 $(0, 1)$ 内可导，且 $2\int_{\frac{1}{2}}^1f(x)\mathrm{d}x=f(0)$，证明在 $(0, 1)$ 内至少存在一点 ξ，使得 $f'(\xi)=0$.

§6.3 微积分基本公式

原函数（或不定积分）和定积分是从两个完全不同的角度引入的概念，它们之间是否存在着一定的联系？本节将针对这一问题展开讨论，并给出利用原函数计算定积分的基本公式.

6.3.1 积分上限函数

设函数 $f(x)$ 在区间 $[a, b]$ 上连续，x 为 $[a, b]$ 上的任意一点，则 $f(x)$ 在部分区间 $[a, x]$ 上也连续，定积分 $\int_a^x f(x)\mathrm{d}x$ 存在. 由于定积分与积分变量记法无关，为避免混淆，不妨改用其他符号（例如 t）来表示积分变量，则定积分 $\int_a^x f(x)\mathrm{d}x$ 可写成

$$\int_a^x f(t)\mathrm{d}t. \tag{6.3.1}$$

对于定积分式（6.3.1），如果积分上限 x 在区间 $[a, b]$ 上任意变动，则对于每一个取定的 x 值，都会有唯一的定积分值与之对应，因此式（6.3.1）在 $[a, b]$ 上定义了一个函数，记为 $\Phi(x)$，即

$$\Phi(x)=\int_a^x f(t)\mathrm{d}t, \quad x \in [a, b]. \tag{6.3.2}$$

通常将由式（6.3.2）定义的函数 $\Phi(x)$ 称作**积分上限函数**（或**变上限积分函数**）.

积分上限函数的几何意义是：设 $f(x)$ 是 $[a, b]$ 上的非负函数，则对任意的 $x \in [a, b]$，积分上限函数 $\Phi(x)$ 表示区间 $[a, x]$ 上的曲边梯形面积，如图 6－8 所示的阴影部分的面积.

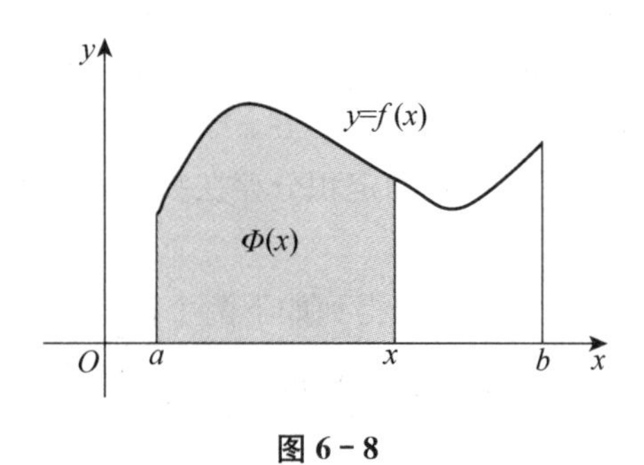

图 6－8

定理 6.3.1（**原函数存在性定理**） 若函数 $f(x)$ 在区间 $[a, b]$ 上连续，则积分上限函数

$$\Phi(x)=\int_a^x f(t)\mathrm{d}t, \quad x \in [a, b]$$

在 $[a, b]$ 上可导，且它的导数

$$\Phi'(x)=\frac{\mathrm{d}}{\mathrm{d}x}\int_a^x f(t)\mathrm{d}t=f(x),\quad x\in[a, b], \tag{6.3.3}$$

即积分上限函数 $\Phi(x)$ 是函数 $f(x)$ 的一个原函数.

证 若 $x\in(a, b)$，设 x 获得增量 Δx，其绝对值足够小，使得 $x+\Delta x\in(a, b)$，则

$$\begin{aligned}\Delta\Phi&=\Phi(x+\Delta x)-\Phi(x)=\int_a^{x+\Delta x}f(t)\mathrm{d}t-\int_a^x f(t)\mathrm{d}t\\&=\int_a^x f(t)\mathrm{d}t+\int_x^{x+\Delta x}f(t)\mathrm{d}t-\int_a^x f(t)\mathrm{d}t\\&=\int_x^{x+\Delta x}f(t)\mathrm{d}t.\end{aligned}$$

因为 $f(x)$ 在 $[a, b]$ 上连续，故 $f(x)$ 在 $[x, x+\Delta x]$（或 $[x+\Delta x, x]$）上也连续，由积分中值定理有

$$\Delta\Phi=\int_x^{x+\Delta x}f(t)\mathrm{d}t=f(\xi)\Delta x, \tag{6.3.4}$$

其中 ξ 介于 x 与 $x+\Delta x$ 之间. 式（6.3.4）两端除以 Δx，得

$$\frac{\Delta\Phi}{\Delta x}=f(\xi). \tag{6.3.5}$$

由于 $f(x)$ 在 $[a, b]$ 上连续，当 $\Delta x\to0$ 时，$\xi\to x$，则

$$\lim_{\Delta x\to0}f(\xi)=\lim_{\xi\to x}f(\xi)=f(x).$$

因此，当 $\Delta x\to0$ 时，式（6.3.5）左端的极限存在且等于 $f(x)$，即

$$\Phi'(x)=\lim_{\Delta x\to0}\frac{\Delta\Phi}{\Delta x}=\lim_{\xi\to x}f(\xi)=f(x).$$

若 $x=a$，取 $\Delta x>0$，则类似可证 $\Phi'_+(a)=f(a)$；若 $x=b$，取 $\Delta x<0$，则类似可证 $\Phi'_-(b)=f(b)$.

注 定理 6.3.1 不仅揭示了原函数和定积分存在关联，也表征了微分（或导数）与定积分之间的内在联系.

利用复合函数的求导法则，可进一步得到如下两个推论：

推论 6.3.1 若函数 $f(x)$ 连续，$\varphi(x)$ 可导，则函数 $\int_a^{\varphi(x)}f(t)\mathrm{d}t$ 可导，且导数为

$$\frac{\mathrm{d}}{\mathrm{d}x}\int_a^{\varphi(x)}f(t)\mathrm{d}t=f[\varphi(x)]\varphi'(x). \tag{6.3.6}$$

推论 6.3.2 若函数 $f(x)$ 连续，$\varphi(x)$，$\psi(x)$ 可导，则函数 $\int_{\psi(x)}^{\varphi(x)}f(t)\mathrm{d}t$ 可导，且导数为

$$\frac{d}{dx}\int_{\psi(x)}^{\varphi(x)} f(t)dt = f[\varphi(x)]\varphi'(x) - f[\psi(x)]\psi'(x). \tag{6.3.7}$$

上述两个推论的证明请读者结合定理 6.3.1 与复合函数的求导法则自行完成.

例 6.3.1 求下列函数的导数：

(1) $f(x)=\int_x^1 \cos^2 t\,dt$；

(2) $f(x)=\int_0^{e^x} \frac{\ln t}{t}dt$；

(3) $f(x)=\int_{3x}^{x^2} \sin t\,dt$.

解 (1) 因为

$$f(x)=\int_x^1 \cos^2 t\,dt = -\int_1^x \cos^2 t\,dt,$$

所以由定理 6.3.1 有

$$f'(x) = -\frac{d}{dx}\int_1^x \cos^2 t\,dt = -\cos^2 x.$$

(2) 应用推论 6.3.1 的结果，得

$$f'(x)=\frac{d}{dx}\int_0^{e^x}\frac{\ln t}{t}dt = \frac{\ln e^x}{e^x}\cdot(e^x)' = \frac{x}{e^x}\cdot e^x = x.$$

(3) 应用推论 6.3.2 的结果，得

$$f'(x)=\frac{d}{dx}\int_{3x}^{x^2}\sin t\,dt = \sin(x^2)\cdot(x^2)' - \sin(3x)\cdot(3x)' = 2x\sin(x^2) - 3\sin(3x).$$

例 6.3.2 求 $\lim\limits_{x\to 0}\frac{\int_{\sin^2 x}^0 \ln(1+t)dt}{(\sqrt{1+x^2}-1)\cdot x^2}$.

解 易知题设为$\frac{0}{0}$型未定式，利用推论 6.3.1 的结果，结合等价无穷小量替换法则和洛必达法则，有

$$\lim_{x\to 0}\frac{\int_{\sin^2 x}^0 \ln(1+t)dt}{(\sqrt{1+x^2}-1)\cdot x^2} = \lim_{x\to 0}\frac{-\int_0^{\sin^2 x}\ln(1+t)dt}{\frac{1}{2}x^2\cdot x^2}$$

$$= \lim_{x\to 0}\frac{-2\int_0^{\sin^2 x}\ln(1+t)dt}{x^4}$$

$$= \lim_{x\to 0}\frac{-2\ln(1+\sin^2 x)\cdot 2\sin x\cos x}{4x^3}$$

$$=\lim_{x\to 0}\frac{-\sin^3 x\cos x}{x^3}=\lim_{x\to 0}\frac{-x^3\cos x}{x^3}=-1.$$

例 6.3.3 设函数 $y=y(x)$ 由方程 $\int_0^{2y^3}\mathrm{e}^{t^2}\mathrm{d}t+\int_x^0\sin^2 t\mathrm{d}t=0$ 所确定，求$\frac{\mathrm{d}y}{\mathrm{d}x}$.

解 首先，将原方程改写为

例 6.3.3

$$\int_0^{2y^3}\mathrm{e}^{t^2}\mathrm{d}t-\int_0^x\sin^2 t\mathrm{d}t=0.$$

等式两端同时对 x 求导，并视 y 为 x 的函数，则

$$\frac{\mathrm{d}}{\mathrm{d}x}\left(\int_0^{2y^3}\mathrm{e}^{t^2}\mathrm{d}t\right)-\frac{\mathrm{d}}{\mathrm{d}x}\left(\int_0^x\sin^2 t\mathrm{d}t\right)=0,$$

于是

$$\frac{\mathrm{d}}{\mathrm{d}y}\left(\int_0^{2y^3}\mathrm{e}^{t^2}\mathrm{d}t\right)\cdot\frac{\mathrm{d}y}{\mathrm{d}x}-\sin^2 x=0,$$

即

$$\mathrm{e}^{4y^6}\cdot(6y^2)\cdot\frac{\mathrm{d}y}{\mathrm{d}x}-\sin^2 x=0,$$

故

$$\frac{\mathrm{d}y}{\mathrm{d}x}=\frac{\sin^2 x}{6y^2\mathrm{e}^{4y^6}}.$$

6.3.2 牛顿-莱布尼茨公式

下面根据定理 6.3.1 来证明一个重要定理，该定理给出了应用原函数计算定积分的基本公式，该公式通常称为**牛顿-莱布尼茨公式**.

定理 6.3.2（微积分基本定理） 设 $f(x)$ 在区间 $[a, b]$ 上连续，$F(x)$ 是 $f(x)$ 在该区间上的一个原函数，则

$$\int_a^b f(x)\mathrm{d}x=F(x)\Big|_a^b=F(b)-F(a). \tag{6.3.8}$$

证 已知 $f(x)$ 在区间 $[a, b]$ 上连续，$F(x)$ 是 $f(x)$ 在该区间上的一个原函数，又由定理 6.3.1 可知，积分上限函数 $\Phi(x)=\int_a^x f(t)\mathrm{d}t$ 也是函数 $f(x)$ 的一个原函数，因此，这两个原函数在区间 $[a, b]$ 上只相差一个常数，即

$$F(x)-\Phi(x)=C,\quad a\leqslant x\leqslant b. \tag{6.3.9}$$

在式 (6.3.9) 中，令 $x=a$，由 $\Phi(a)=\int_a^a f(t)\mathrm{d}t=0$，可得 $C=F(a)$. 于是有

$$\Phi(x)=\int_a^x f(x)\mathrm{d}x=F(x)-F(a).$$

再令 $x=b$，得

$$\int_a^b f(x)\mathrm{d}x=\Phi(b)=F(b)-F(a).$$

注 由规定 $\int_b^a f(x)\mathrm{d}x=-\int_a^b f(x)\mathrm{d}x$ 可知，定理 6.3.2 对 $a>b$ 的情形同样成立.

定理 6.3.2 指出，求连续函数 $f(x)$ 的定积分，只需求出 $f(x)$ 的一个原函数，然后按照牛顿-莱布尼茨公式计算原函数在积分区间上的增量即得.

牛顿-莱布尼茨公式揭示了定积分与被积函数的原函数之间的关系：由于$f(x)$ 的原函数 $F(x)$ 一般可通过求不定积分求得，因此，牛顿-莱布尼茨公式巧妙地将定积分的计算问题与不定积分联系起来. 故而，牛顿-莱布尼茨公式也称为**微积分基本公式**.

例 6.3.4 求定积分 $\int_1^2 x^2\mathrm{d}x$.

解 由于$\dfrac{x^3}{3}$是 x^2 的一个原函数，由牛顿-莱布尼茨公式，有

$$\int_1^2 x^2\mathrm{d}x=\frac{x^3}{3}\Bigg|_1^2=\frac{8}{3}-\frac{1}{3}=\frac{7}{3}.$$

例 6.3.5 求定积分 $\int_{-3}^{-1}\dfrac{1}{x}\mathrm{d}x$.

解 当 $x<0$ 时，$\dfrac{1}{x}$的一个原函数是 $\ln|x|$，由牛顿-莱布尼茨公式，有

$$\int_{-3}^{-1}\frac{1}{x}\mathrm{d}x=\ln|x|\Big|_{-3}^{-1}=\ln 1-\ln 3=-\ln 3.$$

例 6.3.6 求定积分 $\int_{-3}^{3}|x^2+x-2|\mathrm{d}x$.

解 因 $x^2+x-2=(x-1)(x+2)$，故

$$|x^2+x-2|=\begin{cases}-(x^2+x-2), & -2<x<1\\ x^2+x-2, & x\leqslant -2 \text{ 或 } x\geqslant 1\end{cases},$$

于是有

$$\begin{aligned}&\int_{-3}^{3}|x^2+x-2|\mathrm{d}x\\ =&\int_{-3}^{-2}(x^2+x-2)\mathrm{d}x-\int_{-2}^{1}(x^2+x-2)\mathrm{d}x+\int_{1}^{3}(x^2+x-2)\mathrm{d}x\\ =&\left(\frac{1}{3}x^3+\frac{1}{2}x^2-2x\right)\Bigg|_{-3}^{-2}-\left(\frac{1}{3}x^3+\frac{1}{2}x^2-2x\right)\Bigg|_{-2}^{1}+\left(\frac{1}{3}x^3+\frac{1}{2}x^2-2x\right)\Bigg|_{1}^{3}\\ =&\frac{11}{6}+\frac{9}{2}+\frac{26}{3}\\ =&15.\end{aligned}$$

例 6.3.7（积分中值定理） 设函数 $f(x)$ 在 $[a, b]$ 上连续，证明：在开区间 (a, b) 内至少存在一点 $\xi\in(a, b)$，使得

$$\int_a^b f(x)\mathrm{d}x=f(\xi)(b-a).$$

证 因函数 $f(x)$ 连续，故它的原函数存在，不妨设 $F(x)$ 为 $f(x)$ 的一个原函数，因此，在区间 $[a, b]$ 上，有 $F'(x)=f(x)$. 根据牛顿-莱布尼茨公式，有

$$\int_a^b f(x)\mathrm{d}x=F(b)-F(a).$$

显然，函数 $F(x)$ 在区间 $[a, b]$ 上满足拉格朗日中值定理的条件，故在 (a, b) 内至少存在一点 ξ，使得

$$F(b)-F(a)=F'(\xi)(b-a)=f(\xi)(b-a),$$

即

$$\int_a^b f(x)\mathrm{d}x=f(\xi)(b-a).$$

注 例 6.3.7 的结论是性质 6.2.8 的改进.

习题 6.3

1. 计算下列函数的导数：

(1) $\int_x^{-2} t\mathrm{e}^{-t^2}\mathrm{d}t$； (2) $\int_0^{x^2}\frac{1}{\sqrt{2+t^4}}\mathrm{d}t$； (3) $\int_{\sin x}^{x^2}\sin(\pi t)\mathrm{d}t$；

(4) $\int_0^x(\mathrm{e}^x-t)f(t)\mathrm{d}t$，其中 $f(t)$ 连续.

2. 求下列极限：

(1) $\lim\limits_{x\to 0}\frac{\int_0^x \arctan t\,\mathrm{d}t}{x^2}$； (2) $\lim\limits_{x\to 0}\frac{\int_0^x \sin t^2\mathrm{d}t}{x^3}$； (3) $\lim\limits_{x\to 0}\frac{\int_0^x (1+\sin t)^{\frac{1}{t}}\mathrm{d}t}{x}$；

(4) $\lim\limits_{x\to 0+}\frac{\int_0^{x^2}(1-\cos\sqrt{t})\mathrm{d}t}{x^4}$； (5) $\lim\limits_{x\to 0}\frac{\int_0^{x^2}\ln(1+t)\mathrm{d}t}{1-\mathrm{e}^{x^4}}$； (6) $\lim\limits_{x\to 0}\frac{\left(\int_0^x \mathrm{e}^{t^2}\mathrm{d}t\right)^2}{\int_0^x t\mathrm{e}^{2t^2}\mathrm{d}t}$.

3. 计算下列定积分：

(1) $\int_{\frac{\sqrt{3}}{3}}^{\sqrt{3}}\frac{1}{1+x^2}\mathrm{d}x$； (2) $\int_1^4(1-\sqrt{x})^2\frac{1}{\sqrt{x}}\mathrm{d}x$； (3) $\int_{\frac{\pi}{4}}^{\frac{\pi}{2}}\cot^2 x\mathrm{d}x$；

(4) $\int_{-1}^1|x^2-2x|\mathrm{d}x$； (5) $\int_0^{\pi}\sqrt{1+\cos(2x)}\mathrm{d}x$.

4. 设 $f(x)=\begin{cases}x^2+2, & -1\leqslant x\leqslant 0\\ 2-x, & 0<x\leqslant 1\end{cases}$，求 $\int_{-1}^{1}f(x)\mathrm{d}x$.

5. 已知 $\int_0^{2x}f(t)\mathrm{d}t=x^2\cos(4x)$，其中 $f(x)$ 连续，试求 $f(x)$ 的表达式.

6. 求函数 $f(x)=\int_0^x t\mathrm{e}^{-t}\ln(2+t^2)\mathrm{d}t$ 的极值.

7. 设 $f(x)=\int_0^{3x}(2x-t)\varphi(t)\mathrm{d}t$，其中 $\varphi(t)$ 为连续函数，试求 $f'(x)$.

8. 求由方程 $\int_1^y\frac{\sin t}{t}\mathrm{d}t+\int_x^{x^2}\ln(1+t)\mathrm{d}t=2$ 所确定的隐函数 $y=y(x)$ 的导数 $\frac{\mathrm{d}y}{\mathrm{d}x}$.

9. 设 $f(x)$ 在 $[a, b]$ 上连续，在 (a, b) 内可导且满足 $f'(x)\leqslant 0$，记

$$F(x)=\frac{1}{x-a}\int_a^x f(t)\mathrm{d}t,$$

证明在 (a, b) 内有 $F'(x)\leqslant 0$.

§6.4 定积分的计算

由微积分基本公式(6.3.8)可知，计算定积分 $\int_a^b f(x)\mathrm{d}x$ 即是求被积函数 $f(x)$ 的原函数在区间 $[a, b]$ 上的增量，因此，关键问题是要找到 $f(x)$ 的一个原函数. 第5章给出了求解不定积分的换元积分法和分部积分法，对于定积分的计算，这两种方法依然适用.

6.4.1 定积分的换元积分法

定理 6.4.1 设函数 $f(x)$ 在区间 $[a, b]$ 上连续，函数 $x=\varphi(t)$ 满足如下条件：

(1) $\varphi(\alpha)=a$，$\varphi(\beta)=b$，

(2) $\varphi(t)$ 在 $[\alpha, \beta]$（或 $[\beta, \alpha]$）上具有连续导数，且值域为 $[a, b]$，

则有

$$\int_a^b f(x)\mathrm{d}x=\int_\alpha^\beta f[\varphi(t)]\varphi'(t)\mathrm{d}t. \tag{6.4.1}$$

证 设 $F(x)$ 是 $f(x)$ 的一个原函数，即 $F'(x)=f(x)$. 由复合函数的求导法则可知，$F[\varphi(t)]$ 是 $f[\varphi(t)]\varphi'(t)$ 的一个原函数. 于是，由牛顿-莱布尼茨公式，有

$$\int_a^b f(x)\mathrm{d}x=F(x)\Big|_a^b=F(b)-F(a).$$

$$\begin{aligned}\int_\alpha^\beta f[\varphi(t)]\varphi'(t)\mathrm{d}t&=F[\varphi(t)]\Big|_\alpha^\beta=F[\varphi(\beta)]-F[\varphi(\alpha)]\\&=F(b)-F(a),\end{aligned}$$

即

$$\int_a^b f(x)\mathrm{d}x=\int_\alpha^\beta f[\varphi(t)]\varphi'(t)\mathrm{d}t.$$

注 式（6.4.1）通常称为**定积分的换元积分公式**.

例 6.4.1 求定积分 $\int_0^{\frac{\pi}{2}}\cos^3 x\sin x\mathrm{d}x$.

解 由题意

$$\int_0^{\frac{\pi}{2}}\cos^3 x\sin x\mathrm{d}x=-\int_0^{\frac{\pi}{2}}\cos^3 x\mathrm{d}(\cos x).$$

解法 1 令 $t=\cos x$，则当 $x=0$ 时 $t=1$，当 $x=\frac{\pi}{2}$ 时 $t=0$，故

$$\int_0^{\frac{\pi}{2}}\cos^3 x\sin x\mathrm{d}x=-\int_0^{\frac{\pi}{2}}\cos^3 x\mathrm{d}(\cos x)=-\int_1^0 t^3\mathrm{d}t=\int_0^1 t^3\mathrm{d}t=\frac{t^4}{4}\bigg|_0^1=\frac{1}{4}.$$

解法 2 利用凑微分法，有

$$\int_0^{\frac{\pi}{2}}\cos^3 x\sin x\mathrm{d}x=-\int_0^{\frac{\pi}{2}}\cos^3 x\mathrm{d}(\cos x)=-\frac{\cos^4 x}{4}\bigg|_0^{\frac{\pi}{2}}=-\left(0-\frac{1}{4}\right)=\frac{1}{4}.$$

注 通过求例 6.4.1 可以看到，在应用定积分的换元公式时，应注意以下两点：

（1）利用代换 $x=\varphi(t)$ 换元时，如果没有明确将积分变量换成新的变量 t，则不需要变换积分限；但如果明确将积分变量 x 换成新的变量 t，积分限也要相应变换，即**换元的同时也要换限**.

（2）求出 $f[\varphi(t)]\varphi'(t)$ 的一个原函数 $F(t)$ 后，不必像计算不定积分那样再将 $F(t)$ 还原成原变量 x 的函数，只需直接求出 $F(t)$ 在新变量 t 的积分区间上的增量即可.

例 6.4.2 求定积分 $\int_0^8\frac{\mathrm{d}x}{1+\sqrt[3]{x}}$.

解 令 $t=\sqrt[3]{x}$，则 $x=t^3$，$\mathrm{d}x=3t^2\mathrm{d}t$，且当 $x=0$ 时 $t=0$，当 $x=8$ 时 $t=2$，故

$$\begin{aligned}\int_0^8\frac{\mathrm{d}x}{1+\sqrt[3]{x}}&=\int_0^2\frac{3t^2}{1+t}\mathrm{d}t=3\int_0^2\left(t-1+\frac{1}{1+t}\right)\mathrm{d}t\\&=3\left[\frac{t^2}{2}-t+\ln(1+t)\right]\bigg|_0^2=3\ln 3.\end{aligned}$$

例 6.4.3 求定积分 $\int_0^a\sqrt{a^2-x^2}\mathrm{d}x$ $(a>0)$.

解 令 $x=a\sin t$，则 $\mathrm{d}x=a\cos t\mathrm{d}t$，且当 $x=0$ 时 $t=0$，当 $x=a$ 时 $t=\frac{\pi}{2}$，故

$$\begin{aligned}\int_0^a\sqrt{a^2-x^2}\mathrm{d}x&=a^2\int_0^{\frac{\pi}{2}}\cos^2 t\mathrm{d}t=a^2\int_0^{\frac{\pi}{2}}\frac{1+\cos 2t}{2}\mathrm{d}t\\&=\frac{a^2}{2}\left(t+\frac{\sin 2t}{2}\right)\bigg|_0^{\frac{\pi}{2}}=\frac{1}{4}\pi a^2.\end{aligned}$$

注 本例与例 6.1.3 是同一个题目，但所用方法不同，比较两种方法不难发现，恰当地使用定积分的几何意义会给计算带来很大方便.

例 6.4.4 求定积分 $\int_0^{\pi}\sqrt{\sin^3 x-\sin^5 x}\,dx$.

解 因为

$$\sqrt{\sin^3 x-\sin^5 x}=|\cos x|\cdot(\sin x)^{\frac{3}{2}},$$

故

$$\begin{aligned}\int_0^{\pi}\sqrt{\sin^3 x-\sin^5 x}\,dx&=\int_0^{\pi}|\cos x|\cdot(\sin x)^{\frac{3}{2}}dx\\&=\int_0^{\frac{\pi}{2}}\cos x\cdot(\sin x)^{\frac{3}{2}}dx-\int_{\frac{\pi}{2}}^{\pi}\cos x\cdot(\sin x)^{\frac{3}{2}}dx\\&=\int_0^{\frac{\pi}{2}}(\sin x)^{\frac{3}{2}}d(\sin x)-\int_{\frac{\pi}{2}}^{\pi}(\sin x)^{\frac{3}{2}}d(\sin x)\\&=\frac{2}{5}(\sin x)^{\frac{5}{2}}\Big|_0^{\frac{\pi}{2}}-\frac{2}{5}(\sin x)^{\frac{5}{2}}\Big|_{\frac{\pi}{2}}^{\pi}=\frac{4}{5}.\end{aligned}$$

例 6.4.5 若 $f(x)$ 在 $[-a,\ a]$ 上连续，证明：

(1) 当 $f(x)$ 为偶函数时，有 $\int_{-a}^{a}f(x)dx=2\int_0^a f(x)dx$；

(2) 当 $f(x)$ 为奇函数时，有 $\int_{-a}^{a}f(x)dx=0$.

证 因为

$$\int_{-a}^{a}f(x)dx=\int_{-a}^{0}f(x)dx+\int_0^a f(x)dx,$$

对上式右端第一项作变换，令 $x=-t$，则 $dx=-dt$，且当 $x=-a$ 时 $t=a$，当 $x=0$ 时 $t=0$，故

$$\int_{-a}^{0}f(x)dx=-\int_a^0 f(-t)dt=\int_0^a f(-t)dt=\int_0^a f(-x)dx,$$

于是

$$\int_{-a}^{a}f(x)dx=\int_{-a}^{0}f(x)dx+\int_0^a f(x)dx=\int_0^a[f(-x)+f(x)]dx.$$

因此

(1) 当 $f(x)$ 为偶函数时，由于 $f(-x)=f(x)$，故

$$\int_{-a}^{a}f(x)dx=\int_0^a[f(-x)+f(x)]dx=2\int_0^a f(x)dx.$$

(2) 当 $f(x)$ 为奇函数时，由于 $f(-x)=-f(x)$，故

$$\int_{-a}^{a} f(x)\mathrm{d}x = \int_{0}^{a} [f(-x)+f(x)]\mathrm{d}x = \int_{0}^{a} [-f(x)+f(x)]\mathrm{d}x = 0.$$

注 当积分区间关于原点对称，且被积函数为偶函数或奇函数时，可直接使用例 6.4.5 的结果求定积分.

例 6.4.6 求定积分 $\int_{-1}^{1}(|x|+\sin x)x^2\mathrm{d}x$.

解 由题意

$$\int_{-1}^{1}(|x|+\sin x)x^2\mathrm{d}x = \int_{-1}^{1}(|x|\cdot x^2+\sin x\cdot x^2)\mathrm{d}x.$$

积分区间关于原点对称，被积函数由两部分构成，其中 $|x|\cdot x^2$ 为偶函数，$\sin x\cdot x^2$ 为奇函数，因此

$$\int_{-1}^{1}(|x|+\sin x)x^2\mathrm{d}x = \int_{-1}^{1}|x|\cdot x^2\mathrm{d}x = 2\int_{0}^{1}x^3\mathrm{d}x = 2\cdot\frac{x^4}{4}\bigg|_{0}^{1} = \frac{1}{2}.$$

例 6.4.7 若 $f(x)$ 在 $[0, 1]$ 上连续，证明：

(1) $\int_{0}^{\frac{\pi}{2}} f(\sin x)\mathrm{d}x = \int_{0}^{\frac{\pi}{2}} f(\cos x)\mathrm{d}x$；

(2) $\int_{0}^{\pi} xf(\sin x)\mathrm{d}x = \frac{\pi}{2}\int_{0}^{\pi} f(\sin x)\mathrm{d}x = \pi\int_{0}^{\frac{\pi}{2}} f(\sin x)\mathrm{d}x$.

证 (1) 观察等式两端，所作变换应使被积函数由 $f(\sin x)$ 变为 $f(\cos x)$，且积分区域保持不变，因此，令 $x=\frac{\pi}{2}-t$，则 $\mathrm{d}x=-\mathrm{d}t$，且当 $x=0$ 时 $t=\frac{\pi}{2}$，当 $x=\frac{\pi}{2}$ 时 $t=0$，故

$$\int_{0}^{\frac{\pi}{2}} f(\sin x)\mathrm{d}x = -\int_{\frac{\pi}{2}}^{0} f\left[\sin\left(\frac{\pi}{2}-t\right)\right]\mathrm{d}t = \int_{0}^{\frac{\pi}{2}} f(\cos t)\mathrm{d}t = \int_{0}^{\frac{\pi}{2}} f(\cos x)\mathrm{d}x.$$

(2) 首先证 $\int_{0}^{\pi} xf(\sin x)\mathrm{d}x = \frac{\pi}{2}\int_{0}^{\pi} f(\sin x)\mathrm{d}x$. 观察等式两端，所作变换应使被积函数由 $xf(\sin x)$ 变为 $f(\sin x)$，且积分区域保持不变，因此令 $x=\pi-t$，则 $\mathrm{d}x=-\mathrm{d}t$，且当 $x=0$ 时 $t=\pi$，当 $x=\pi$ 时 $t=0$，故

$$\begin{aligned}\int_{0}^{\pi} xf(\sin x)\mathrm{d}x &= -\int_{\pi}^{0}(\pi-t)f[\sin(\pi-t)]\mathrm{d}t = \int_{0}^{\pi}(\pi-t)f(\sin t)\mathrm{d}t \\ &= \pi\int_{0}^{\pi} f(\sin t)\mathrm{d}t - \int_{0}^{\pi} tf(\sin t)\mathrm{d}t \\ &= \pi\int_{0}^{\pi} f(\sin x)\mathrm{d}x - \int_{0}^{\pi} xf(\sin x)\mathrm{d}x,\end{aligned}$$

因此

$$\int_{0}^{\pi} xf(\sin x)\mathrm{d}x = \frac{\pi}{2}\int_{0}^{\pi} f(\sin x)\mathrm{d}x.$$

下面证明等式 $\frac{\pi}{2}\int_0^{\pi}f(\sin x)\mathrm{d}x=\pi\int_0^{\frac{\pi}{2}}f(\sin x)\mathrm{d}x$ 成立. 只需证明

$$\int_0^{\pi}f(\sin x)\mathrm{d}x=2\int_0^{\frac{\pi}{2}}f(\sin x)\mathrm{d}x$$

即可. 由定积分对区间的可加性，有

$$\int_0^{\pi}f(\sin x)\mathrm{d}x=\int_0^{\frac{\pi}{2}}f(\sin x)\mathrm{d}x+\int_{\frac{\pi}{2}}^{\pi}f(\sin x)\mathrm{d}x.$$

令 $x=\pi-t$，则

$$\int_{\frac{\pi}{2}}^{\pi}f(\sin x)\mathrm{d}x=-\int_{\frac{\pi}{2}}^{0}f(\sin t)\mathrm{d}t=\int_0^{\frac{\pi}{2}}f(\sin t)\mathrm{d}t=\int_0^{\frac{\pi}{2}}f(\sin x)\mathrm{d}x,$$

从而有

$$\int_0^{\pi}f(\sin x)\mathrm{d}x=2\int_0^{\frac{\pi}{2}}f(\sin x)\mathrm{d}x.$$

故

$$\int_0^{\pi}xf(\sin x)\mathrm{d}x=\frac{\pi}{2}\int_0^{\pi}f(\sin x)\mathrm{d}x=\pi\int_0^{\frac{\pi}{2}}f(\sin x)\mathrm{d}x.$$

例 6.4.8 已知 $f(x)$ 在 $(-\infty,+\infty)$ 上连续，且 $\int_0^x f(x-u)\mathrm{e}^u\mathrm{d}u=\sin x$，求 $f(x)$.

解 令 $t=x-u$，则 $u=x-t$，$\mathrm{d}u=-\mathrm{d}t$，且当 $u=0$ 时 $t=x$，当 $u=x$ 时 $t=0$，故

微课

例 6.4.8

$$\int_0^x f(x-u)\mathrm{e}^u\mathrm{d}u=-\int_x^0 f(t)\mathrm{e}^{x-t}\mathrm{d}t=\int_0^x f(t)\mathrm{e}^x\cdot\mathrm{e}^{-t}\mathrm{d}t$$
$$=\mathrm{e}^x\cdot\int_0^x f(t)\mathrm{e}^{-t}\mathrm{d}t.$$

于是

$$\mathrm{e}^x\cdot\int_0^x f(t)\mathrm{e}^{-t}\mathrm{d}t=\sin x,$$

故

$$\int_0^x f(t)\mathrm{e}^{-t}\mathrm{d}t=\mathrm{e}^{-x}\sin x,$$

等式两端分别对 x 求导，得

$$f(x)\mathrm{e}^{-x}=-\mathrm{e}^{-x}\sin x+\mathrm{e}^{-x}\cos x,$$

即得

$$f(x)=\cos x-\sin x.$$

6.4.2 定积分的分部积分法

设函数 $u=u(x)$，$v=v(x)$ 在 $[a, b]$ 上有连续导数，有

$$[u(x)v(x)]'=u(x)v'(x)+v(x)u'(x),$$

从而

$$\int_a^b [u(x)v'(x)+v(x)u'(x)]\mathrm{d}x=u(x)v(x)\big|_a^b,$$

即

$$\int_a^b u(x)v'(x)\mathrm{d}x=u(x)v(x)\big|_a^b-\int_a^b v(x)u'(x)\mathrm{d}x, \tag{6.4.2}$$

或

$$\int_a^b u(x)\mathrm{d}v(x)=u(x)v(x)\big|_a^b-\int_a^b v(x)\mathrm{d}u(x). \tag{6.4.3}$$

式（6.4.2）或式（6.4.3）通常称为**定积分的分部积分公式**.

例 6.4.9 求定积分 $\int_0^1 \arctan x\mathrm{d}x$.

解 $$\int_0^1 \arctan x\mathrm{d}x=x\arctan x\Big|_0^1-\int_0^1 x\mathrm{d}(\arctan x)=x\arctan x\Big|_0^1-\int_0^1 \frac{x}{1+x^2}\mathrm{d}x$$
$$=\frac{\pi}{4}-\frac{1}{2}\int_0^1 \frac{1}{1+x^2}\mathrm{d}(1+x^2)=\frac{\pi}{4}-\frac{1}{2}\ln 2.$$

例 6.4.10 求定积分 $\int_1^4 \mathrm{e}^{\sqrt{x}}\mathrm{d}x$.

解 令 $t=\sqrt{x}$，则 $x=t^2$，$\mathrm{d}x=2t\mathrm{d}t$，且当 $x=1$ 时 $t=1$，当 $x=4$ 时 $t=2$，故

$$\int_1^4 \mathrm{e}^{\sqrt{x}}\mathrm{d}x=2\int_1^2 t\mathrm{e}^t\mathrm{d}t=2\int_1^2 t\mathrm{d}(\mathrm{e}^t)=2t\mathrm{e}^t\Big|_1^2-2\int_1^2 \mathrm{e}^t\mathrm{d}t$$
$$=2t\mathrm{e}^t\Big|_1^2-2\mathrm{e}^t\Big|_1^2=2\mathrm{e}^2.$$

例 6.4.11 求定积分 $\int_0^\pi \mathrm{e}^x\sin x\mathrm{d}x$.

解 由于

$$\int_0^\pi \mathrm{e}^x\sin x\mathrm{d}x=\int_0^\pi \sin x\mathrm{d}(\mathrm{e}^x)$$
$$=(\mathrm{e}^x\sin x)\Big|_0^\pi-\int_0^\pi \mathrm{e}^x\mathrm{d}(\sin x)=-\int_0^\pi \mathrm{e}^x\cos x\mathrm{d}x$$
$$=-\int_0^\pi \cos x\mathrm{d}(\mathrm{e}^x)=-(\mathrm{e}^x\cos x)\big|_0^\pi+\int_0^\pi \mathrm{e}^x\mathrm{d}(\cos x)$$
$$=\mathrm{e}^\pi+1-\int_0^\pi \mathrm{e}^x\sin x\mathrm{d}x,$$

故

$$\int_0^{\pi} e^x \sin x \, dx = \frac{1}{2}(e^{\pi}+1).$$

例 6.4.12 试导出 $I_n=\int_0^{\frac{\pi}{2}} \sin^n x \, dx$（其中 n 为非负整数）的递推公式.

解 易知

$$I_0=\int_0^{\frac{\pi}{2}} dx=\frac{\pi}{2}, \qquad I_1=\int_0^{\frac{\pi}{2}} \sin x \, dx=-\cos x \Big|_0^{\frac{\pi}{2}}=1.$$

当 $n \geqslant 2$ 时，

$$\begin{aligned} I_n &= \int_0^{\frac{\pi}{2}} \sin^n x \, dx \\ &= \int_0^{\frac{\pi}{2}} \sin^{n-1} x \cdot \sin x \, dx=\int_0^{\frac{\pi}{2}} \sin^{n-1} x \, d(-\cos x) \\ &= -(\sin^{n-1} x \cdot \cos x)\Big|_0^{\frac{\pi}{2}}+\int_0^{\frac{\pi}{2}} \cos x \, d(\sin^{n-1} x) \\ &= (n-1)\int_0^{\frac{\pi}{2}} \sin^{n-2} x \cos^2 x \, dx \\ &= (n-1)\int_0^{\frac{\pi}{2}} \sin^{n-2} x(1-\sin^2 x) \, dx \\ &= (n-1)\int_0^{\frac{\pi}{2}} \sin^{n-2} x \, dx-(n-1)\int_0^{\frac{\pi}{2}} \sin^n x \, dx, \end{aligned}$$

即

$$I_n=(n-1)I_{n-2}-(n-1)I_n,$$

从而得到定积分 I_n 的递推公式为 $I_n=\frac{n-1}{n}I_{n-2}$.

(1) 当 n 为偶数时，设 $n=2m$，有

$$\begin{aligned} I_{2m} &= \frac{2m-1}{2m}I_{2m-2}=\frac{(2m-1)(2m-3)}{2m(2m-2)}I_{2m-4} \\ &= \cdots=\frac{(2m-1)(2m-3)\cdots 3 \cdot 1}{2m(2m-2)\cdots 4 \cdot 2}I_0=\frac{(2m-1)!!}{(2m)!!}\frac{\pi}{2}. \end{aligned}$$

(2) 当 n 为奇数时，设 $n=2m+1$，有

$$\begin{aligned} I_{2m+1} &= \frac{2m}{2m+1}I_{2m-1}=\frac{2m(2m-2)}{(2m+1)(2m-1)}I_{2m-3} \\ &= \cdots=\frac{2m(2m-2)\cdots 4 \cdot 2}{(2m+1)(2m-1)\cdots 3}I_1=\frac{(2m)!!}{(2m+1)!!}. \end{aligned}$$

习题 6.4

1. 计算下列定积分：

(1) $\int_0^{\frac{\pi}{2}} \sin x \cos^5 x \mathrm{d}x$；

(2) $\int_{\frac{\pi}{6}}^{\frac{\pi}{2}} \sin^2 x \mathrm{d}x$；

(3) $\int_0^1 \frac{x}{(x^2+2)^2} \mathrm{d}x$；

(4) $\int_{\frac{1}{\pi}}^{\frac{3}{\pi}} \frac{1}{x^2} \sin\left(\frac{1}{x}\right) \mathrm{d}x$；

(5) $\int_0^{\ln 2} \mathrm{e}^x (\mathrm{e}^x+1)^2 \mathrm{d}x$；

(6) $\int_0^2 \frac{x^3}{4+x^2} \mathrm{d}x$；

(7) $\int_0^{\frac{\pi}{2}} \frac{\sin^3 x}{3+\sin^2 x} \mathrm{d}x$；

(8) $\int_{\pi}^{2\pi} \frac{x+\cos x}{x^2+2\sin x} \mathrm{d}x$；

(9) $\int_{\mathrm{e}+1}^{\mathrm{e}^2+1} \frac{1+\ln(x-1)}{x-1} \mathrm{d}x$；

(10) $\int_{\frac{\pi}{4}}^{\frac{\pi}{3}} \frac{\cos x - x\sin x}{(x\cos x)^2} \mathrm{d}x$；

(11) $\int_1^{\sqrt{3}} \frac{1}{x^2\sqrt{x^2+1}} \mathrm{d}x$；

(12) $\int_0^1 \frac{\sqrt{x}}{1+\sqrt{x}} \mathrm{d}x$；

(13) $\int_1^2 \frac{1}{x(x^2+2)} \mathrm{d}x$；

(14) $\int_1^3 \frac{1}{(1+x)\sqrt{x}} \mathrm{d}x$；

(15) $\int_0^3 \frac{x}{\sqrt{x+1}} \mathrm{d}x$；

(16) $\int_{\ln 2}^{\ln 4} \frac{1}{\sqrt{\mathrm{e}^x-1}} \mathrm{d}x$；

(17) $\int_0^1 \frac{1}{\mathrm{e}^x+1} \mathrm{d}x$；

(18) $\int_{-1}^1 \frac{1}{x^2+2x+5} \mathrm{d}x$；

(19) $\int_1^{\frac{\sqrt{3}}{3}} \frac{1}{(1+5x^2)\sqrt{x^2+1}} \mathrm{d}x$.

2. 计算下列定积分：

(1) $\int_0^{\frac{\pi}{4}} x\sin x \mathrm{d}x$；

(2) $\int_0^2 \ln(2+x) \mathrm{d}x$；

(3) $\int_1^2 \cos\sqrt{x-1} \mathrm{d}x$ ；

(4) $\int_0^{\pi} \mathrm{e}^{-x} \cos x \mathrm{d}x$；

(5) $\int_0^1 \frac{x^2}{1+x^2} \arctan x \mathrm{d}x$；

(6) $\int_1^{\mathrm{e}} \cos(\ln x) \mathrm{d}x$；

(7) $\int_1^{\mathrm{e}^2} \frac{(\ln x)^2}{\sqrt{x}} \mathrm{d}x$；

(8) $\int_0^{\frac{\pi}{4}} \frac{x}{1+\cos(2x)} \mathrm{d}x$；

(9) $\int_0^1 x^3 \mathrm{e}^{x^2} \mathrm{d}x$；

(10) $\int_0^1 \frac{x\mathrm{e}^x}{(\mathrm{e}^x+1)^2} \mathrm{d}x$；

(11) $\int_0^3 \mathrm{e}^{\sqrt{2x+1}} \mathrm{d}x$；

(12) $\int_0^2 \ln(x+\sqrt{x^2+1}) \mathrm{d}x$.

3. 利用函数奇偶性计算下列定积分：

(1) $\int_{-1}^1 x(x+\cos x) \mathrm{d}x$；

(2) $\int_{-\pi}^{\pi} (\sin^5 x+\cos x) \mathrm{d}x$；

(3) $\int_{-\frac{\pi}{2}}^{\frac{\pi}{2}}\sqrt{\cos x-\cos^3 x}\,\mathrm{d}x$；

(4) $\int_{-1}^{1}\frac{x^2\arctan x}{\sqrt{1+x^2}}\mathrm{d}x$；

(5) $\int_{-1}^{1}(x+\sqrt{2-x^2})^2\mathrm{d}x$；

(6) $\int_{-1}^{1}[x^7\ln(1+x^2)+\sqrt{1-x^2}]\mathrm{d}x$.

4. 已知 $\int_0^x f(t)\mathrm{d}t=\frac{x^2}{2}$，求 $\int_0^4\frac{1}{\sqrt{x}}f(\sqrt{x})\mathrm{d}x$.

5. 已知 $f(0)=a$，$f(1)=b$，$f'(1)=c$，且 $f''(x)$ 连续，求 $\int_0^1 xf''(x)\mathrm{d}x$.

6. 设 $f(x)=\frac{1}{1+x^2}+x\int_0^1 f(t)\mathrm{d}t$，其中 $f(t)$ 连续，求 $\int_0^1 f(x)\mathrm{d}x$.

7. 设 $f(x)$ 连续，证明下列各命题：

(1) $\int_a^b f(x)\mathrm{d}x=(b-a)\int_0^1 f[a+(b-a)x]\mathrm{d}x$；

(2) $\int_0^a x^3 f(x^2)\mathrm{d}x=\frac{1}{2}\int_0^{a^2}xf(x)\mathrm{d}x$ $(a>0)$；

(3) $\int_0^{2a}f(x)\mathrm{d}x=\int_0^a[f(x)+f(2a-x)]\mathrm{d}x$ $(a>0)$.

8. 设 $f(x)$ 在 $(-\infty,+\infty)$ 上连续，且 $F(x)=\int_0^x f(t)\mathrm{d}t$，试证若 $f(x)$ 为奇函数，则 $F(x)$ 为偶函数；若 $f(x)$ 为偶函数，则 $F(x)$ 为奇函数.

9. 设 $f(x)$ 的一个原函数为 $\frac{\sin x}{x}$，求 $\int_{\frac{\pi}{2}}^{\pi}xf'(x)\mathrm{d}x$.

10. 设 $f'(x)$ 在 $[0,1]$ 上连续，求 $\int_0^1[1+xf'(x)]\mathrm{e}^{f(x)}\mathrm{d}x$.

§6.5 广义积分初步

定积分是在积分区间有限且被积函数有界的条件下引入的，但在实际问题中常常会遇到积分区间无限或被积函数无界的情形，它们已经不属于定积分范畴，这时需要对上述两种情形作推广，通常将两种推广形式的积分称为**广义积分**或**反常积分**.

6.5.1 无穷限的广义积分

定义 6.5.1 设函数 $f(x)$ 在区间 $[a,+\infty)$ 上连续，取 $b>a$，若 $\lim\limits_{b\to+\infty}\int_a^b f(x)\mathrm{d}x$ 存在，则称该极限为函数 $f(x)$ 在无穷区间 $[a,+\infty)$ 上的**广义积分**，记作 $\int_a^{+\infty}f(x)\mathrm{d}x$，即

$$\int_a^{+\infty}f(x)\mathrm{d}x=\lim_{b\to+\infty}\int_a^b f(x)\mathrm{d}x,$$

此时称广义积分 $\int_a^{+\infty} f(x)\mathrm{d}x$ **收敛**. 若极限 $\lim\limits_{b\to+\infty}\int_a^b f(x)\mathrm{d}x$ 不存在，则称广义积分 $\int_a^{+\infty} f(x)\mathrm{d}x$ **发散**.

类似地，可定义函数 $f(x)$ 在无穷区间 $(-\infty, b]$ 上的**广义积分**，即

$$\int_{-\infty}^b f(x)\mathrm{d}x = \lim_{a\to-\infty}\int_a^b f(x)\mathrm{d}x.$$

定义 6.5.2 设函数 $f(x)$ 在区间 $(-\infty, +\infty)$ 上连续，若广义积分 $\int_{-\infty}^c f(x)\mathrm{d}x$ 和 $\int_c^{+\infty} f(x)\mathrm{d}x$（其中 c 为某一常数）均收敛，则将上述两个广义积分之和称为函数 $f(x)$ 在区间 $(-\infty, +\infty)$ 上的广义积分，记作 $\int_{-\infty}^{+\infty} f(x)\mathrm{d}x$，即

$$\int_{-\infty}^{+\infty} f(x)\mathrm{d}x = \int_{-\infty}^c f(x)\mathrm{d}x + \int_c^{+\infty} f(x)\mathrm{d}x = \lim_{a\to-\infty}\int_a^c f(x)\mathrm{d}x + \lim_{b\to+\infty}\int_c^b f(x)\mathrm{d}x,$$

此时也称广义积分 $\int_{-\infty}^{+\infty} f(x)\mathrm{d}x$ **收敛**. 若 $\int_{-\infty}^c f(x)\mathrm{d}x$ 和 $\int_c^{+\infty} f(x)\mathrm{d}x$ 中至少有一个发散，则称广义积分 $\int_{-\infty}^{+\infty} f(x)\mathrm{d}x$ **发散**.

无穷限的广义积分的几何意义是：当 $f(x)$ 连续且 $f(x)\geqslant 0$ 时，$\int_a^{+\infty} f(x)\mathrm{d}x$ 为曲线 $y=f(x)$ 与直线 $x=a$、$y=0$ 所围成的向右无限延伸的平面图形的面积，如图 6-9 所示；当 $f(x)\leqslant 0$ 或 $f(x)$ 取值有正有负时，其几何意义与定积分类似.

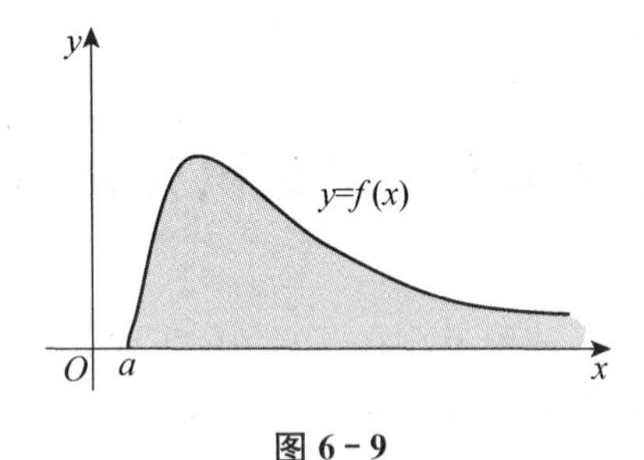

图 6-9

在计算收敛的无穷限的广义积分时，也可直接应用定积分的各种计算方法. 若 $F(x)$ 为 $f(x)$ 的一个原函数，则无穷限的广义积分可简记为

$$\int_a^{+\infty} f(x)\mathrm{d}x = F(x)\Big|_a^{+\infty} = \lim_{x\to+\infty} F(x) - F(a);$$

$$\int_{-\infty}^b f(x)\mathrm{d}x = F(x)\Big|_{-\infty}^b = F(b) - \lim_{x\to-\infty} F(x);$$

$$\int_{-\infty}^{+\infty} f(x)\mathrm{d}x = F(x)\Big|_{-\infty}^{+\infty} = \lim_{x\to+\infty} F(x) - \lim_{x\to-\infty} F(x).$$

例 6.5.1 求广义积分 $\int_0^{+\infty} x\mathrm{e}^{-x^2}\mathrm{d}x$.

解 按定义

$$\int_0^{+\infty} x\mathrm{e}^{-x^2}\mathrm{d}x=\lim_{b\to+\infty}\int_0^b x\mathrm{e}^{-x^2}\mathrm{d}x=\lim_{b\to+\infty}\left[-\frac{1}{2}\int_0^b \mathrm{e}^{-x^2}\mathrm{d}(-x^2)\right]$$

$$=-\frac{1}{2}\lim_{b\to+\infty}(\mathrm{e}^{-x^2})\Big|_0^b=-\frac{1}{2}\lim_{b\to+\infty}(\mathrm{e}^{-b^2}-1)=\frac{1}{2}.$$

例 6.5.2 判断广义积分 $\int_{-\infty}^0 \sin x\mathrm{d}x$ 的敛散性.

解 按定义

$$\int_{-\infty}^0 \sin x\mathrm{d}x=\lim_{a\to-\infty}\int_a^0 \sin x\mathrm{d}x=-\lim_{a\to-\infty}\cos x\Big|_a^0$$

$$=-\lim_{a\to-\infty}(1-\cos a)=-1+\lim_{a\to-\infty}\cos a,$$

由于 $\lim\limits_{a\to-\infty}\cos a$ 不存在，因此广义积分 $\int_{-\infty}^0 \sin x\mathrm{d}x$ 发散.

例 6.5.3 计算广义积分 $\int_{-\infty}^{+\infty}\frac{\mathrm{d}x}{1+x^2}$.

解 由于

$$\int_{-\infty}^0 \frac{\mathrm{d}x}{1+x^2}=\lim_{a\to-\infty}\int_a^0 \frac{\mathrm{d}x}{1+x^2}=\lim_{a\to-\infty}\arctan x\Big|_a^0=-\lim_{a\to-\infty}\arctan a=\frac{\pi}{2},$$

$$\int_0^{+\infty} \frac{\mathrm{d}x}{1+x^2}=\lim_{b\to+\infty}\int_0^b \frac{\mathrm{d}x}{1+x^2}=\lim_{b\to+\infty}\arctan x\Big|_0^b=\lim_{b\to+\infty}\arctan b=\frac{\pi}{2},$$

因此 $\int_{-\infty}^{+\infty}\frac{\mathrm{d}x}{1+x^2}$ 收敛，且

$$\int_{-\infty}^{+\infty}\frac{\mathrm{d}x}{1+x^2}=\int_{-\infty}^0\frac{\mathrm{d}x}{1+x^2}+\int_0^{+\infty}\frac{\mathrm{d}x}{1+x^2}=\frac{\pi}{2}+\frac{\pi}{2}=\pi.$$

由于 $\int_{-\infty}^{+\infty}\frac{\mathrm{d}x}{1+x^2}$ 收敛，有时为了书写方便，例 6.5.3 的求解过程也可写为

$$\int_{-\infty}^{+\infty}\frac{\mathrm{d}x}{1+x^2}=\arctan x\Big|_{-\infty}^{+\infty}=\lim_{x\to+\infty}\arctan x-\lim_{x\to-\infty}\arctan x=\frac{\pi}{2}-\left(-\frac{\pi}{2}\right)=\pi.$$

例 6.5.4 讨论广义积分 $\int_2^{+\infty}\frac{1}{x(\ln x)^k}\mathrm{d}x$ 的敛散性，其中 k 为常数.

解 当 $k=1$ 时，

$$\int_2^{+\infty}\frac{1}{x\ln x}\mathrm{d}x=\int_2^{+\infty}\frac{1}{\ln x}\mathrm{d}(\ln x)=\ln(\ln x)\Big|_2^{+\infty}=\lim_{x\to+\infty}\ln(\ln x)-\ln(\ln 2)=+\infty.$$

当 $k\neq1$ 时，有

$$\int_2^{+\infty}\frac{1}{x(\ln x)^k}dx=\int_2^{+\infty}\frac{1}{(\ln x)^k}d(\ln x)=\left.\frac{(\ln x)^{1-k}}{1-k}\right|_2^{+\infty}$$

$$=\lim_{x\to+\infty}\frac{(\ln x)^{1-k}}{1-k}+\frac{(\ln 2)^{1-k}}{k-1}=\begin{cases}+\infty, & k<1\\ \dfrac{(\ln 2)^{1-k}}{k-1}, & k>1\end{cases}.$$

综上，当 $k>1$ 时，广义积分 $\int_2^{+\infty}\frac{1}{x(\ln x)^k}dx$ 收敛；当 $k\leqslant 1$ 时，广义积分 $\int_2^{+\infty}\frac{1}{x(\ln x)^k}dx$ 发散.

6.5.2 无界函数的广义积分（瑕积分）

下面将定积分推广到被积函数为无界函数的情形.

定义 6.5.3 如果函数 $f(x)$ 在点 a 的任一左邻域（右邻域）内均无界，则称点 a 为函数 $f(x)$ 的**瑕点**.

定义 6.5.4 设函数 $f(x)$ 在区间 $(a, b]$ 上连续，点 a 为 $f(x)$ 的瑕点. 任取 $\varepsilon>0$，如果极限 $\lim\limits_{\varepsilon\to 0^+}\int_{a+\varepsilon}^b f(x)dx$ 存在，则称此极限为函数 $f(x)$ 在区间 $(a, b]$ 上的广义积分，记作 $\int_a^b f(x)dx$，即

$$\int_a^b f(x)dx=\lim_{\varepsilon\to 0^+}\int_{a+\varepsilon}^b f(x)dx.$$

此时称广义积分 $\int_a^b f(x)dx$ **收敛**. 若极限 $\lim\limits_{\varepsilon\to 0^+}\int_{a+\varepsilon}^b f(x)dx$ 不存在，则称广义积分 $\int_a^b f(x)dx$ **发散**.

类似地，可定义函数 $f(x)$ 在区间 $[a, b)$（其中 b 为瑕点）上的广义积分

$$\int_a^b f(x)dx=\lim_{\varepsilon\to 0^+}\int_a^{b-\varepsilon} f(x)dx.$$

定义 6.5.5 设函数 $f(x)$ 在区间 $[a, b]$ 上除点 c（$a<c<b$）外连续，点 c 为 $f(x)$ 的瑕点. 若两个积分 $\int_a^c f(x)dx$ 和 $\int_c^b f(x)dx$ 均收敛，则称 $f(x)$ 在区间 $[a, b]$ 上的广义积分收敛，且

$$\int_a^b f(x)dx=\int_a^c f(x)dx+\int_c^b f(x)dx.$$

若 $\int_a^c f(x)dx$ 和 $\int_c^b f(x)dx$ 至少有一个不存在，则称广义积分 $\int_a^b f(x)dx$ **发散**.

上述所定义的无界函数的广义积分也称为**瑕积分**.

例 6.5.5 计算广义积分 $\int_0^1\frac{dx}{\sqrt{1-x^2}}$.

解 易知 $x=1$ 是被积函数 $\frac{1}{\sqrt{1-x^2}}$ 在 [0, 1] 上的瑕点. 因此

$$\int_0^1 \frac{\mathrm{d}x}{\sqrt{1-x^2}} = \lim_{\varepsilon\to0^+}\int_0^{1-\varepsilon} \frac{\mathrm{d}x}{\sqrt{1-x^2}} = \lim_{\varepsilon\to0^+} \arcsin x\,\Big|_0^{1-\varepsilon} = \lim_{\varepsilon\to0^+}\arcsin(1-\varepsilon) = \frac{\pi}{2}.$$

例 6.5.6 计算广义积分 $\int_0^1 \ln x\,\mathrm{d}x$.

解 易知 $x=0$ 是被积函数 $\ln x$ 的瑕点，故

$$\begin{aligned}\int_0^1 \ln x\,\mathrm{d}x &= \lim_{\varepsilon\to0^+}\int_\varepsilon^1 \ln x\,\mathrm{d}x = \lim_{\varepsilon\to0^+}(x\ln x - x)\Big|_\varepsilon^1 \\ &= \lim_{\varepsilon\to0^+}(-1-\varepsilon\ln\varepsilon+\varepsilon) = -1-\lim_{\varepsilon\to0^+}\varepsilon\ln\varepsilon,\end{aligned}$$

对最后一项 $\lim\limits_{\varepsilon\to0^+}\varepsilon\ln\varepsilon$ 应用洛必达法则，有

$$\lim_{\varepsilon\to0^+}\varepsilon\ln\varepsilon = \lim_{\varepsilon\to0^+}\frac{\ln\varepsilon}{\frac{1}{\varepsilon}} = \lim_{\varepsilon\to0^+}\frac{\frac{1}{\varepsilon}}{-\frac{1}{\varepsilon^2}} = \lim_{\varepsilon\to0^+}(-\varepsilon) = 0.$$

所以

$$\int_0^1 \ln x\,\mathrm{d}x = -1.$$

例 6.5.7 讨论广义积分 $\int_{-2}^2 \frac{1}{x^2}\mathrm{d}x$ 的敛散性.

解 被积函数 $f(x)=\frac{1}{x^2}$ 在积分区间 $[-2, 2]$ 上除 $x=0$ 外均连续，且 $x=0$ 是 $f(x)$ 的瑕点，由于

$$\int_{-2}^0 \frac{1}{x^2}\mathrm{d}x = \lim_{\varepsilon_1\to0^+}\int_{-2}^{-\varepsilon_1} \frac{1}{x^2}\mathrm{d}x = -\lim_{\varepsilon_1\to0^+}\frac{1}{x}\Big|_{-2}^{-\varepsilon_1} = \lim_{\varepsilon_1\to0^+}\frac{1}{\varepsilon_1} - \frac{1}{2} = +\infty,$$

即 $\int_{-2}^0 \frac{1}{x^2}\mathrm{d}x$ 发散，故广义积分 $\int_{-2}^2 \frac{1}{x^2}\mathrm{d}x$ 发散.

例 6.5.8 讨论广义积分 $\int_a^b \frac{1}{(x-a)^p}\mathrm{d}x$ 的敛散性 ($p>0$).

微课

例 6.5.8

解 由题意 $x=a$ 是瑕点. 当 $p=1$ 时,

$$\begin{aligned}\int_a^b \frac{1}{x-a}\mathrm{d}x &= \lim_{\varepsilon\to0^+}\int_{a+\varepsilon}^b \frac{1}{x-a}\mathrm{d}x = \lim_{\varepsilon\to0^+}\ln(x-a)\Big|_{a+\varepsilon}^b \\ &= \ln(b-a) - \lim_{\varepsilon\to0^+}\ln\varepsilon = +\infty.\end{aligned}$$

当 $p\neq1$ 时,

$$\int_a^b \frac{1}{(x-a)^p}dx = \lim_{\varepsilon\to0^+}\int_{a+\varepsilon}^b \frac{1}{(x-a)^p}dx = \lim_{\varepsilon\to0+}\left[\frac{(x-a)^{1-p}}{1-p}\right]\Bigg|_{a+\varepsilon}^b$$

$$=\frac{(b-a)^{1-p}}{1-p}-\frac{1}{1-p}\lim_{\varepsilon\to0^+}\varepsilon^{1-p}=\begin{cases}\dfrac{(b-a)^{1-p}}{1-p}, & p<1\\ +\infty, & p>1\end{cases}.$$

综上所述，当 $0<p<1$ 时，广义积分 $\int_a^b \frac{1}{(x-a)^p}dx$ 收敛；当 $p\geqslant1$ 时，广义积分 $\int_a^b \frac{1}{(x-a)^p}dx$ 发散.

6.5.3 Γ 函数

下面讨论在概率论与数理统计中常用的一种含参数的广义积分——Γ 函数.

定义 6.5.6 广义积分 $\Gamma(t)=\int_0^{+\infty}x^{t-1}e^{-x}dx$（$t>0$）是参变量 t 的函数，称该广义积分为 **Γ 函数.**

可以证明当 $t>0$ 时，该广义积分收敛. 作变换 $x=u^2$，可给出 Γ 函数的另一种记法：

$$\Gamma(t)=2\int_0^{+\infty}e^{-u^2}u^{2t-1}du.$$

定理 6.5.1 Γ 函数有如下重要性质：

（1）$\Gamma(1)=1$.

（2）$\Gamma(t+1)=t\Gamma(t)$，$t>0$，特别地，当 $t=n$ 为正整数时，有 $\Gamma(n+1)=n!$.

*（3）（**余元公式**）$\Gamma(t)\Gamma(1-t)=\frac{\pi}{\sin\pi t}$（$0<t<1$）. 特别地，$\Gamma\left(\frac{1}{2}\right)=\sqrt{\pi}$.

证 （1）$\Gamma(1)=\int_0^{+\infty}e^{-x}dx=-e^{-x}\Big|_0^{+\infty}=-\lim\limits_{x\to+\infty}e^{-x}+1=1.$

（2）由分部积分公式有

$$\Gamma(t+1)=\int_0^{+\infty}x^te^{-x}dx=-\int_0^{+\infty}x^t de^{-x}$$

$$=-x^te^{-x}\Big|_0^{+\infty}+t\int_0^{+\infty}x^{t-1}e^{-x}dx=t\Gamma(t).$$

特别地，当 $t=n$ 时，有

$$\Gamma(n+1)=n\Gamma(n)=n(n-1)\Gamma(n-1)=\cdots=n(n-1)\cdots2\cdot1\cdot\Gamma(1)=n!\,\Gamma(1).$$

而 $\Gamma(1)=\int_0^{+\infty}e^{-x}dx=1$，所以有 $\Gamma(n+1)=n!$.

（3）余元公式在此不作证明. 取 $t=\frac{1}{2}$，则有

$$\Gamma\left(\frac{1}{2}\right)=2\int_0^{+\infty}e^{-u^2}du=\sqrt{\pi},$$

即有

$$\int_{0}^{+\infty} e^{-x^2} dx = \frac{\sqrt{\pi}}{2}.$$

该结果在概率论与数理统计中经常用到.

例 6.5.9 计算 $\int_{0}^{+\infty} x^4 e^{-x^2} dx$.

解 令 $u=x^2$，则

$$\int_{0}^{+\infty} x^4 e^{-x^2} dx = \frac{1}{2}\int_{0}^{+\infty} u^{1.5} e^{-u} du = \frac{1}{2}\Gamma\left(\frac{5}{2}\right) = \frac{1}{2}\times\frac{3}{2}\times\frac{1}{2}\times\Gamma\left(\frac{1}{2}\right) = \frac{3}{8}\sqrt{\pi}.$$

习题 6.5

1. 判断下列广义积分的敛散性，若收敛，求其值：

(1) $\int_{0}^{+\infty} e^{-x} dx$；　(2) $\int_{2}^{+\infty} \frac{1}{\sqrt{x}} dx$；　(3) $\int_{-\infty}^{+\infty} \frac{1}{x^2+2x+2} dx$；

(4) $\int_{1}^{+\infty} \frac{\ln x}{(1+x)^2} dx$；　(5) $\int_{0}^{3} \frac{1}{(1-x)^2} dx$；　(6) $\int_{0}^{1} \frac{x}{\sqrt{1-x^2}} dx$；

(7) $\int_{0}^{2} \frac{1}{x^2-4x+3} dx$；　(8) $\int_{0}^{1} \ln \frac{1}{1-x^2} dx$；　(9) $\int_{0}^{1} \frac{\arcsin\sqrt{x}}{\sqrt{x(1-x)}} dx$.

2. 下列计算过程是否正确？为什么？

(1) $\int_{-2}^{1} \frac{1}{(x+1)^2} dx = -\left.\frac{1}{x+1}\right|_{-2}^{1} = -\frac{3}{2}$；

(2) $\int_{-\infty}^{+\infty} \frac{x}{1+x^2} dx = 0$（因为被积函数是奇函数）.

3. 设 k 为非零常数，讨论下列广义积分的敛散性：

(1) $\int_{0}^{+\infty} e^{kx} dx$；　(2) $\int_{e}^{+\infty} \frac{(\ln x)^k}{x} dx$；　(3) $\int_{0}^{+\infty} (1+x)^k dx$；

(4) $\int_{1}^{+\infty} x^k \ln x dx$；　(5) $\int_{0}^{1} \frac{1}{x^k} dx$ $(k>0)$.

4. 若 $\int_{-\infty}^{a} x e^{2x} dx = \lim\limits_{x\to+\infty}\left(\frac{x+a}{x-a}\right)^x$，求常数 a 的值.

*5. 求 $\int_{0}^{+\infty} x^n e^{-x} dx$，其中 n 为正整数.

§ 6.6 定积分的应用

前面几节主要介绍了定积分的概念、性质和计算方法，本节将重点放在对定积分的应用问题的讨论上. 先介绍一种应用定积分解决实际问题的基本思想和方法——**微元法**.

6.6.1 微元法

在定积分的几何应用中，通常采用所谓的“微元法”. 为了说明这种方法，先回顾一下在 6.1 节中讨论过的曲边梯形的面积问题.

设 $f(x)$ 是 $[a, b]$ 上的非负连续函数，求以曲线 $y=f(x)$ 为曲边、以 $[a, b]$ 为底的曲边梯形的面积 S. 将该面积表示为定积分

$$S=\int_a^b f(x)\mathrm{d}x$$

的步骤如下.

（1）**分割** 任意一组分点将区间 $[a, b]$ 分成长度为 $\Delta x_i(i=1, 2, \cdots, n)$ 的 n 个小区间，相应地将曲边梯形分成 n 个小曲边梯形，第 i 个小曲边梯形的面积记为 ΔS_i，于是有

$$S=\sum_{i=1}^{n}\Delta S_i.$$

（2）**近似替代** 计算 ΔS_i 的近似值

$$\Delta S_i\approx f(\xi_i)\Delta x_i \quad (x_{i-1}\leqslant\xi_i\leqslant x_i).$$

（3）**求和** 求得 S 的近似值

$$S\approx\sum_{i=1}^{n}f(\xi_i)\Delta x_i.$$

（4）**求极限** 令 $\lambda=\max\limits_{1\leqslant i\leqslant n}\{\Delta x_i\}\to 0$，得

$$S=\lim_{\lambda\to 0}\sum_{i=1}^{n}f(\xi_i)\Delta x_i=\int_a^b f(x)\mathrm{d}x.$$

从上述问题中可以看到，所求量（即面积）与区间 $[a, b]$ 有关. 如果将区间 $[a, b]$ 分成许多部分区间，则所求量相应地分成许多部分量（即 ΔS_i），而所求量等于所有部分量之和（即 $S=\sum\limits_{i=1}^{n}\Delta S_i$），这一性质称为所求量对于区间 $[a, b]$ 具有**可加性**. 此外，以 $f(\xi_i)\Delta x_i$ 近似代替部分量 ΔS_i 时，要求它们只相差一个比 Δx_i 高阶的无穷小量，以使和式 $\sum\limits_{i=1}^{n}f(\xi_i)\Delta x_i$ 的极限是 S 的精确值，从而 S 可以表示为定积分

$$S=\int_a^b f(x)\mathrm{d}x.$$

在引出面积 S 的积分表达式的四个步骤中，主要的是第（2）步，这一步是要确定 ΔS_i 的近似值 $f(\xi_i)\Delta x_i$，使得

$$S=\lim_{\lambda\to 0}\sum_{i=1}^{n}f(\xi_i)\Delta x_i=\int_a^b f(x)\mathrm{d}x.$$

在实际应用中，为了简便起见，省略下标 i，用 ΔS 表示任一小区间 $[x, x+\mathrm{d}x]$ 上的小曲边梯形的面积，这样，

$$S=\sum \Delta S.$$

取 $[x, x+\mathrm{d}x]$ 的左端点 x 为 ξ，以点 x 处的函数值为高、以 $\mathrm{d}x$ 为底的矩形的面积 $f(x)\mathrm{d}x$ 为 ΔS 的近似值（如图 6-10 阴影部分所示），即

$$\Delta S \approx f(x)\mathrm{d}x.$$

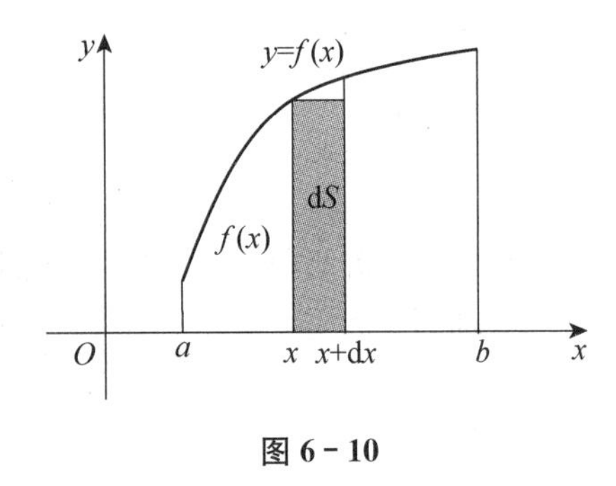

图 6-10

上式右端 $f(x)\mathrm{d}x$ 称为**面积微元**，记为 $\mathrm{d}S=f(x)\mathrm{d}x$. 于是

$$S \approx \sum f(x)\mathrm{d}x,$$

因此

$$S=\lim \sum f(x)\mathrm{d}x=\int_a^b f(x)\mathrm{d}x.$$

一般地，如果某一实际问题中的所求量 U 符合下列条件，就可以考虑使用定积分表达这个量 U：

(1) U 是与一个变量 x 的变化区间 $[a, b]$ 有关的量；

(2) U 对于区间 $[a, b]$ 具有可加性，即如果将区间 $[a, b]$ 分成许多部分区间，则 U 相应地分成许多部分量，而 U 等于所有部分量之和；

(3) 部分量 ΔU_i 的近似值可表示为 $f(\xi_i)\Delta x_i$，二者之差为 Δx_i 的高阶无穷小量.

通常写出这个量 U 的积分表达式的步骤为：

(1) 根据问题的具体情况，选取一个变量，例如 x 为积分变量，并确定它的变化区间 $[a, b]$.

(2) 将区间 $[a, b]$ 分成若干个小区间，取其中任一小区间并记作 $[x, x+\mathrm{d}x]$，求出对应于该小区间的部分量 ΔU 的近似值. 如果 ΔU 能近似地表示为 $[a, b]$ 上的一个连续函数在 x 处的值 $f(x)$ 与 $\mathrm{d}x$ 的乘积（这里 ΔU 与 $f(x)\mathrm{d}x$ 相差一个比 $\mathrm{d}x$ 高阶的无穷小量），就将 $f(x)\mathrm{d}x$ 称为量 U 的微元且记作 $\mathrm{d}U$，即

$$\mathrm{d}U=f(x)\mathrm{d}x.$$

(3) 以所求量 U 的微元 $f(x)\mathrm{d}x$ 为被积表达式，在区间 $[a, b]$ 上作定积分，得

$$U=\int_a^b f(x)\mathrm{d}x.$$

这就是所求量 U 的积分表达式.

这种方法通常称为**微元法**. 下面将应用该方法讨论平面图形面积及立体体积的计算公式.

6.6.2 平面图形的面积

一、直角坐标系下平面图形的面积

在 6.6.1 节中，利用微元法给出了区间 $[a, b]$ 上的非负连续函数 $y=f(x)$、x 轴及直线 $x=a$、$x=b$ 所围成的曲边梯形的面积

$$S=\int_a^b f(x)\mathrm{d}x.$$

一般地，在直角坐标系下，由微元法可给出如下几种平面图形的面积计算公式：

(1) 由连续曲线 $y=f(x)$、x 轴与直线 $x=a$、$x=b$ 所围成的平面图形（如图 6-11 所示）的面积可表示为

$$S=\int_a^b |f(x)|\mathrm{d}x. \tag{6.6.1}$$

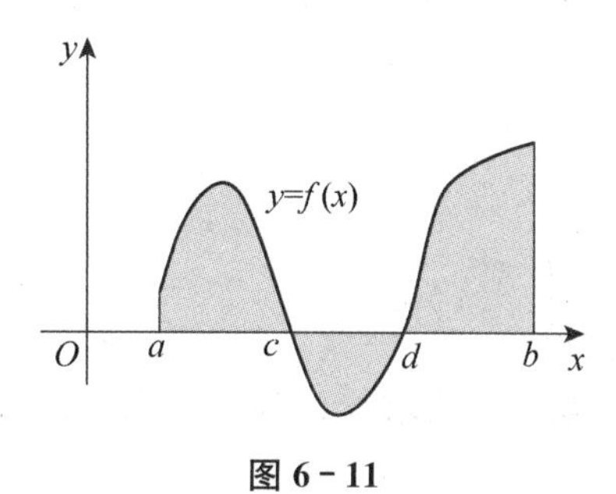

图 6-11

(2) 由连续曲线 $x=\varphi(y)$、y 轴与直线 $y=c$、$y=d$ 所围成的平面图形（如图 6-12 所示）的面积可表示为

$$S=\int_c^d |\varphi(y)|\mathrm{d}y. \tag{6.6.2}$$

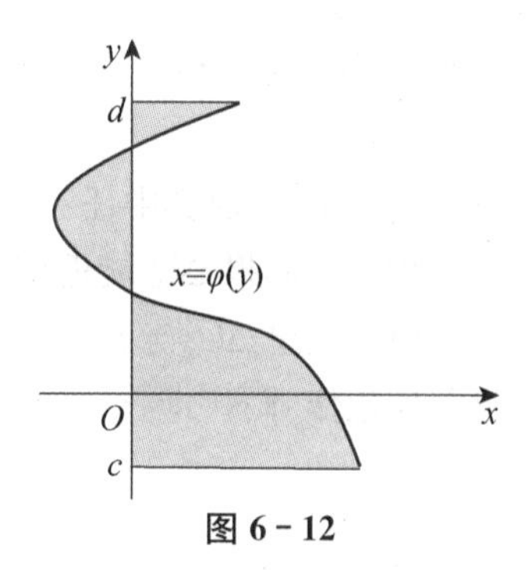

图 6-12

（3）由两条曲线 $y=f(x)$、$y=g(x)$ 与直线 $x=a$、$x=b$ 所围成的平面图形（如图 6-13 所示）的面积可表示为

$$S=\int_a^b |f(x)-g(x)|\,\mathrm{d}x. \tag{6.6.3}$$

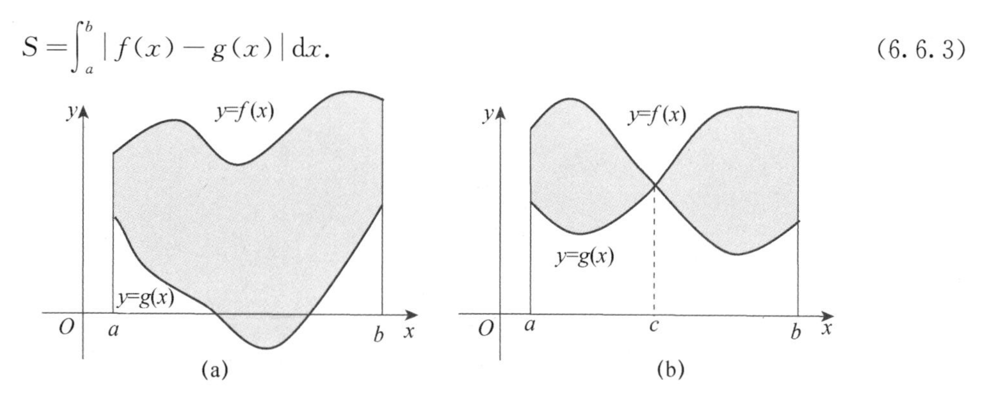

图 6-13

（4）由两条曲线 $x=\varphi(y)$、$x=\psi(y)$ 与直线 $y=c$、$y=d$ 所围成的平面图形（如图 6-14 所示）的面积可表示为

$$S=\int_c^d |\varphi(y)-\psi(y)|\,\mathrm{d}y. \tag{6.6.4}$$

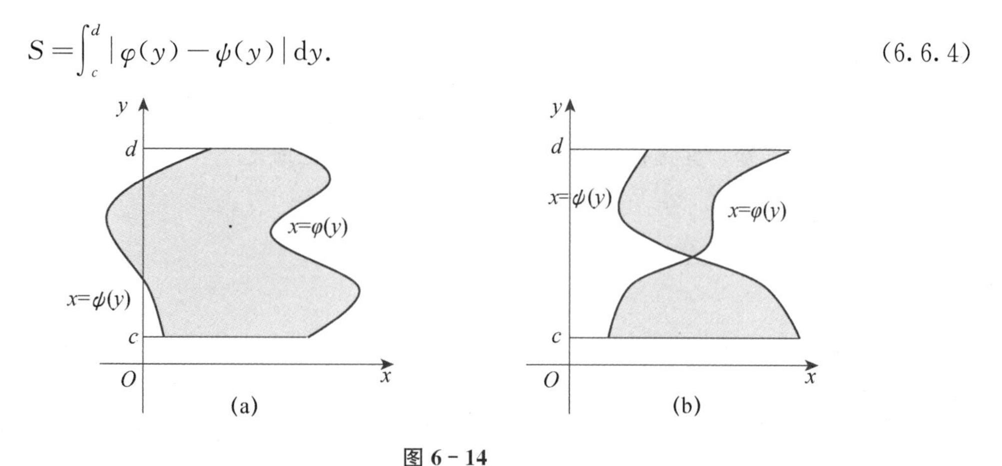

图 6-14

更一般地，任意曲线所围成的平面图形总可以用平行于坐标轴的直线将其分割成几部分，使每一部分的面积都可以利用式（6.6.1）至式（6.6.4）来计算，如图 6-15 所示.

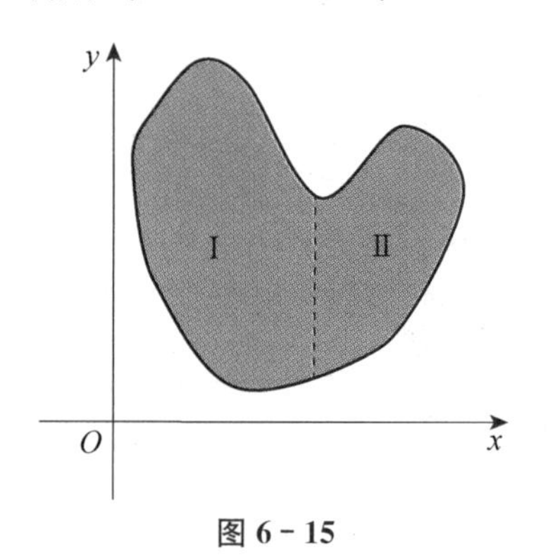

图 6-15

例 6.6.1 求由抛物线 $y=3-x^2$ 与 $y=x^2-4x-3$ 所围成的平面图形的面积.

解 所围成的平面图形如图 6－16 所示. 联立方程$\begin{cases} y=3-x^2 \\ y=x^2-4x-3 \end{cases}$，解得交点为 $(-1,\ 2)$，$(3,\ -6)$.

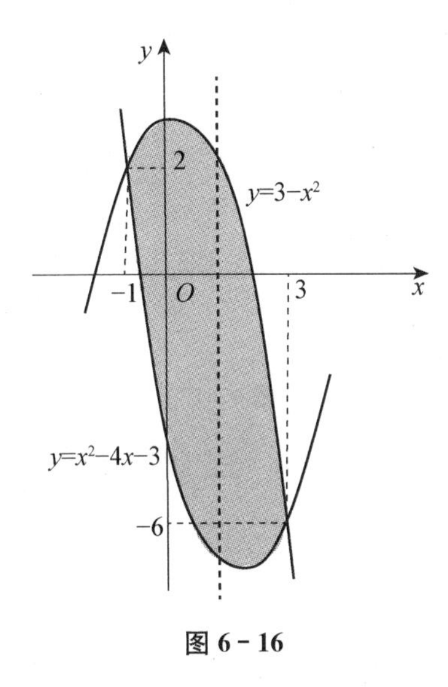

图 6－16

由图 6－16 可知，宜选择 x 为积分变量，x 的变化范围是 $[-1,\ 3]$. 因此，所围成的平面图形的面积为

$$\begin{aligned} S &= \int_{-1}^{3}\left[(3-x^2)-(x^2-4x-3)\right]\mathrm{d}x \\ &= \int_{-1}^{3}(6+4x-2x^2)\mathrm{d}x=\frac{64}{3}. \end{aligned}$$

例 6.6.2 求由抛物线 $y^2=x+1$ 与直线 $y=x-1$ 所围成的平面图形的面积.

解 所围成的平面图形如图 6－17 所示. 联立方程$\begin{cases} y^2=x+1 \\ y=x-1 \end{cases}$，解得交点为 $(0,\ -1)$，$(3,\ 2)$. 由图 6－17 可知，宜选择 y 为积分变量，y 的变化范围是 $[-1,\ 2]$.

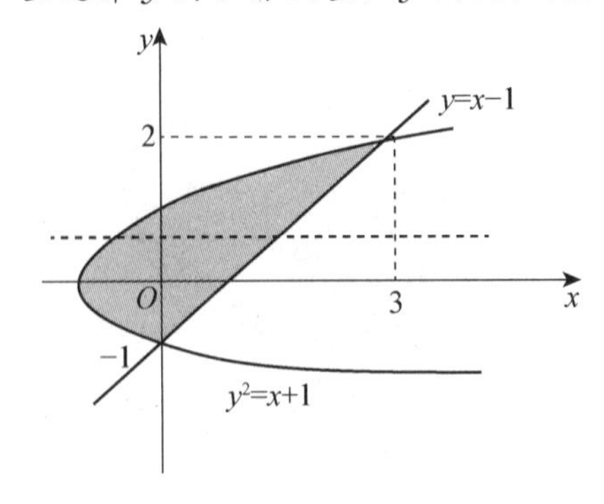

图 6－17

将 $y^2=x+1$ 改写为 $x=y^2-1$，$y=x-1$ 改写为 $x=y+1$. 因此，所围成的平面图形的面积为

$$S=\int_{-1}^{2}[(y+1)-(y^2-1)]\mathrm{d}y=\int_{-1}^{2}(y+2-y^2)\mathrm{d}y=\frac{9}{2}.$$

例 6.6.3 求曲线 $y=\sin x$ 与 $y=\sin 2x$ 在直线 $x=0$ 与 $x=\pi$ 之间所围成的平面图形的面积.

解 所围成的平面图形如图 6-18 所示. 联立方程 $\begin{cases}y=\sin x\\y=\sin 2x\end{cases}$，解得曲线在区间 $[0,\pi]$ 上的交点有三个：$(0,0)$，$\left(\frac{\pi}{3},\frac{\sqrt{3}}{2}\right)$，$(\pi,0)$.

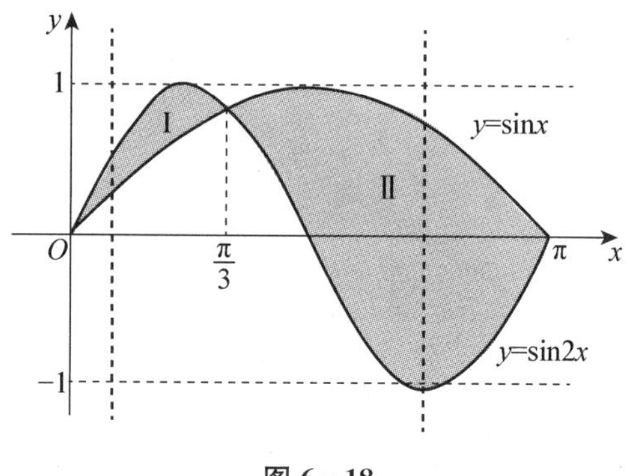

图 6-18

在 $[0,\pi]$ 上，由图 6-18 所示，宜选择 x 为积分变量. 因此，所围成的平面图形的面积为

$$\begin{aligned}S&=\int_{0}^{\pi}|\sin 2x-\sin x|\mathrm{d}x=\int_{0}^{\frac{\pi}{3}}(\sin 2x-\sin x)\mathrm{d}x+\int_{\frac{\pi}{3}}^{\pi}(\sin x-\sin 2x)\mathrm{d}x\\&=\left(\cos x-\frac{1}{2}\cos 2x\right)\Big|_{0}^{\frac{\pi}{3}}+\left(\frac{1}{2}\cos 2x-\cos x\right)\Big|_{\frac{\pi}{3}}^{\pi}=\frac{5}{2}.\end{aligned}$$

例 6.6.4 求椭圆 $\frac{x^2}{a^2}+\frac{y^2}{b^2}=1$ 所围成的图形的面积.

解 如图 6-19 所示，图形关于两条坐标轴对称，椭圆所围成的面积 S 为其第一象限内面积 S_1 的 4 倍. 因此，

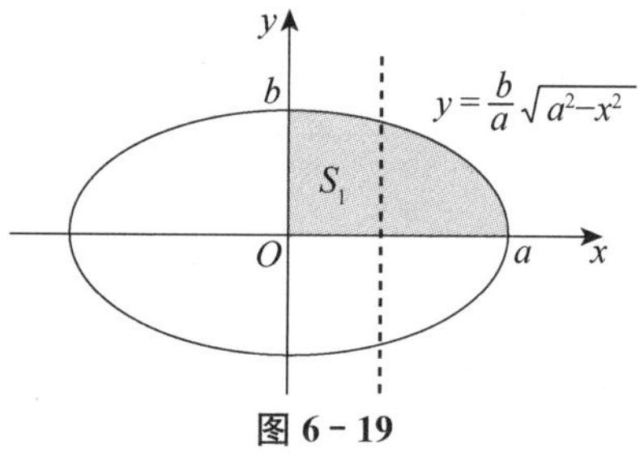

图 6-19

$$S=4S_1=4\int_0^a \frac{b}{a}\sqrt{a^2-x^2}\,dx=\frac{4b}{a}\int_0^a \sqrt{a^2-x^2}\,dx=\frac{4b}{a}\cdot\frac{1}{4}\pi a^2=\pi ab.$$

*二、极坐标系下平面图形的面积

对于某些平面图形，使用极坐标来计算面积较为便利. 因此，下面将在极坐标情形下讨论平面图形面积的求法.

设由曲线 $r=r(\theta)$ 及射线 $\theta=\alpha$，$\theta=\beta$ 围成一平面图形（简称为**曲边扇形**），现在要计算其面积（如图 6-20 所示）. 这里，$r(\theta)$ 在 $[\alpha,\beta]$ 上连续，且 $r(\theta)\geqslant 0$.

由于当 θ 在 $[\alpha,\beta]$ 上变动时，极径 $r=r(\theta)$ 也随之变动，因此所求图形的面积不能直接利用扇形面积公式 $S=\frac{1}{2}r^2\theta$ 来计算.

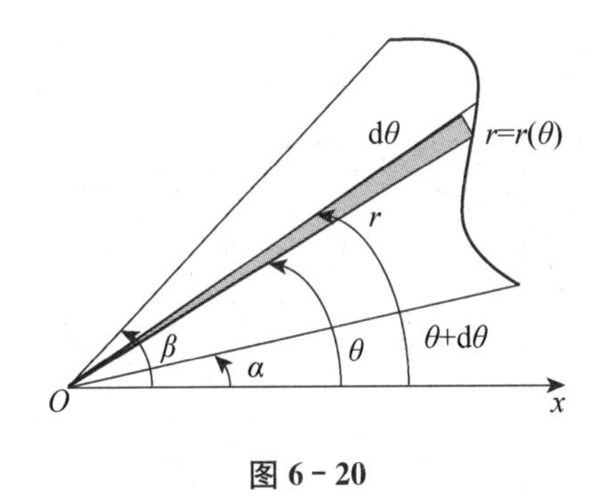

图 6-20

取 θ 为积分变量，θ 的变化区间为 $[\alpha,\beta]$. 对应于任一小区间 $[\theta,\theta+d\theta]$ 的小曲边扇形的面积可以用半径为 $r=r(\theta)$、中心角为 $d\theta$ 的扇形面积来近似代替，从而得到小曲边扇形面积的近似值，即得曲边扇形的面积微元

$$dS=\frac{1}{2}[r(\theta)]^2 d\theta.$$

以 $\frac{1}{2}[r(\theta)]^2 d\theta$ 为被积表达式，在区间 $[\alpha,\beta]$ 上作定积分，即得所求曲边扇形的面积为

$$S=\frac{1}{2}\int_\alpha^\beta [r(\theta)]^2 d\theta. \tag{6.6.5}$$

例 6.6.5 计算阿基米德螺线 $r=a\theta$ $(a>0)$ 上对应于 θ 从 0 变到 2π 的一段弧与极轴所围成的图形的面积（如图 6-21 所示）.

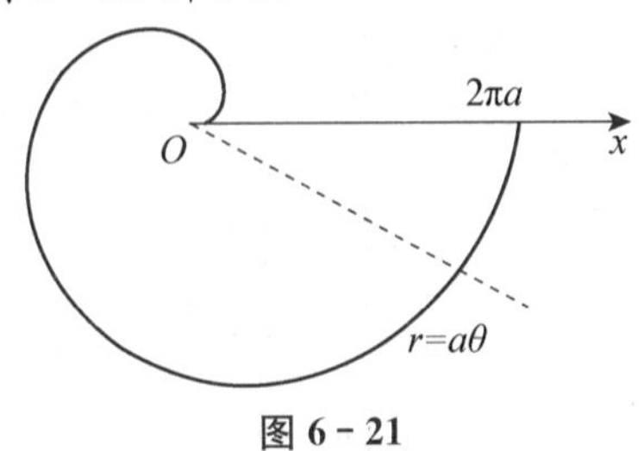

图 6-21

解 θ 的变化区间为 $[0,\ 2\pi]$，因此 θ 从 0 变到 2π 的一段弧与极轴所围成的图形的面积为

$$S=\frac{1}{2}\int_0^{2\pi}[r(\theta)]^2\mathrm{d}\theta=\frac{1}{2}\int_0^{2\pi}(a\theta)^2\mathrm{d}\theta$$

$$=\frac{4}{3}\pi^3a^2.$$

例 6.6.6 求心形线 $r=a(1+\cos\theta)$（$a>0$）围成的平面区域的面积.

解 如图 6-22 所示，心形线关于极轴对称，因此心形线围成的区域的面积 S 是极轴上方阴影部分面积的 2 倍，又极轴以上部分图形中 θ 的变化区间为 $[0,\ \pi]$，因此心形线围成的区域的面积为

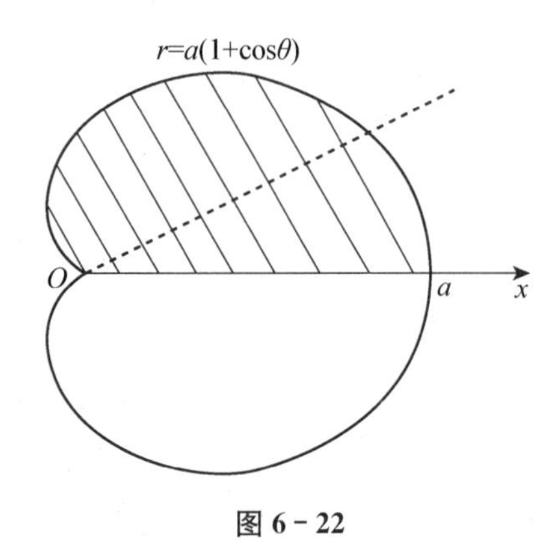

图 6-22

$$S=2\cdot\frac{1}{2}\int_0^{\pi}[r(\theta)]^2\mathrm{d}\theta=\int_0^{\pi}a^2(1+\cos\theta)^2\mathrm{d}\theta$$

$$=a^2\int_0^{\pi}(1+2\cos\theta+\cos^2\theta)\mathrm{d}\theta$$

$$=a^2\int_0^{\pi}\left(\frac{3}{2}+2\cos\theta+\frac{1}{2}\cos2\theta\right)\mathrm{d}\theta$$

$$=a^2\left(\frac{3}{2}\theta+2\sin\theta+\frac{1}{4}\sin2\theta\right)\Bigg|_0^{\pi}$$

$$=\frac{3}{2}\pi a^2.$$

6.6.3 立体的体积

用定积分计算立体的体积，主要讨论下面两种情形.

一、平行截面面积为已知的立体的体积

如图 6-23 所示，在空间直角坐标系中，有一立体位于垂直于 x 轴的两平面 $x=a$ 与 $x=b$（$a<b$）之间. 用垂直于 x 轴的任意平面截该立体，设截面的面积是 x 的连续函数 $S(x)$. 下面利用微元法求这种截面面积为已知的立体的体积.

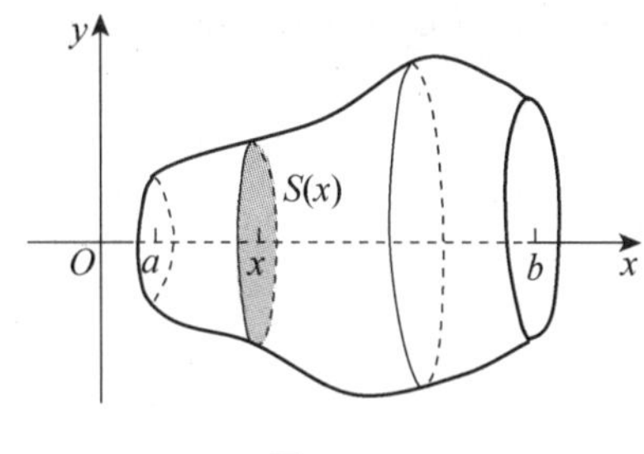

图 6－23

在区间 $[a, b]$ 上任取一点 x，已知截面的面积是 $S(x)$，则体积微元 $\mathrm{d}V$ 可取为截面面积为 $S(x)$、“厚度”为 $\mathrm{d}x$ 的柱体体积，即

$$\mathrm{d}V=S(x)\mathrm{d}x.$$

以 $S(x)\mathrm{d}x$ 为被积表达式，在区间 $[a, b]$ 上作定积分，即得到所求立体的体积为

$$V=\int_a^b S(x)\mathrm{d}x. \tag{6.6.6}$$

例 6.6.7 一平面经过半径为 R 的圆柱体的底圆中心，并与底面交成角 α，计算该平面截圆柱体所得立体（如图 6－24 所示）的体积.

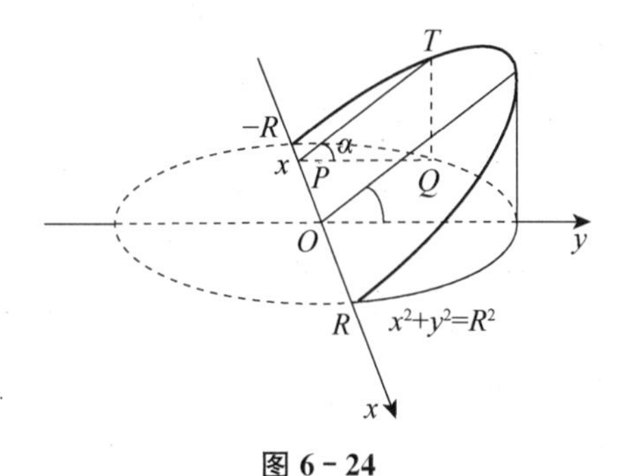

图 6－24

解 如图 6－24 所示，取平面与圆柱体的底面交线为 x 轴，底面上过圆中心且垂直于 x 轴的直线为 y 轴，则底圆的方程为 $x^2+y^2=R^2$. 用过 x 轴上任意一点 P 且垂直于 x 轴的平面截立体，截面是直角三角形 PQT. 因为点 Q 在底圆上，又平面与底面交角为 α，所以截面直角三角形的两条直角边 PQ、QT 分别为 y 和 $y\tan\alpha$，即 $\sqrt{R^2-x^2}$ 和 $\sqrt{R^2-x^2}\tan\alpha$. 因此，截面的面积为

$$S(x)=\frac{1}{2}(R^2-x^2)\tan\alpha,$$

从而得到所求立体体积为

$$V=\int_{-R}^{R}S(x)\mathrm{d}x=\int_{-R}^{R}\frac{1}{2}(R^2-x^2)\tan\alpha\,\mathrm{d}x=\frac{2}{3}R^3\tan\alpha.$$

二、旋转体的体积

由一个平面图形绕该平面内一条直线 l 旋转一周而成的立体称为**旋转体**，直线 l 称为**旋转轴**. 圆柱、圆锥、圆台、球体可以分别看作由矩形绕其一条边、直角三角形绕其直角边、直角梯形绕其直角腰、半圆绕其直径旋转一周而成的立体，所以它们均是旋转体.

这里主要考察以 x 轴和 y 轴为旋转轴的旋转体体积的求法.

设一旋转体由连续曲线 $y=f(x)$、直线 $x=a$、$x=b$ 及 x 轴所围平面图形绕 x 轴旋转一周而成，如图 6-25 所示，求其体积 V_x.

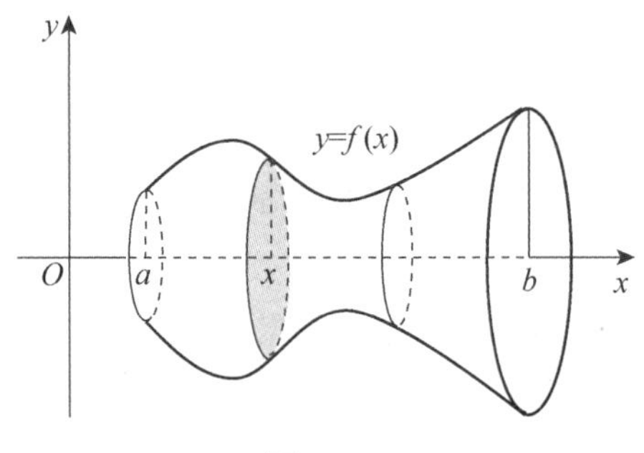

图 6-25

取 x 为积分变量，积分区间为 $[a, b]$. 在 $[a, b]$ 上任取一点 x，作垂直于 x 轴的平面，与旋转体相截，其截面是半径为 $f(x)$ 的圆，如图 6-25 所示. 体积微元 $\mathrm{d}V_x$ 可取为以 $f(x)$ 为底面半径、$\mathrm{d}x$ 为高的圆柱体的体积，即

$$\mathrm{d}V_x=\pi[f(x)]^2\mathrm{d}x.$$

以 $\pi[f(x)]^2\mathrm{d}x$ 为被积表达式，在区间 $[a, b]$ 上作定积分，得到所求旋转体的体积为

$$V_x=\pi\int_a^b[f(x)]^2\mathrm{d}x. \tag{6.6.7}$$

类似地，由连续曲线 $x=\varphi(y)$、直线 $y=c$、$y=d$ 及 y 轴所围平面图形绕 y 轴旋转一周而成的旋转体的体积为

$$V_y=\pi\int_c^d[\varphi(y)]^2\mathrm{d}y. \tag{6.6.8}$$

例 6.6.8 连接坐标原点 O 与点 $P(h, r)$ 的直线、直线 $x=h$ 及 x 轴围成一个直角三角形，如图 6-26 所示. 将其绕 x 轴旋转一周构成一个底面半径为 r、高为 h 的圆锥体，求该圆锥体的体积.

解 过原点 O 与点 $P(h, r)$ 的直线方程为

$$y=\frac{r}{h}x.$$

如图 6-26 所示，取 x 为积分变量，积分区间为 $[0, h]$. 因此，所求旋转体的体积为

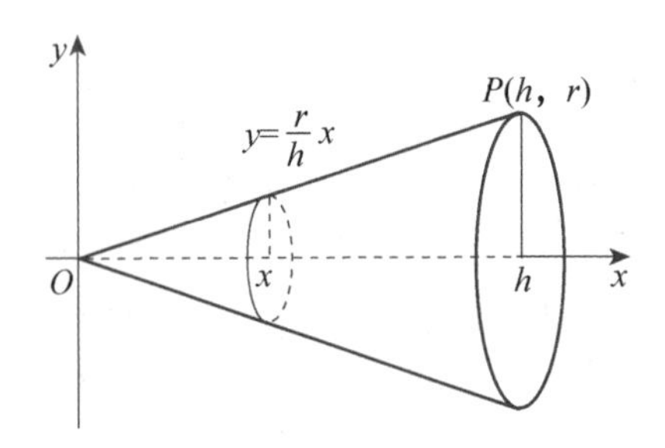

图 6-26

$$V_x=\pi\int_0^h\left(\frac{r}{h}x\right)^2\mathrm{d}x=\frac{\pi r^2}{h^2}\left(\frac{x^3}{3}\right)\bigg|_0^h=\frac{\pi r^2 h}{3}.$$

例 6.6.9 求由曲线 $y^2=x$ 与 $y=x^2$ 围成的图形绕 y 轴旋转一周所成的旋转体的体积.

微课

例 6.6.9

解 曲线 $y^2=x$ 与 $y=x^2$ 所围成的图形如图 6-27 所示. 并由方程组

$$\begin{cases}y^2=x\\ y=x^2\end{cases},$$

解得曲线交点为 (0，0)，(1，1).

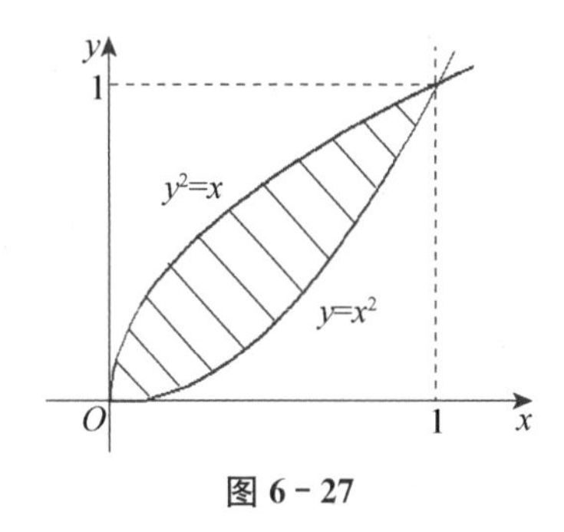

图 6-27

将 $y^2=x$ 改写为 $x=y^2$，$y=x^2$ 改写为 $x=\sqrt{y}$. 于是，绕 y 轴旋转所成的旋转体的体积为

$$\begin{aligned}V_y&=\pi\int_0^1(\sqrt{y})^2\mathrm{d}y-\pi\int_0^1(y^2)^2\mathrm{d}y\\&=\pi\int_0^1(y-y^4)\mathrm{d}y=\frac{3}{10}\pi.\end{aligned}$$

例 6.6.10 计算椭圆 $\dfrac{x^2}{a^2}+\dfrac{y^2}{b^2}=1$ 分别绕 x 轴、y 轴旋转而成的旋转体的体积.

解 由于椭圆关于两条坐标轴对称，因此，椭圆绕 x 轴旋转而成的椭球体可视为由上半椭圆 $y=\dfrac{b}{a}\sqrt{a^2-x^2}$ 与 x 轴所围成的图形绕 x 轴旋转而成.

如图 6-28 所示，取 x 为积分变量，积分区间为 $[-a, a]$. 因此，绕 x 轴旋转所成的旋转体的体积为

$$V_x=\pi\int_{-a}^{a}y^2\mathrm{d}x=\pi\int_{-a}^{a}\left(\frac{b}{a}\sqrt{a^2-x^2}\right)^2\mathrm{d}x$$
$$=\frac{\pi b^2}{a^2}\int_{-a}^{a}(a^2-x^2)\,\mathrm{d}x=\frac{4}{3}\pi ab^2.$$

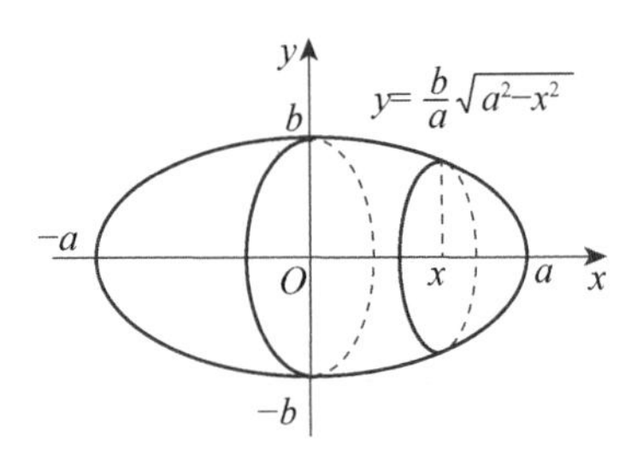

图 6-28

类似地，椭圆绕 y 轴旋转而成的椭球体可视为由右半椭圆 $x=\frac{a}{b}\sqrt{b^2-y^2}$ 与 y 轴所围成的图形绕 y 轴旋转而成. 如图 6-29 所示，取 y 为积分变量，积分区间为 $[-b, b]$. 因此，绕 y 轴旋转所成的旋转体的体积为

$$V_y=\pi\int_{-b}^{b}x^2\mathrm{d}y=\pi\int_{-b}^{b}\left(\frac{a}{b}\sqrt{b^2-y^2}\right)^2\mathrm{d}y$$
$$=\frac{\pi a^2}{b^2}\int_{-b}^{b}(b^2-y^2)\,\mathrm{d}y=\frac{4}{3}\pi a^2 b.$$

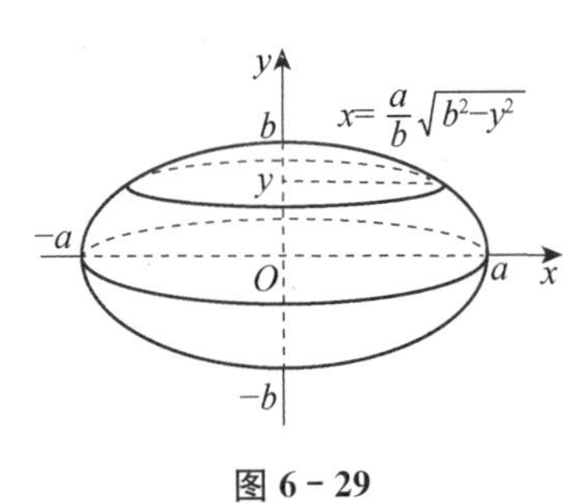

图 6-29

6.6.4 定积分在经济学中的应用

一、已知总产量变化率求总产量

已知某产品的总产量 Q 的变化率是时间 t 的连续函数 $f(t)$，即 $Q'(t)=f(t)$，则该产品的总产量函数为

$$Q(t)=Q(t_0)+\int_{t_0}^{t}f(\tau)\mathrm{d}\tau,\quad t\geqslant t_0,$$

其中 $t_0\geqslant 0$ 为某一规定的初始时刻，通常取 $t_0=0$，此时 $Q(0)=0$，即刚投产时的总产量为零.

由上式可知，从 t_0 时刻到 t_1 时刻，总产量的增量为

$$\Delta Q = Q(t_1) - Q(t_0) = \int_{t_0}^{t_1} f(\tau)\mathrm{d}\tau.$$

例 6.6.11 设某产品的总产量变化率为 $f(t)=50+4t-6t^2$（吨/小时），求（1）总产量 $Q(t)$；（2）从 $t_0=1$ 到 $t_1=3$ 这段时间内总产量的增量.

解 （1）总产量函数为

$$Q(t) = \int_0^t f(\tau)\mathrm{d}\tau = \int_0^t (50+4\tau-6\tau^2)\mathrm{d}\tau = 50t+2t^2-2t^3(\text{吨}).$$

（2）从 $t_0=1$ 到 $t_1=3$ 这段时间内总产量的增量为

$$\Delta Q = Q(3)-Q(1) = \int_1^3 (50+4\tau-6\tau^2)\mathrm{d}\tau = 64(\text{吨}).$$

二、已知边际函数求总量函数

对于经济函数 $F(x)$（例如，总需求函数 $Q(p)$、总成本函数 $C(x)$、总收益函数 $R(x)$ 和总利润函数 $L(x)$ 等），若已知其边际函数 $F'(x)$，则其总量函数为

$$F(x) = F(0) + \int_0^x F'(\tau)\mathrm{d}\tau.$$

从 a 到 b 的总量函数的变动值（或增量）为

$$\Delta F = F(b) - F(a) = \int_a^b F'(\tau)\mathrm{d}\tau.$$

具体来说，若已知边际需求函数 $Q'(p)$，则总需求函数为

$$Q(p) = Q(0) + \int_0^p Q'(\tau)\mathrm{d}\tau;$$

若已知边际成本函数 $C'(x)$，则总成本函数为

$$C(x) = C_0 + \int_0^x C'(\tau)\mathrm{d}\tau,$$

其中 $C_0=C(0)$ 为固定成本，$\int_0^x C'(\tau)\mathrm{d}\tau$ 为可变成本.

若已知边际收益函数 $R'(x)$，则总收益函数为

$$R(x) = R(0) + \int_0^x R'(\tau)\mathrm{d}\tau \quad (\text{通常取 } R(0) \text{ 为零}).$$

若已知边际利润函数 $L'(x)=R'(x)-C'(x)$，则总利润函数为

$$L(x) = R(x) - C(x) = \int_0^x L'(\tau)\mathrm{d}\tau - C_0.$$

例 6.6.12 已知生产某产品 x 单位的边际成本函数和边际收益函数分别为

$$C'(x)=3+\frac{1}{3}x(\text{万元/单位}), \qquad R'(x)=7-x(\text{万元/单位}),$$

(1) 若固定成本 $C(0)=1$(万元)，求总成本函数、总收益函数和总利润函数；

(2) 当产量从1个单位增加到5个单位时，求总成本增量与总收益增量；

(3) 当产量为多少时，总利润最大？最大总利润为多少？

解 (1) 总成本为固定成本与可变成本之和，即

$$C(x)=C_0+\int_0^x C'(\tau)\mathrm{d}\tau=1+\int_0^x\left(3+\frac{1}{3}\tau\right)\mathrm{d}\tau=1+3x+\frac{1}{6}x^2;$$

总收益函数为

$$R(x)=\int_0^x R'(\tau)\mathrm{d}\tau=\int_0^x(7-\tau)\mathrm{d}\tau=7x-\frac{1}{2}x^2;$$

总利润函数为

$$L(x)=R(x)-C(x)=-1+4x-\frac{2}{3}x^2.$$

(2) 产量从1个单位增加到5个单位时，总成本增量与总收益增量分别为

$$C(5)-C(1)=(1+3\cdot5+\frac{1}{6}\cdot5^2)-(1+3\cdot1+\frac{1}{6}\cdot1^2)=16(\text{万元});$$

$$R(5)-R(1)=\left(7\cdot5-\frac{1}{2}\cdot5^2\right)-\left(7\cdot1-\frac{1}{2}\cdot1^2\right)=16(\text{万元});$$

(3) 由 $L'(x)=4-\frac{4}{3}x=0$，得唯一驻点 $x=3$，而 $L''(x)=-\frac{4}{3}<0$，故当 $x=3$ 时，总利润取极大值，亦即最大值. 最大总利润为

$$L(3)=-1+4\cdot3-\frac{2}{3}\cdot3^2=5(\text{万元}).$$

习题 6.6

1. 求由 $y=x^2$ 与 $y^2=x$ 所围成的平面图形的面积.

2. 求由 $xy+1=0$，$x+y=0$ 及 $y=2$ 所围成的平面图形的面积.

*3. 求由曲线 $y=\mathrm{e}^x$ 与 $y=x\mathrm{e}^x$ 所围成的向左无限延伸的平面图形的面积.

4. 设平面图形 D 由下列曲线围成，分别求：1) D 的面积；2) D 绕 x 轴旋转而成的旋转体的体积：

(1) 抛物线 $y=1+x^2$，直线 $x+y=1$ 及 $x=1$ 所围成的图形；

(2) 曲线 $y=x^2$，$y=\frac{x^2}{2}$ 及 $x=1$ 所围成的图形；

(3) 曲线 $y=\frac{1}{x}$，$y=4x$ 及 $x=2$ 所围成的图形.

5. 求下列旋转体的体积：

(1) 由曲线 $y=x^{\frac{1}{3}}$，直线 $x=a$ $(a>0)$ 及 x 轴所围成的平面图形绕 y 轴旋转而成的旋转体；

(2) 由曲线 $y=\sin x$ $(0\leqslant x\leqslant \pi)$ 与 x 轴所围成的平面图形绕 x 轴旋转而成的旋转体.

6. 试求抛物线 $y=x^2$ 在点 (1，1) 处的切线与抛物线自身及 x 轴所围成的平面图形绕 x 轴旋转而成的旋转体的体积.

*7. 求双纽线 $r^2=a^2\cos 2\theta$ $(a>0)$ 围成的区域的面积.

*8. 求由曲线 $r=2a\cos\theta$ $(a>0)$ 所围成的平面图形的面积.

*9. 求由曲线 $r=2a(1+\cos\theta)$ $(a>0)$ 所围成的平面图形的面积.

10. 已知某产品的边际收益为 $R'(x)=20-15x^2$，其中 x 为产量，试求该产品的总收益和平均收益.

11. 已知某商品的边际成本为 $C'(x)=10e^{0.5x}-3x$，固定成本为 50，求总成本函数及平均成本函数.

12. 设某商品的边际收益为 $R'(x)=8-5x$，边际成本为 $C'(x)=2+\dfrac{x}{3}$，固定成本为 4，其中 x 为产量.

(1) 试求总收益函数、总成本函数和总利润函数；

(2) 当产量为多少时，总利润最大?

本章小结

定积分是微积分中重要且应用广泛的概念之一. 本章主要介绍了定积分的概念、性质、计算方法、广义积分及定积分在几何学和经济学中的应用等内容.

本章通过两个引例给出了定积分的概念. 定积分具有明确的几何意义，恰当应用定积分的几何意义可简化计算. 在此基础上，介绍了定积分的线性性质、区间可加性、有序性、估值性及积分的中值定理等相关性质. 应用上述性质可实现定积分的比较、估值及相关计算.

本章引入了变上限函数的定义，介绍了变上限函数求导运算法则及牛顿-莱布尼茨公式，展示了微分与积分两种不同概念间的内在联系，给出了定积分与不定积分间的相互关系. 介绍了定积分的换元积分法及分部积分法. 应用换元积分法时，需注意换元的同时也要换限，与不定积分计算不同的是，不必将积分结果还原为原变量形式，只需直接求出原函数在新变量的积分区间上的增量即可.

广义积分是定积分的推广. 本章主要介绍了无穷限的广义积分和无界函数的广义积分（瑕积分）两种广义积分形式，分别用于计算积分区间无限或被积函数无界情形下的定积分. 本章也介绍了在概率论与数理统计中经常用到的一种重要的含参广义积分——Γ 函数.

微元法是应用定积分解决实际问题的一种重要方法. 应用微分法，本章给出了直角坐标系下平面图形的面积公式、极坐标系下平面图形的面积公式、旋转体的体积公式以及截面面积已知的立体体积公式. 本章还介绍了定积分在经济学中的应用.

总复习题6

1. 选择题

(1) 设 $f(x)=\int_{x}^{x+2\pi} e^{\sin^2 t}\sin t\,dt$，则 $f(x)$（　　）.

(A) 为正整数；　(B) 为负整数；　(C) 恒为零；　(D) 不为常数.

(2) 设 $f(x)=\int_{x}^{x+\frac{\pi}{2}} |\sin t|\,dt$，则下列结论正确的是（　　）.

(A) $f(x)=f(x+\pi)$；

(B) $f(x)>f(x+\pi)$；

(C) $f(x)<f(x+\pi)$；

(D) 当 $x>0$ 时，$f(x)>f(x+\pi)$；当 $x<0$ 时，$f(x)<f(x+\pi)$.

2. 求极限 $\lim\limits_{n\to\infty}\frac{1}{n}\left(\sqrt{1+\cos\frac{\pi}{n}}+\sqrt{1+\cos\frac{2\pi}{n}}+\cdots+\sqrt{1+\cos\frac{n\pi}{n}}\right)$.

3. 比较 $\int_{0}^{\frac{\pi}{2}}\sin(\sin x)\,dx$，$\int_{0}^{\frac{\pi}{2}}\tan x\,dx$ 及 $\int_{0}^{\frac{\pi}{2}}\tan(\sin x)\,dx$ 的大小.

4. 利用定积分中值定理计算下列极限：

(1) $\lim\limits_{n\to\infty}\int_{n}^{n+p}\frac{\sin x}{x}dx$；　　(2) $\lim\limits_{n\to\infty}\int_{n}^{n+3}\frac{x^2}{e^{x^2}}dx$.

5. 设 $f(x)=\begin{cases}\dfrac{\int_{0}^{x}(e^{t^2}-1)\,dt}{x^2}, & x\neq 0\\ 0, & x=0\end{cases}$，求 $f'(0)$.

6. 求下列极限：

(1) $\lim\limits_{x\to+\infty}\left(\int_{0}^{x}e^{t^2}dt\right)^{\frac{1}{x^2}}$；　　(2) $\lim\limits_{x\to 0^+}\dfrac{\int_{0}^{\ln(1+x)}(1-\cos\sqrt{t})\,dt}{x^2}$；

(3) $\lim\limits_{x\to 0}\dfrac{\int_{x^2}^{0}(1-\cos t)\,dt}{x^6}$；　　(4) $\lim\limits_{x\to 0}\dfrac{\int_{0}^{\sin x}\ln(1+t^2)\,dt}{\sqrt{x^3+1}-1}$；

(5) $\lim\limits_{x\to 0^+}\dfrac{x-\int_{0}^{x}\cos\sqrt{t}\,dt}{(x^2+x)\tan x}$；　　(6) $\lim\limits_{x\to 0}\dfrac{\int_{0}^{x}(e^{t}+e^{-t}-2)\,dt}{\int_{0}^{\arcsin x}\sin t\,dt}$.

7. 若 $f(x)=x^3+x\int_{0}^{1}f(x)\,dx-3\int_{0}^{2}f(x)\,dx$，其中 $f(x)$ 连续，求 $f(x)$的表达式.

8. 设函数 $f(x)$ 连续，且满足 $\int_0^{2x} xf(t)\mathrm{d}t+2\int_x^0 tf(2t)\mathrm{d}t=x^3(x-1)$，求 $f(x)$ 在 $[0,2]$ 上的最值.

9. 设函数 $f(x)$ 连续，且满足 $\int_0^x tf(x-t)\mathrm{d}t=\frac{1}{3}x^3$，试求 $f(x)$ 的表达式.

10. 已知 $f(x)=\int_0^{2x}\left(\int_0^{\sin t}\sqrt{1+3u^3}\,\mathrm{d}u\right)\mathrm{d}t$，求 $f(x)$ 的二阶导数 $f''(x)$.

11. 若 $f(x)$ 在 $[0,\pi]$ 上有二阶连续导数，且 $f(0)=a$，$f(\pi)=b$，求

$$\int_0^{\pi}[f(x)+f''(x)]\sin x\,\mathrm{d}x.$$

12. 设 $f(x)=\begin{cases}\frac{1}{2}\sin x, & 0\leqslant x\leqslant\pi\\ 0, & x<0 \text{ 或 } x>\pi\end{cases}$，求 $\Phi(x)=\int_0^x f(t)\mathrm{d}t$ 在 $(-\infty,+\infty)$ 内的表达式.

13. 设 $f(x)$ 在 $[-1,1]$ 上连续，求 $\int_{-1}^{1}x[f(x)+f(-x)]\mathrm{d}x$.

14. 已知 n 为正整数，$f(x)$ 具有二阶连续导数，且满足 $n\int_0^1 xf''(3x)\mathrm{d}x=\int_0^3 tf''(t)\mathrm{d}t$，求 n 的值.

15. 计算下列定积分：

(1) $\int_0^{\frac{1}{2}}\frac{8x-\arctan(2x)}{1+4x^2}\mathrm{d}x$；　(2) $\int_0^{\frac{\pi}{4}}\ln(1+\tan x)\mathrm{d}x$；

(3) $\int_{\sqrt{e}}^{e}\frac{1}{x\sqrt{\ln x(1-\ln x)}}\mathrm{d}x$；　(4) $\int_{\frac{1}{e}}^{e}|\ln x|\mathrm{d}x$；

(5) $\int_{-1}^{1}\frac{1}{x^2-2x\cos\alpha+1}\mathrm{d}x\ (0<\alpha<\pi)$；　(6) $\int_0^x\max\{t^3,\ t^2,\ 1\}\mathrm{d}t$.

16. 利用函数奇偶性计算下列定积分：

(1) $\int_{-1}^{1}\frac{x^2+\ln(1+x^2)\arctan x}{1+\sqrt{1-x^2}}\mathrm{d}x$；　(2) $\int_{-\pi}^{\pi}(\sqrt{1+\cos(2x)}+|x|\sin x)\mathrm{d}x$；

(3) $\int_{-1}^{1}(3x+|x|+1)^2\mathrm{d}x$.

17. 比较 M，N，P 的大小关系，其中

$$M=\int_{-\frac{\pi}{2}}^{\frac{\pi}{2}}\frac{\sin x}{1+x^2}\mathrm{d}x,N=\int_{-\frac{\pi}{2}}^{\frac{\pi}{2}}(\sin^3x+\cos^2x)\mathrm{d}x,P=\int_{-\frac{\pi}{2}}^{\frac{\pi}{2}}(x^2\sin^3x+\cos^3x)\mathrm{d}x.$$

18. 已知 $f(x)=\tan^2x$，求 $\int_0^{\frac{\pi}{4}}f'(x)f''(x)\mathrm{d}x$.

19. 设 $f(x)=\int_1^x\frac{\ln(1+t)}{t}\mathrm{d}t\ (x>0)$，求 $f(x)+f\left(\frac{1}{x}\right)$.

20. 判断下列各广义积分的敛散性，若收敛，求其值：

(1) $\int_{-\infty}^{+\infty}(x^2+x+1)\mathrm{e}^{-x^2}\mathrm{d}x$； (2) $\int_{-\infty}^{+\infty}(|x|+x)\mathrm{e}^{-|x|}\mathrm{d}x$；

(3) $\int_{1}^{+\infty}\frac{1}{\mathrm{e}^{x+1}+\mathrm{e}^{3-x}}\mathrm{d}x$.

21. 已知广义积分 $\int_{-\infty}^{+\infty}\mathrm{e}^{k|x|}\mathrm{d}x=2$，求常数 k 的值.

22. 设 q，a 为常数，其中 $q<0$，讨论广义积分 $\int_{a}^{2a}(x-a)^q\mathrm{d}x$ 的敛散性.

23. 已知 $\int_{0}^{+\infty}\frac{\sin x}{x}\mathrm{d}x=\frac{\pi}{2}$，试求 $\int_{0}^{+\infty}\frac{\sin^2 x}{x^2}\mathrm{d}x$.

24. 求：(1) 由曲线 $y=\sqrt{x}$，$y=\frac{1}{x}$ 及 $x=2$ 所围成的平面图形的面积；(2) 上述图形分别绕 x 轴、y 轴旋转而成的旋转体的体积.

25. 求曲线 $xy=a$ $(a>0)$ 与 $x=a$，$x=2a$ 及 $y=0$ 所围成的平面图形绕直线 $y=1$ 旋转而成的旋转体的体积.

26. 由曲线 $y=1-x^2(0\leqslant x\leqslant 1)$ 与 x 轴、y 轴围成的区域被曲线 $y=ax^2(a>0)$ 分为面积相等的两部分，求 a 的值.

27. 求介于直线 $x=0$，$x=2\pi$ 之间由曲线 $y=\sin x$ 与 $y=\cos x$ 所围成的平面图形的面积.

*28. 已知圆 $r=1$ 被心形线 $r=1+\cos\theta$ 分成两部分，求这两部分的面积.

*29. 求曲线 $y=\mathrm{e}^{-x}$ 与 x 轴之间位于第一象限内向右无限延伸的平面图形绕 x 轴旋转而成的旋转体的体积.

30. 求由圆 $x^2+(y-3)^2=4$ 绕 x 轴旋转而成的旋转体的体积.

31. 设直线 $y=ax+b$ 与 $x=0$，$x=1$ 及 $y=0$ 所围成的梯形的面积等于 A，试求 a，b 的值，使该梯形绕 x 轴旋转而成的旋转体的体积最小 $(a\geqslant 0,\ b>0)$.

32. 设函数 $f(x)$ 在 $[0,1]$ 上可导，且满足 $f(1)=2\int_{0}^{\frac{1}{2}}xf(x)\mathrm{d}x$，证明在 $(0,1)$ 内至少存在一点 ξ，使得 $\xi f'(\xi)+f(\xi)=0$.

33. 设 $f(x)$ 在 $[0,3]$ 上连续，在 $(0,3)$ 内二阶可导，且 $2f(0)=\int_{0}^{2}f(x)\mathrm{d}x=f(2)+f(3)$，证明：(1) 存在一点 $\eta\in(0,2)$，使得 $f(\eta)=f(0)$；(2) 存在一点 $\xi\in(0,3)$，使得 $f''(\xi)=0$.

34. 设 $f(x)$，$g(x)$ 均在 $[a,b]$ 上连续，且 $g(x)<0$，求证：在 (a,b) 内至少存在一点 ξ，使得 $\int_{a}^{b}f(x)g(x)\mathrm{d}x=f(\xi)\int_{a}^{b}g(x)\mathrm{d}x$.

35. 已知 $f(n)=\int_{0}^{\frac{\pi}{4}}\tan^n x\mathrm{d}x$，其中 n 为正整数，证明 $f(5)+f(7)=\frac{1}{6}$.

36. 证明等式 $\int_{x}^{1}\frac{1}{1+u^2}\mathrm{d}u=\int_{1}^{\frac{1}{x}}\frac{1}{1+u^2}\mathrm{d}u$ $(x>0)$.

37. 设 $f(x)$ 在 $[a, b]$ 上连续，且严格单调增加，证明：$(a+b)\int_a^b f(x)\mathrm{d}x < 2\int_a^b xf(x)\mathrm{d}x$.

38. 设 $f(x)$ 是 $[0, 1]$ 上的任一非负连续函数，试证明：至少存在一点 $\xi \in (0, 1)$，使得在区间 $[0, \xi]$ 上以 $f(\xi)$ 为高的矩形面积等于在区间 $[\xi, 1]$ 上以 $f(x)$ 为曲边的曲边梯形的面积.

第7章 多元函数微积分

前面六章主要介绍了一元函数微积分的相关知识. 在实际问题中，往往需要考虑多个变量之间的关系，尤其是一个变量和另外多个变量的关系，由此引入多元函数的概念. 本章主要介绍多元函数微积分的知识，主要以二元函数为例进行讨论.

§7.1 空间解析几何简介

在平面解析几何中，通过坐标法把平面上的点与二维有序数组对应起来，由此把平面上的图形和二元方程对应起来，建立数形关系. 空间解析几何也是按照类似的方法将空间中的点与三维有序数组对应起来，从而把空间中的图形和三元方程对应起来，建立数形关系.

7.1.1 空间直角坐标系与空间中的点

在空间中任取一点 O，过点 O 作三条互相垂直的直线 Ox、Oy、Oz，并按右手系规定 Ox、Oy、Oz 的正方向，即将右手伸直，拇指朝上为 Oz 的正方向，其余四指指向 Ox 的正向，四指弯曲$\frac{\pi}{2}$角度后指向 Oy 的正方向. 再规定一个单位长度，这样就建立了空间直角坐标系，如图 7-1 所示.

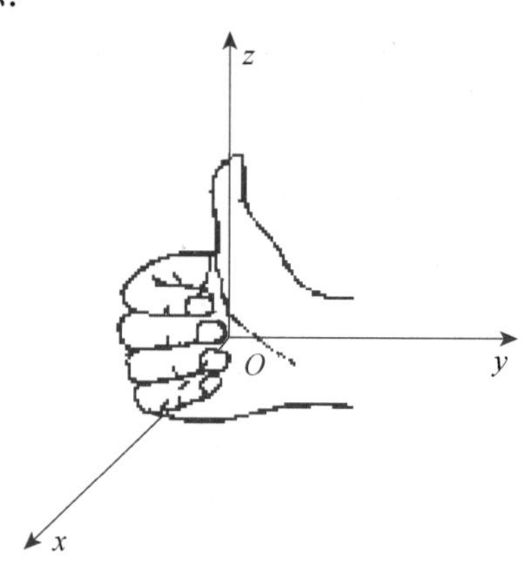

图 7-1

点 O 称为**坐标原点**，三条直线分别称为 **x 轴（横轴）**、**y 轴（纵轴）**、**z 轴（竖轴）**. 每两条坐标轴确定一个平面，称为**坐标平面**. 由 x 轴和 y 轴确定的平面称为 xOy 平面，由 y 轴和 z 轴确定的平面称为 yOz 平面，由 z 轴和 x 轴确定的平面称为 zOx 平面.

三个坐标面将空间分成 8 个部分，称为 8 个**卦限**. 含有 x 轴、y 轴与 z 轴正半轴的卦限叫作**第一卦限**，第二、第三、第四卦限在 xOy 平面的上方，按逆时针方向确定. 第五卦限至第八卦限在 xOy 平面的下方，由第一卦限之下的第五卦限按逆时针方向确定，这八个卦限分别用字母Ⅰ、Ⅱ、Ⅲ、Ⅳ、Ⅴ、Ⅵ、Ⅶ、Ⅷ表示，如图 7－2 所示.

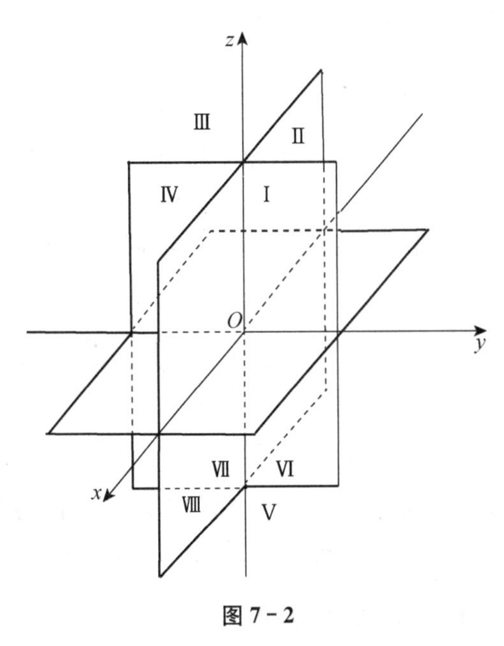

图 7－2

设 M 为空间中的一点. 过点 M 作三个平面分别垂直于 x 轴、y 轴和 z 轴，它们与 x 轴、y 轴、z 轴的交点依次为 P，Q 和 R，如图 7－3 所示. 设这三点在 x 轴、y 轴、z 轴上的坐标依次为 x_0，y_0，z_0. 于是空间中的一点 M 就唯一地确定了有序数组（x_0，y_0，z_0）；反过来，已知一有序数组（x_0，y_0，z_0），可以在 x 轴上取坐标为 x_0 的点 P，在 y 轴上取坐标为 y_0 的点 Q，在 z 轴上取坐标为 z_0 的点 R，然后通过 P，Q 与 R 分别作 x 轴、y 轴和 z 轴的垂面. 这三个垂面的交点 M 便是由有序数组（x_0，y_0，z_0）确定的唯一

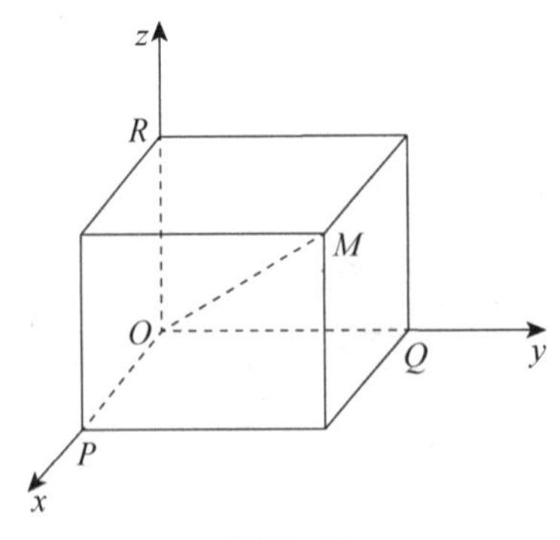

图 7－3

点. 这样，就建立了空间的点 M 和有序数组（x_0，y_0，z_0）之间的一一对应关系. 这组数 x_0，y_0，z_0 就叫作**点 M 的坐标**，并依次称 x_0，y_0 和 z_0 为点 M 的**横坐标**、**纵坐标**和**竖坐标**. 坐标为 x_0，y_0，z_0 的点 M 通常记为（x_0，y_0，z_0）.

显然坐标原点的坐标为（0，0，0）；x 轴、y 轴和 z 轴上点的坐标分别为（x，0，0）、（0，y，0）和（0，0，z）；xOy 平面、yOz 平面、zOx 平面上点的坐标分别为（x，y，0）、（0，y，z）、（x，0，z）.

7.1.2 空间中两点间的距离

给定空间中的任意两点 $M_1(x_1, y_1, z_1)$，$M_2(x_2, y_2, z_2)$，过点 M_1，M_2 各作三个平面分别垂直于三个坐标轴. 这六个平面构成一个以线段 M_1M_2 为一条对角线的长方体，如图 7-4 所示，棱长分别为 $|x_2-x_1|$，$|y_2-y_1|$，$|z_2-z_1|$，因此

$$|M_1M_2|=\sqrt{(x_2-x_1)^2+(y_2-y_1)^2+(z_2-z_1)^2}, \tag{7.1.1}$$

这就是**空间中两点间的距离公式**.

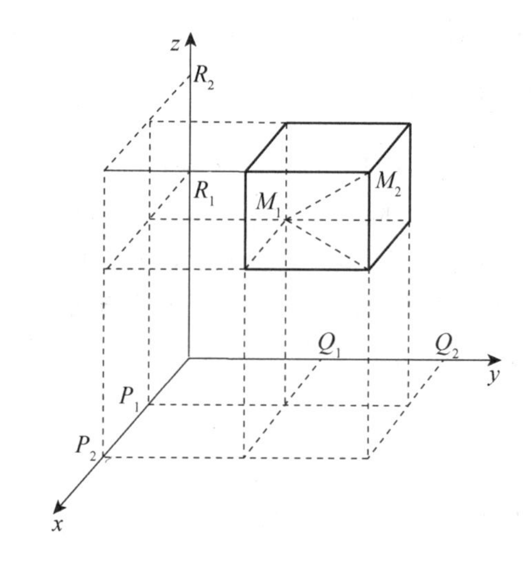

图 7-4

特殊地，点 $M(x, y, z)$ 与坐标原点 $O(0, 0, 0)$ 的距离为

$$d=|OM|=\sqrt{x^2+y^2+z^2}.$$

例 7.1.1 求到定点 $M_0(1, 2, 3)$ 的距离为定长 5 的点的轨迹方程.

解 设点 $M(x, y, z)$ 为轨迹上的任意一点，由 $|MM_0|=5$，得所求点的轨迹方程为

$$\sqrt{(x-1)^2+(y-2)^2+(z-3)^2}=5,$$

即

$$(x-1)^2+(y-2)^2+(z-3)^2=25.$$

例 7.1.2 求与两定点 $M_1(1, -1, 1)$ 和 $M_2(2, 1, -1)$ 等距离的点的轨迹方程.

解 设点 $M(x, y, z)$ 为轨迹上的任意一点，由 $|MM_1|=|MM_2|$，得

$$\sqrt{(x-1)^2+(y+1)^2+(z-1)^2}=\sqrt{(x-2)^2+(y-1)^2+(z+1)^2},$$

化简得点 M 的轨迹方程为

$$2x+4y-4z-3=0.$$

众所周知，数轴上的点与实数有一一对应关系，从而实数全体表示数轴上一切点的集合. 在平面上引入直角坐标系后，平面上的点与二元有序数组 (x, y) 一一对应，从而二元有序数组 (x, y) 的全体表示平面上一切点的集合. 在空间引入直角坐标系后，空间中的点与三元有序数组 (x, y, z) 一一对应，从而三元有序数组 (x, y, z) 的全体表示空间中一切点的集合. 尽管现实中没有四维图形，但可设想四元有序数组 (x_1, x_2, x_3, x_4) 与四维空间中的点一一对应. 一般地，设 n 为取定的一个正整数，称 n 元有序数组 $(x_1, x_2, \cdots, x_n)$ 的全体为 n 维空间，而每个 n 元有序数组 $(x_1, x_2, \cdots, x_n)$ 称为 n 维空间中的一个点，数 x_i 称为该点的第 i 个坐标，n 维空间记为 $\mathbf{R}^n$.

7.1.3 曲面及其方程

如果空间中的曲面 S 与三元方程 $F(x, y, z)=0$ 满足：

(1) 曲面 S 上任意一点的坐标都满足方程 $F(x, y, z)=0$，

(2) 不在曲面 S 上的点的坐标都不满足方程 $F(x, y, z)=0$，

则称方程 $F(x, y, z)=0$ 为**曲面 S 的方程**，而曲面 S 为**方程 $F(x, y, z)=0$ 的图形**.

例 7.1.1 中描述的到定点 M_0 的距离等于定长的点的轨迹是一个球面，它对应的方程为

$$(x-1)^2+(y-2)^2+(z-3)^2=25.$$

例 7.1.2 中描述的到两定点 M_1 与 M_2 等距离的点的轨迹是一个平面，它对应的方程为

$$2x+4y-4z-3=0.$$

下面介绍一些常见的曲面及其方程.

(1) 平面.

空间平面的一般形式为

$$Ax+By+Cz+D=0,$$

其中 A，B，C，D 为常数，A，B，C 不全为零.

空间平面的截距式方程为

$$\frac{x}{a}+\frac{y}{b}+\frac{z}{c}=1,$$

其中 a，b，c 分别为平面在 x 轴、y 轴、z 轴上的截距.

例如，空间平面 $6x+3y+2z=6$ 的截距式方程为

$$\frac{x}{1}+\frac{y}{2}+\frac{z}{3}=1,$$

该平面在 x 轴、y 轴、z 轴上的截距分别为 1，2，3，如图 7－5 所示，可知平面过（1，0，0）、（0，2，0）以及（0，0，3）三点.

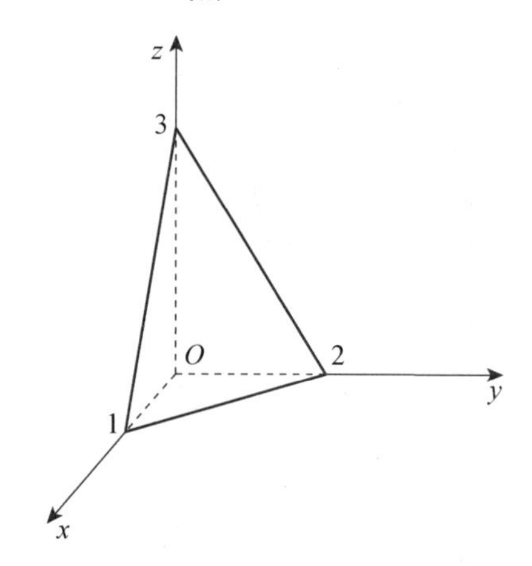

图 7－5

下面介绍几个特殊的平面方程：

①平面 $Ax+By+Cz=0$ 过坐标原点；

②平面 $Ax+By=0$ 过 z 轴；

③xOy 坐标面的方程为 $z=0$；

④平行于 xOy 坐标面的方程为 $z=k$（k 为非零常数）.

（2）柱面.

平行于某定直线并沿定曲线 C 移动的直线 L 所形成的轨迹称为**柱面**. 这条定曲线 C 称为柱面的**准线**，直线 L 称为柱面的**母线**，如图 7－6 所示.

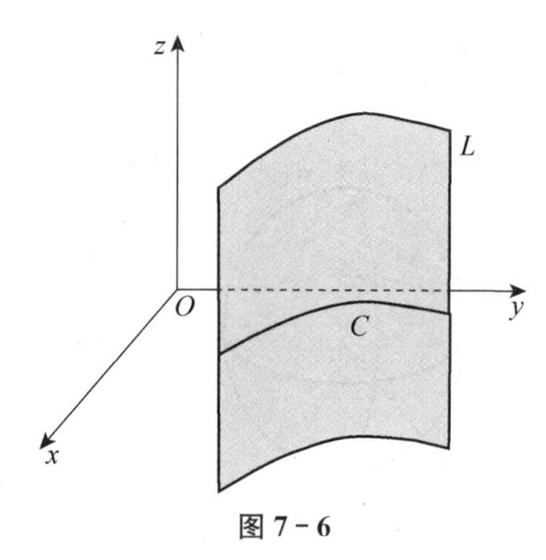

图 7－6

例 7.1.3 方程 $x^2+y^2=R^2$ 在空间中表示什么曲面？

解 在 xOy 坐标面上以原点 O 为圆心、R 为半径的圆上的点满足方程 $x^2+y^2=R^2$，设圆上一点坐标为 $(x_0, y_0, 0)$，满足 $x_0^2+y_0^2=R^2$. 那么，过点 $(x_0, y_0, 0)$ 且平行于 z 轴的直线上的点 (x_0, y_0, z) 也满足 $x_0^2+y_0^2=R^2$，也在曲面 $x^2+y^2=R^2$ 上. 因此，此曲面可以看作是平行于 z 轴的直线 L 沿着上述 xOy 坐标面上的圆移动而成的，即 $x^2+y^2=R^2$ 为柱面，准线为在上述 xOy 坐标面上的圆，母线平行于 z 轴，如图 7－7 所示.

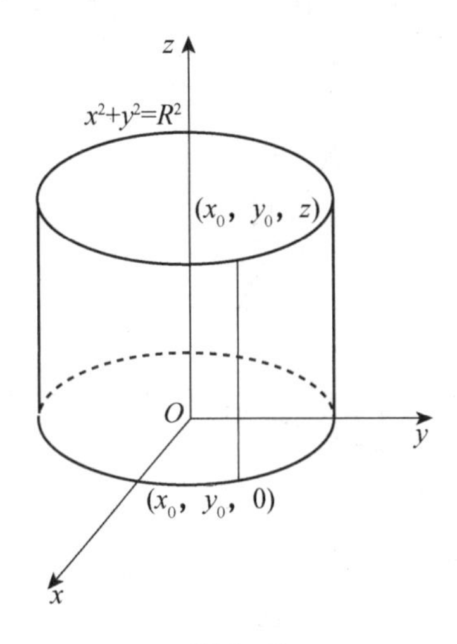

图 7－7

一般地，$F(x, y)=0$ 表示准线在 xOy 坐标面上、母线平行于 z 轴的柱面. $Ax+By=C$ 既可视为平面，也可视为柱面，准线为 xOy 坐标面上的直线，母线平行于 z 轴.

(3) 球面.

球心在点 (x_0, y_0, z_0)、半径为 R 的球面方程为

$$(x-x_0)^2+(y-y_0)^2+(z-z_0)^2=R^2.$$

特别地，球心在原点 $(0, 0, 0)$，半径为 R 的球面方程为 $x^2+y^2+z^2=R^2$，如图 7－8 所示.

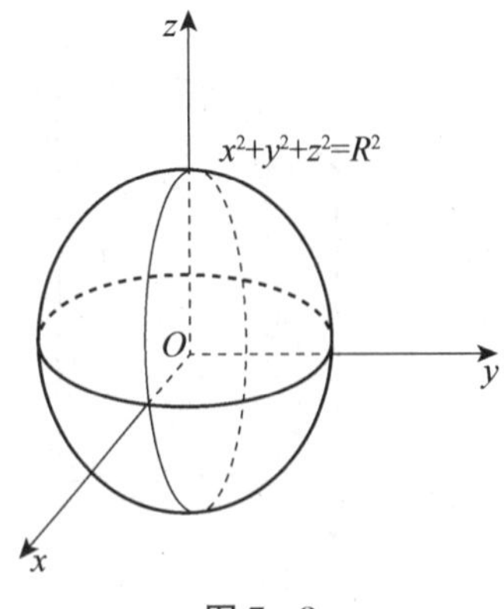

图 7－8

（4）二次曲面.

首先介绍空间曲线. 空间曲线可以看作两个曲面的交线. 设 $F(x, y, z)=0$ 和 $G(x, y, z)=0$ 是两个曲面的方程，它们的交线为 C. 因为曲线 C 上的任何点的坐标都同时满足这两个曲面的方程，而不在曲线 C 上的点的坐标不能同时满足这两个方程，所以曲线 C 可用方程组

$$\begin{cases}F(x, y, z)=0\\G(x, y, z)=0\end{cases}$$

来表示，这个方程组叫作**空间曲线的一般方程**.

三元二次方程

$$a_1x^2+a_2y^2+a_3z^2+b_1xy+b_2yz+b_3zx+c_1x+c_2y+c_3z=d$$

表示的曲面为**二次曲面**，其中 a_1，a_2，a_3，b_1，b_2，b_3，c_1，c_2，c_3，d 为常数.

用坐标面及平行于坐标面的平面去截曲面，考察其交线（称为截痕）的形状，通过综合分析，便可得到曲面的全貌. 这种方法叫作**截痕法**.

例 7.1.4 用截痕法绘制 $\frac{x^2}{a^2}+\frac{y^2}{b^2}+\frac{z^2}{c^2}=1$ $(a>0, b>0, c>0)$ 的图形.

解 由方程 $\frac{x^2}{a^2}+\frac{y^2}{b^2}+\frac{z^2}{c^2}=1$ 可知，

$$\frac{x^2}{a^2}\leqslant 1,\quad \frac{y^2}{b^2}\leqslant 1,\quad \frac{z^2}{c^2}\leqslant 1,$$

即

$$|x|\leqslant a,\quad |y|\leqslant b,\quad |z|\leqslant c.$$

这说明椭球面被包含在一个以原点为中心的长方体内，这个长方体的六个面的方程分别是 $x=\pm a$，$y=\pm b$，$z=\pm c$，其中 a，b，c 叫作椭球面的半轴. 用截痕法了解此曲面的形状，先求出它与三个坐标面的交线：

$$\begin{cases}\frac{y^2}{b^2}+\frac{z^2}{c^2}=1\\x=0\end{cases},\quad \begin{cases}\frac{x^2}{a^2}+\frac{z^2}{c^2}=1\\y=0\end{cases},\quad \begin{cases}\frac{x^2}{a^2}+\frac{y^2}{b^2}=1\\z=0\end{cases},$$

它们都是椭圆.

再用平行于 xOy 坐标面的平面 $z=z_0(|z_0|<c)$ 去截椭球面，得交线

$$\begin{cases}\dfrac{x^2}{a^2\left(1-\dfrac{z_0^2}{c^2}\right)}+\dfrac{y^2}{b^2\left(1-\dfrac{z_0^2}{c^2}\right)}=1\\z=z_0\end{cases}.$$

这是平面 $z=z_0$ 上的椭圆，椭圆的中心在 z 轴上. 当 $|z_0|$ 由 0 逐渐增大到 c 时，椭圆截面由大变小，最后缩成一点 $(0, 0, c)$ 或 $(0, 0, -c)$.

同样用平面 $y=y_0(|y_0|\leqslant b)$ 和 $x=x_0(|x_0|\leqslant a)$ 分别去截椭球面，可以得到与上述类似的结果.

综上所述，可得椭球面的形状如图 7－9 所示.

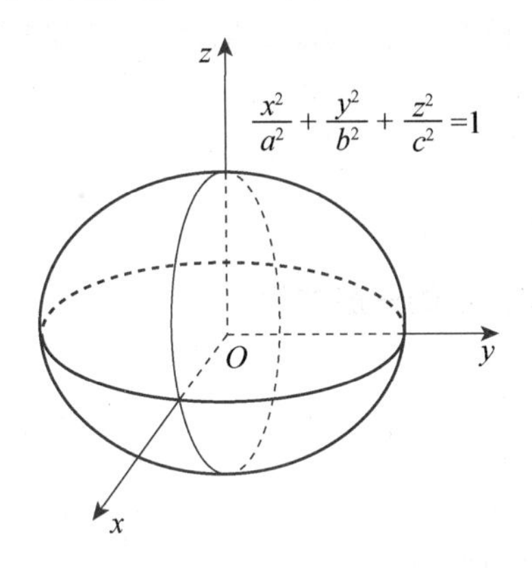

图 7－9

常见的二次曲面有：

①椭球面：$\frac{x^2}{a^2}+\frac{y^2}{b^2}+\frac{z^2}{c^2}=1$（$a>0$，$b>0$，$c>0$）（见图 7－9）；

②椭圆抛物面：$z=\frac{x^2}{a^2}+\frac{y^2}{b^2}$（$a>0$，$b>0$）（见图 7－10）；

③双曲抛物面（马鞍面）：$z=-\frac{x^2}{a^2}+\frac{y^2}{b^2}$（$a>0$，$b>0$）（见图 7－11）；

④单叶双曲面：$\frac{x^2}{a^2}+\frac{y^2}{b^2}-\frac{z^2}{c^2}=1$（$a>0$，$b>0$，$c>0$）（见图 7－12）；

⑤双叶双曲面：$\frac{x^2}{a^2}+\frac{y^2}{b^2}-\frac{z^2}{c^2}=-1$（$a>0$，$b>0$，$c>0$）（见图 7－13）；

⑥二次锥面：$\frac{x^2}{a^2}+\frac{y^2}{b^2}-\frac{z^2}{c^2}=0$（$a>0$，$b>0$，$c>0$）（见图 7－14）.

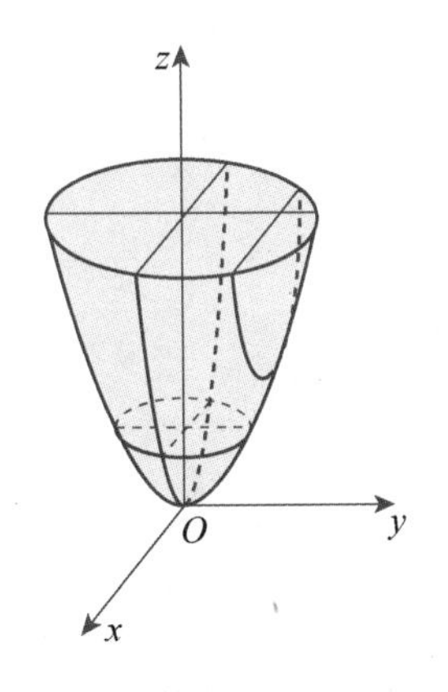

图 7－10

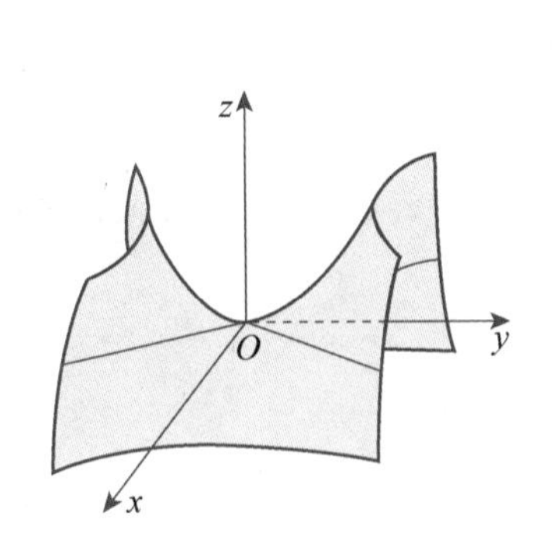

图 7－11

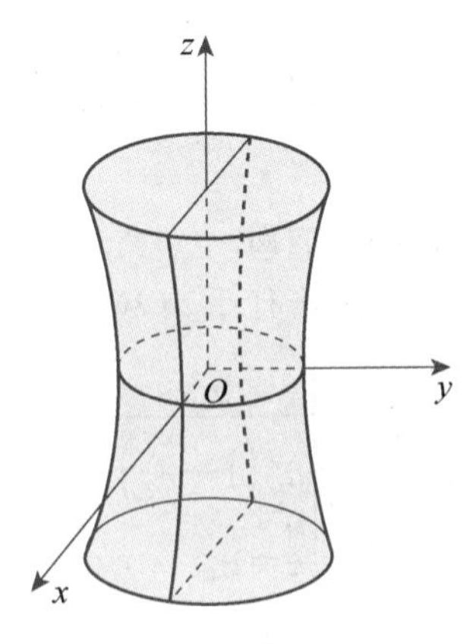

图 7－12

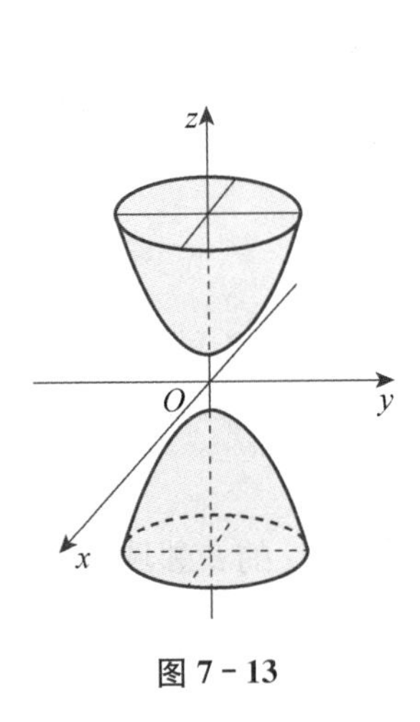

图 7-13

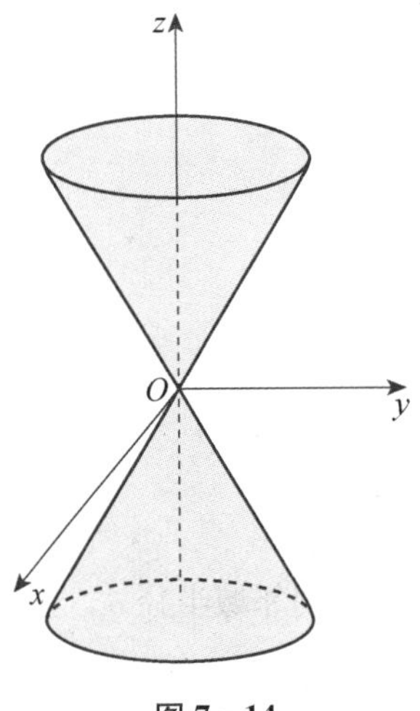

图 7-14

习题 7.1

1. 空间中点的坐标在八个卦限中的符号是怎样的?
2. 证明以点 $A(4, 1, 9)$, $B(10, -1, 6)$, $C(2, 4, 3)$ 为顶点的三角形是等腰三角形.
3. 求点 (a, b, c) 关于 x 轴、xOy 面、坐标原点对称的点的坐标.
4. 求以点 $M_0(1, 3, -2)$ 为球心且通过坐标原点的球面方程.
5. 指出下列方程在平面解析几何和空间解析几何中分别表示什么图形:

(1) $x=2$; (2) $x^2-y^2=1$.

6. 指出下列方程组表示什么曲线:

(1) $\begin{cases}x^2+y^2+z^2=20\\z-2=0\end{cases}$;

(2) $\begin{cases}x^2-4y^2+9z^2=36\\y-1=0\end{cases}$.

§7.2 多元函数的极限与连续

7.2.1 平面区域

设 $P_0(x_0, y_0)$ 为 xOy 平面上的一点,δ 为某一正数,与点 $P_0(x_0, y_0)$ 的距离小于 δ 的点 $P(x, y)$ 的集合,称为点 P_0 的 **δ 邻域**,记为 $U(P_0, \delta)$,即

$$U(P_0, \delta)=\{(x, y)\mid\sqrt{(x-x_0)^2+(y-y_0)^2}<\delta\}.$$

在几何上,$U(P_0, \delta)$ 就是 xOy 平面上以点 $P_0(x_0, y_0)$ 为中心、δ 为半径的圆的内部点 $P(x, y)$ 的集合,如图 7-15 所示.

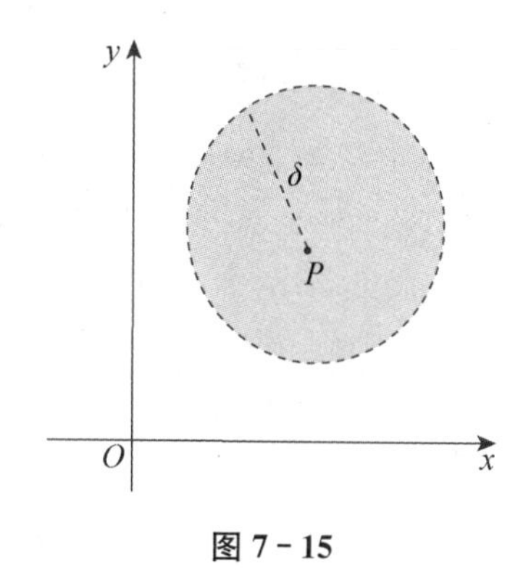

图 7-15

如果不需要强调邻域半径δ，则可以用$U(P_0)$表示点P_0的δ邻域. 称

$$\{(x, y) \mid 0<\sqrt{(x-x_0)^2+(y-y_0)^2}<\delta\}$$

为点P_0的**去心邻域**，记作$\mathring{U}(P_0, \delta)$或$\mathring{U}(P_0)$.

设E是平面上的一个点集，P是平面上的一个点，则点P与点集E之间必存在以下三种关系之一：

（1）如果存在点P的某一邻域$U(P)$，使得$U(P)\subset E$，则称P为E的**内点**（见图 7-16 中的点P_1).

（2）如果存在点P的某一邻域$U(P)$，使得$U(P)\cap E=\varnothing$，则称P为E的**外点**（见图 7-16 中的点P_2).

（3）如果点P的任意一个邻域内既有属于E的点也有不属于E的点，则称P为E的**边界点**（见图 7-16 中的点P_3).

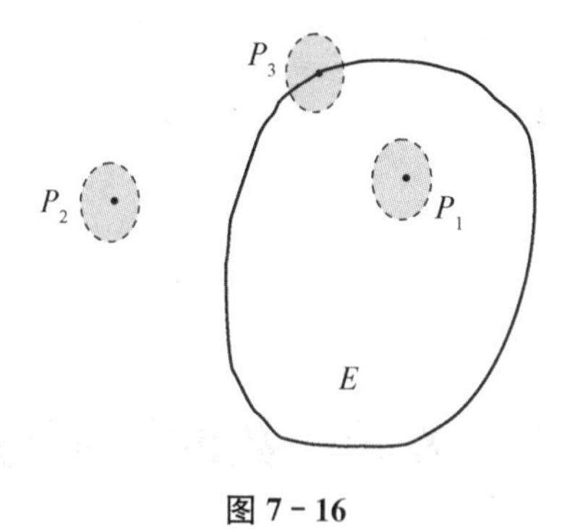

图 7-16

E的内点一定属于E，E的外点一定不属于E，E的边界点可能属于E，也可能不属于E. 如果点集E中的点都是内点，则称E为**开集**. 点集E的边界点的全体称为E的**边界**.

设E为一点集，如果点集E中的任何两点都可用折线连接起来，且该折线上的点都属于E，则称点集E是**连通的**. 连通的开集称为**区域**或**开区域**（见图 7-17)，开区域连同它的边界，称为**闭区域**.

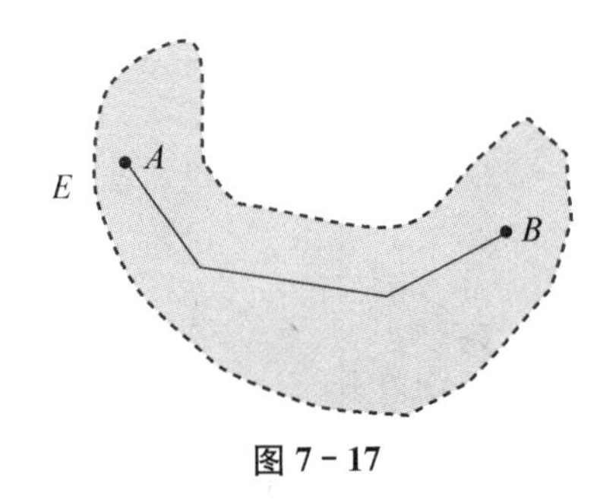

图 7-17

对于点集 E，如果存在某一正数 K，使得 $E \subset U(O, K)$，则称 E 为**有界点集**，其中 O 为坐标原点. 如果这样的 K 不存在，则称 E 为**无界点集**.

7.2.2 二元函数概念

定义 7.2.1 设 D 是平面上的一个非空点集. 如果对于每个点 $P(x, y) \in D$，按照某一对应法则 f，总有唯一确定的实数 z 与之对应，则称 f 是定义在 D 上的**二元函数**，记为

$$z=f(P) \text{ 或 } z=f(x, y),$$

其中点集 D 称为二元函数的**定义域**，通常记为 D_f 或 $D(f)$，x，y 称为**自变量**，z 称为**因变量**. 数集

$$\{z \mid z=f(x, y), (x, y) \in D\}$$

称为函数的**值域**，通常记为 Z_f 或 $Z(f)$.

类似地，可以定义三元函数 $u=f(x, y, z)$ 以及三元以上的函数. 一般地，n 元函数 $u=f(x_1, x_2, \cdots, x_n)$ 为定义在 n 维点集 $D \subset \mathbf{R}^n$ 上的函数，该函数有 n 个自变量 x_1，x_2，$\cdots$，x_n.

当用某个解析表达式表示二元函数时，使解析表达式有意义的点所组成的点集称为这个二元函数的**自然定义域**. 没有特别指明时，定义域通常指自然定义域.

例 7.2.1 求 $z=\dfrac{1}{\sqrt{x^2+y^2-1}}+\ln\ln(10-x^2-y^2)$ 的定义域.

解 函数 $z=\dfrac{1}{\sqrt{x^2+y^2-1}}+\ln\ln(10-x^2-y^2)$ 的定义域为满足下列不等式组的 (x, y) 的全体，

$$\begin{cases} x^2+y^2-1>0 \\ 10-x^2-y^2>1 \end{cases}.$$

整理得

$$\begin{cases} x^2+y^2>1 \\ x^2+y^2<9 \end{cases},$$

该定义域如图 7-18 中阴影部分所示. 它表示圆 $x^2+y^2=1$ 的外部及圆 $x^2+y^2=9$ 的内部所围成的区域.

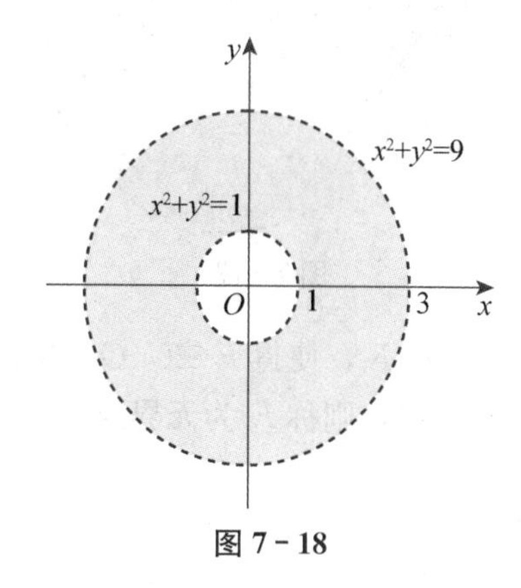

图 7-18

二元函数的几何意义

设函数 $z=f(x, y)$ 的定义域为 D，任取点 $P(x, y)\in D$，总有唯一确定的函数值 $z=f(x, y)$ 与之对应，随之在空间直角坐标系中也唯一确定点 $M(x, y, z)$. 当 (x, y) 遍取 D 上的一切点时，得到一个空间点集

$$\{(x, y, z)\mid z=f(x, y), (x, y)\in D\},$$

该点集通常为一张曲面，称为二元函数 $z=f(x, y)$ 的图形，该曲面在 xOy 面上的投影为定义域 D，如图 7-19 所示.

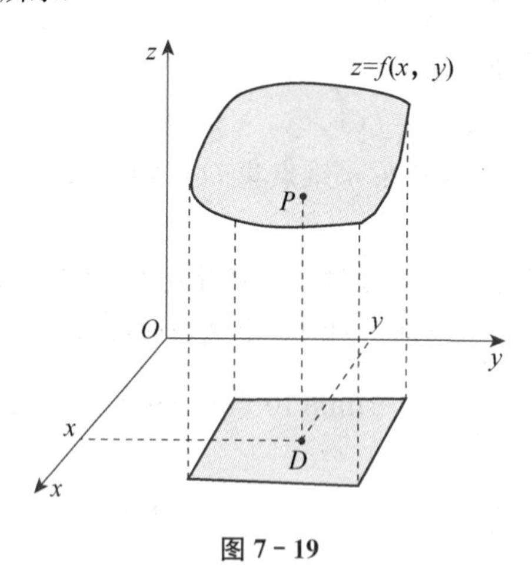

图 7-19

例如，线性函数 $z=ax+by+c$ 的图形是一张平面；$z=\sqrt{R^2-x^2-y^2}$ 的图形是球心在原点、半径为 R 的上半球面.

7.2.3 二元函数的极限

与一元函数的极限概念类似，可以引入二元函数的极限概念.

定义 7.2.2（二元函数极限的描述性定义） 设函数 $z=f(P)$ 的定义域为平面区域

D，当区域 D 内的动点 P 无限趋于某点 $P_0(x_0, y_0)$ 时，$f(P)$ 无限趋近常数 A，则称 A 是 $f(P)$ 当 $P\to P_0$ 时的极限，记为

$$\lim_{P\to P_0} f(P)=A \text{ 或 } f(P)\to A\ (P\to P_0),$$

用点的坐标表示为

$$\lim_{(x,y)\to(x_0,y_0)} f(x, y)=A \text{ 或 } \lim_{\substack{x\to x_0\\ y\to y_0}} f(x, y)=A.$$

定义 7.2.3（二元函数极限的分析定义） 设二元函数 $z=f(x, y)$ 在点 $P_0(x_0, y_0)$ 的某个去心邻域内有定义，A 为某个确定的常数，如果对于 $\forall\varepsilon>0$，$\exists\delta>0$，使得对于满足不等式

$$0<|PP_0|=\sqrt{(x-x_0)^2+(y-y_0)^2}<\delta$$

的一切点 $P(x, y)$，都有 $|f(x, y)-A|<\varepsilon$ 成立，则称当 $P\to P_0$ 时函数 $z=f(x, y)$ 的极限为 A，记作

$$\lim_{P\to P_0} f(P)=A \text{ 或 } \lim_{\substack{x\to x_0\\ y\to y_0}} f(x, y)=A \text{ 或 } \lim_{(x,y)\to(x_0,y_0)} f(x, y)=A.$$

二元函数的极限与一元函数的极限具有类似的性质（唯一性、有界性和保号性等）和运算法则. 无穷小量的性质也相同，例如无穷小量与有界变量的乘积仍为无穷小量，无穷大量的倒数是无穷小量等.

例 7.2.2 求 $\lim\limits_{\substack{x\to 0\\ y\to 0}} \dfrac{1}{x^2+y^2}$.

解 根据无穷小量的运算性质有 $\lim\limits_{\substack{x\to 0\\ y\to 0}}(x^2+y^2)=0$，又因为非零的无穷小量的倒数为无穷大量，故

$$\lim_{\substack{x\to 0\\ y\to 0}} \frac{1}{x^2+y^2}=\infty.$$

例 7.2.3 求 $\lim\limits_{\substack{x\to 0\\ y\to 0}}(x^2+y^2)\arctan\dfrac{1}{x^2+y^2}$.

解 当 $(x, y)\to(0, 0)$ 时，$(x^2+y^2)\arctan\dfrac{1}{x^2+y^2}$ 为无穷小量与有界变量的乘积，故仍为无穷小量，因此

$$\lim_{\substack{x\to 0\\ y\to 0}}(x^2+y^2)\arctan\frac{1}{x^2+y^2}=0.$$

二元函数的极限本质上是一个二重极限，它与一元函数的极限有本质的区别. 动点 P 在区域 D 内无限趋于定点 P_0 时可以沿着 D 内的任意路径，而 $\lim\limits_{P\to P_0} f(P)=A$ 是指 P 在区

域D内沿着任意不同路径无限趋于P_0时，$f(P)$都以A为极限. 若P在区域D内沿着不同路径无限趋于P_0时，$f(P)$的极限不同，则$\lim\limits_{P\to P_0}f(P)$不存在.

例 7.2.4 设函数 $f(x,y)=\dfrac{xy}{x^2+y^2}$，求$\lim\limits_{\substack{x\to0\\y\to0}}f(x,y)$.

微课

例 7.2.4

解 显然，当点$P(x,y)$沿x轴趋于点$(0,0)$时，

$$\lim_{x\to0}f(x,0)=\lim_{x\to0}0=0.$$

又当点$P(x,y)$沿y轴趋于点$(0,0)$时，

$$\lim_{y\to0}f(0,y)=\lim_{y\to0}0=0.$$

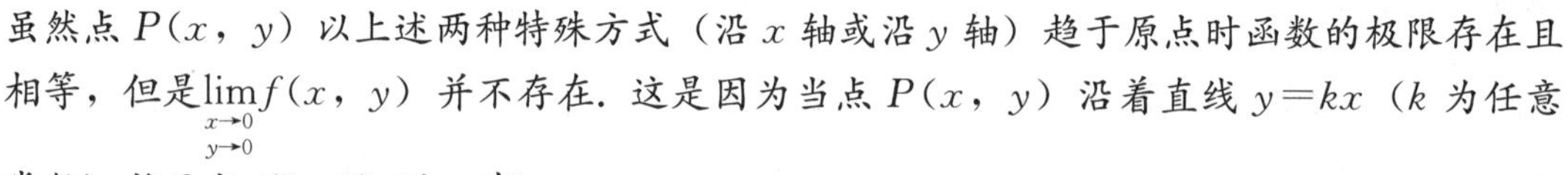

虽然点$P(x,y)$以上述两种特殊方式（沿x轴或沿y轴）趋于原点时函数的极限存在且相等，但是$\lim\limits_{\substack{x\to0\\y\to0}}f(x,y)$并不存在. 这是因为当点$P(x,y)$沿着直线$y=kx$（$k$为任意常数）趋于点$(0,0)$时，有

$$\lim_{\substack{x\to0\\y=kx}}\frac{xy}{x^2+y^2}=\lim_{x\to0}\frac{kx^2}{x^2+k^2x^2}=\frac{k}{1+k^2},$$

显然它随着k值的不同而改变.

7.2.4 二元函数的连续性

定义 7.2.4 设函数$z=f(x,y)$在点$P_0(x_0,y_0)$的某一邻域内有定义，如果

$$\lim_{\substack{x\to x_0\\y\to y_0}}f(x,y)=f(x_0,y_0),\tag{7.2.1}$$

则称函数$z=f(x,y)$在点$P_0(x_0,y_0)$处**连续**.

令$\Delta x=x-x_0$，$\Delta y=y-y_0$，并记

$$\Delta z=f(x_0+\Delta x,y_0+\Delta y)-f(x_0,y_0),$$

则式（7.2.1）等价于

$$\lim_{\substack{\Delta x\to0\\\Delta y\to0}}\Delta z=0.$$

故二元函数的连续也可如下定义.

定义 7.2.5 设函数$z=f(x,y)$在点$P_0(x_0,y_0)$的某一邻域内有定义，如果

$$\lim_{\substack{\Delta x\to0\\\Delta y\to0}}\Delta z=\lim_{\substack{\Delta x\to0\\\Delta y\to0}}[f(x_0+\Delta x,y_0+\Delta y)-f(x_0,y_0)]=0,$$

则称函数$z=f(x,y)$在点$P_0(x_0,y_0)$处连续.

若函数$f(x,y)$在点$P_0(x_0,y_0)$处不连续，则称P_0为函数$f(x,y)$的**间断点**.

例如，设有函数

$$f(x, y)=\begin{cases}\dfrac{xy}{x^2+y^2}, & x^2+y^2\neq 0\\ 0, & x^2+y^2=0\end{cases}.$$

因为$\lim\limits_{\substack{x\to 0\\ y\to 0}} f(x, y)$不存在，故点$(0, 0)$为函数$f(x, y)$的间断点.

如果函数$z=f(x, y)$在区域D上的每一点处都连续，则称$z=f(x, y)$**在D上连续**，或称$z=f(x, y)$是D上的**连续函数**.

与一元函数类似，二元连续函数经过有限次四则运算或复合运算后仍为二元连续函数. 由基本初等函数经过有限次四则运算或复合运算构成的二元函数称为**二元初等函数**. 一切二元初等函数在其定义区域内都是连续的. 这里所说的定义区域是指包含在定义域内的区域或闭区域. 利用这个结论，当求某个二元初等函数在其定义区域内一点的极限时，只要计算函数在该点处的函数值即可.

例 7.2.5 求$\lim\limits_{\substack{x\to 1\\ y\to 0}}\dfrac{\ln(x+e^y)}{\sqrt{x^2+y^2}}$.

解 因为点$(1, 0)$为定义区域内的点，故根据连续函数的性质，有

$$\lim_{\substack{x\to 1\\ y\to 0}}\frac{\ln(x+e^y)}{\sqrt{x^2+y^2}}=\frac{\ln(1+e^0)}{\sqrt{1^2+0^2}}=\ln 2.$$

例 7.2.6 求$\lim\limits_{\substack{x\to 0\\ y\to 0}}\dfrac{\sqrt{xy+1}-1}{xy}$.

解 由于

$$\lim_{\substack{x\to 0\\ y\to 0}}(\sqrt{xy+1}-1)=\lim_{\substack{x\to 0\\ y\to 0}}xy=0,$$

因此所求极限为$\dfrac{0}{0}$型未定式，结合分子有理化得

$$\lim_{\substack{x\to 0\\ y\to 0}}\frac{\sqrt{xy+1}-1}{xy}=\lim_{\substack{x\to 0\\ y\to 0}}\frac{(\sqrt{xy+1}-1)(\sqrt{xy+1}+1)}{xy(\sqrt{xy+1}+1)}=\lim_{\substack{x\to 0\\ y\to 0}}\frac{1}{\sqrt{xy+1}+1}=\frac{1}{2}.$$

与闭区间上一元连续函数的性质类似，在有界闭区域上的二元连续函数也有如下性质.

性质 7.2.1 (最值定理) 设$z=f(x, y)$在有界闭区域D上连续，则$f(x, y)$在D上一定存在最大值和最小值.

性质 7.2.2 (有界性定理) 设$z=f(x, y)$在有界闭区域D上连续，则$f(x, y)$在D上一定有界.

性质 7.2.3 (介值定理) 设$z=f(x, y)$在有界闭区域D上连续，M和m分别为$f(x, y)$在D上的最大值和最小值，且$m\neq M$，则对于任意的$c\in[m, M]$，至少存在一点$(\xi, \eta)\in D$，使得$f(\xi, \eta)=c$.

习题 7.2

1. 设函数 $z=\sqrt{y}+f(\sqrt{x}-1)$ 在 $y=1$ 时 $z=x$，求 $f(x)$，z.

2. 求下列函数的定义域：

(1) $z=\ln(y^2-2x+1)$； (2) $z=\dfrac{1}{\sqrt{x+y}}+\dfrac{1}{\sqrt{x-y}}$；

(3) $z=\sqrt{x-\sqrt{y}}$； (4) $u=\arccos\dfrac{z}{\sqrt{x^2+y^2}}$.

3. 证明极限 $\lim\limits_{\substack{x\to 0\\ y\to 0}}\dfrac{x^2-y^2}{x^2+y^2}$ 不存在.

4. 求下列各极限：

(1) $\lim\limits_{\substack{x\to 0\\ y\to 1}}\dfrac{1+y^2}{x^2+y^2}$； (2) $\lim\limits_{\substack{x\to 0\\ y\to 0}}\dfrac{1-\cos(x^2+y^2)}{(x^2+y^2)e^{x^2y^2}}$； (3) $\lim\limits_{\substack{x\to 0\\ y\to 0}}\dfrac{xy}{\sqrt{x^2+y^2}}$.

5. 讨论函数 $z=\dfrac{y^2+2x}{y^2-2x}$ 的间断点.

6. 已知 $f(x,y)=\begin{cases}(x+y)\cos\dfrac{1}{x^2+y^2}, & x^2+y^2\neq 0\\ 0, & x^2+y^2=0\end{cases}$，讨论 $f(x,y)$ 的连续性.

§7.3 偏导数

7.3.1 偏导数

一、偏导数的定义

在学习一元函数时，通过讨论函数的变化率引入了导数概念. 对于多元函数同样需要讨论它的变化率. 但多元函数的自变量不止一个，因变量与自变量的关系要比一元函数复杂得多.

本节考虑多元函数关于其中一个自变量的变化率. 以二元函数 $z=f(x,y)$ 为例，如果只有自变量 x 变化，而自变量 y 固定（即看作常量），这时它可以看作是 x 的一元函数，函数对 x 的导数就称为二元函数 z 关于 x 的偏导数，即有如下定义.

定义 7.3.1 设 $z=f(x,y)$ 在点 $P_0(x_0,y_0)$ 的某个邻域 $U(P_0)$ 内有定义，当 y 固定在 y_0，而 x 在 x_0 处有改变量 Δx 时，相应地，函数有改变量

$$\Delta_x z=f(x_0+\Delta x,y_0)-f(x_0,y_0),$$

如果极限

$$\lim_{\Delta x\to 0}\frac{\Delta_x z}{\Delta x}=\lim_{\Delta x\to 0}\frac{f(x_0+\Delta x,y_0)-f(x_0,y_0)}{\Delta x}$$

存在，则称该极限值为函数 $z=f(x,y)$ 在点 $P_0(x_0,y_0)$ 处关于自变量 x 的**偏导数**，记作

$$\left.\frac{\partial z}{\partial x}\right|_{(x_0,y_0)},\quad \left.\frac{\partial f}{\partial x}\right|_{(x_0,y_0)},\quad z'_x(x_0,y_0) \text{ 或 } f'_x(x_0,y_0).$$

类似地，若记

$$\Delta_y z=f(x_0,y_0+\Delta y)-f(x_0,y_0),$$

如果极限

$$\lim_{\Delta y\to 0}\frac{\Delta_y z}{\Delta y}=\lim_{\Delta y\to 0}\frac{f(x_0,y_0+\Delta y)-f(x_0,y_0)}{\Delta y}$$

存在，则称此极限值为函数 $z=f(x,y)$ 在点 $P_0(x_0,y_0)$ 处关于自变量 y 的**偏导数**，记作

$$\left.\frac{\partial z}{\partial y}\right|_{(x_0,y_0)},\quad \left.\frac{\partial f}{\partial y}\right|_{(x_0,y_0)},\quad z'_y(x_0,y_0) \text{ 或 } f'_y(x_0,y_0).$$

注 在定义 7.3.1 中，$\Delta_x z$ 通常称为 $z=f(x,y)$ 在点 (x_0,y_0) 处对 x 的**偏改变量或偏增量**，$\Delta_y z$ 通常称为 $z=f(x,y)$ 在点 (x_0,y_0) 处对 y 的偏改变量或偏增量.

当函数 $z=f(x,y)$ 在点 $P_0(x_0,y_0)$ 处关于 x 和 y 的偏导数都存在时，称 $f(x,y)$ 在点 $P_0(x_0,y_0)$ 处**可偏导**.

如果函数 $z=f(x,y)$ 在区域 D 内的每一点处关于 x 的偏导数都存在，那么 $f(x,y)$ 关于 x 的偏导数仍然是 x 和 y 的二元函数，称其为 $f(x,y)$ 关于 x 的**偏导函数**，简称为**偏导数**，记作

$$z'_x,\quad f'_x,\quad \frac{\partial z}{\partial x} \text{或} \frac{\partial f}{\partial x}.$$

同理可以定义 $z=f(x,y)$ 关于 y 的偏导函数，记作

$$z'_y,\quad f'_y,\quad \frac{\partial z}{\partial y} \text{或} \frac{\partial f}{\partial y}.$$

注 偏导数的记号 z'_x，f'_x，z'_y，f'_y 有时也记为 z_x，f_x，z_y，f_y，后面将要学习的高阶偏导数也有类似记法.

对一元函数 $y=f(x)$ 来说，$\frac{\mathrm{d}y}{\mathrm{d}x}$ 可看作函数的微分 $\mathrm{d}y$ 与自变量的微分 $\mathrm{d}x$ 之商. 而对于二元函数 $z=f(x,y)$，偏导数 $\frac{\partial z}{\partial x}$ 是一个整体记号，不能看作分子与分母之商.

在求 $z=f(x,y)$ 的偏导数时，这里只有一个自变量发生变化，另外的自变量可视为常数，所以可以采用一元函数的求导法则进行求解.

例 7.3.1 求下列函数的偏导数：

（1）已知 $f(x, y)=e^x\ln\sqrt{x^2+y^2}$，求 $f'_x(x, y)$，$f'_y(x, y)$；

（2）已知 $f(x, y)=\arctan\dfrac{y}{x}$，求 $f'_x(1, 0)$，$f'_y(1, 0)$.

解 （1）由于

$$f(x, y)=e^x\ln\sqrt{x^2+y^2}=\frac{1}{2}e^x\ln(x^2+y^2),$$

因此

$$f'_x(x, y)=\frac{1}{2}e^x\ln(x^2+y^2)+\frac{1}{2}e^x\frac{2x}{x^2+y^2}=\frac{1}{2}e^x\ln(x^2+y^2)+\frac{xe^x}{x^2+y^2},$$

$$f'_y(x, y)=\frac{1}{2}e^x\frac{2y}{x^2+y^2}=\frac{ye^x}{x^2+y^2}.$$

（2）**解法 1** 先求偏导函数.

$$f'_x(x, y)=\frac{1}{1+\dfrac{y^2}{x^2}}\left(-\frac{y}{x^2}\right)=-\frac{y}{x^2+y^2},$$

$$f'_y(x, y)=\frac{1}{1+\dfrac{y^2}{x^2}}\frac{1}{x}=\frac{x}{x^2+y^2},$$

因此

$$f'_x(1, 0)=0,\quad f'_y(1, 0)=1.$$

解法 2 先求 $f'_x(1, 0)$. 在 $f(x, y)$ 中，令 $y=0$，得 $f(x, 0)=0$，再对 x 求导，$f'_x(x, 0)=0$，代入 $x=1$，得 $f'_x(1, 0)=0$.

同理，在 $f(x, y)$ 中，令 $x=1$，得 $f(1, y)=\arctan y$. 再对 y 求导，得 $f'_y(1, y)=\dfrac{1}{1+y^2}$，代入 $y=0$，得 $f'_y(1, 0)=1$.

例 7.3.2 设 $f(x, y)=\begin{cases}\dfrac{x(x^2-y^2)}{x^2+y^2}, & x^2+y^2\neq 0\\ 0, & x^2+y^2=0\end{cases}$，求 $f'_x(0, 0)$ 和 $f'_y(0, 0)$.

解 分段函数在分段点的偏导数需要利用偏导数的定义进行求解，

$$f'_x(0, 0)=\lim_{\Delta x\to 0}\frac{\Delta_x z}{\Delta x}=\lim_{\Delta x\to 0}\frac{f(\Delta x, 0)-f(0, 0)}{\Delta x}=\lim_{\Delta x\to 0}\frac{\Delta x}{\Delta x}=1,$$

$$f'_y(0, 0)=\lim_{\Delta y\to 0}\frac{\Delta_y z}{\Delta y}=\lim_{\Delta y\to 0}\frac{f(0, \Delta y)-f(0, 0)}{\Delta y}=\lim_{\Delta y\to 0}\frac{0}{\Delta y}=0.$$

微课

例 7.3.2

偏导数的概念还可以推广到二元以上的函数中. 例如三元函数 $u=f(x, y, z)$ 在点 (x, y, z) 处对 x 的偏导数定义为

$$f'_x(x, y, z)=\lim_{\Delta x\to 0}\frac{f(x+\Delta x, y, z)-f(x, y, z)}{\Delta x}.$$

多元函数求偏导数的方法与二元函数求偏导数的方法类似，若对其中的一个自变量求偏导数，只需将其余自变量看作常数，利用一元函数的求导法则求解即可.

例 7.3.3 求 $r=\sqrt{x^2+y^2+z^2}$ 的偏导数.

解 把 y 和 z 都看作常量，得

$$\frac{\partial r}{\partial x}=\frac{x}{\sqrt{x^2+y^2+z^2}}=\frac{x}{r},$$

同理可得，

$$\frac{\partial r}{\partial y}=\frac{y}{r},\quad \frac{\partial r}{\partial z}=\frac{z}{r}.$$

二、偏导数的几何意义

如图 7-20 所示，设 $M_0(x_0, y_0, f(x_0, y_0))$ 为曲面 $z=f(x, y)$ 上一点，过 M_0 作平面 $y=y_0$，截此曲面得一曲线，该曲线在平面 $y=y_0$ 上的方程为 $z=f(x, y_0)$，则导数 $\left.\frac{\mathrm{d}}{\mathrm{d}x}f(x, y_0)\right|_{x=x_0}$，即偏导数 $f'_x(x_0, y_0)$ 是该曲线在点 M_0 处的切线 T_x 的斜率. 同理，偏导数 $f'_y(x_0, y_0)$ 的几何意义是曲面被平面 $x=x_0$ 所截得的曲线在点 M_0 处的切线 T_y 的斜率.

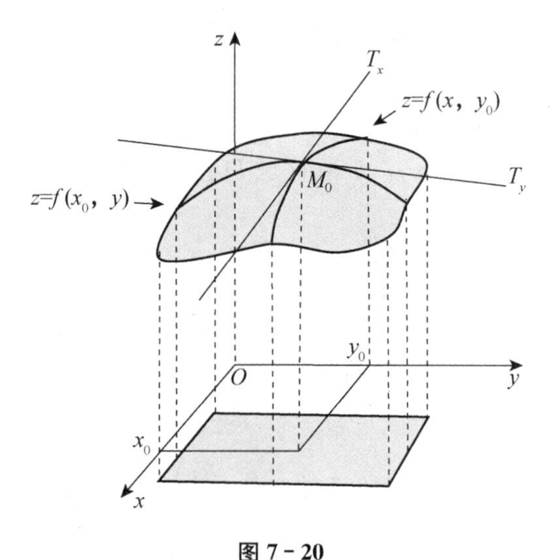

图 7-20

由定理 3.1.2 可知，若一元函数在某点处可导，则它在该点处必连续. 但对于多元函数来说，即使在某点处的偏导数都存在，也不能保证函数在该点处连续. 这是因为各偏导数存在只能保证点 P 沿着平行于坐标轴的方向趋于 P_0 时，函数值 $f(P)$ 趋于 $f(P_0)$，但不能保证点 P 沿着任何路径趋于 P_0 时，函数 $f(P)$ 都趋于 $f(P_0)$. 例如，函数

$$f(x, y)=\begin{cases}\dfrac{xy}{x^2+y^2}, & x^2+y^2\neq 0\\ 0, & x^2+y^2=0\end{cases},$$

在点（0，0）处对 x 的偏导数为

$$f'_x(0, 0)=\lim_{\Delta x\to 0}\frac{f(\Delta x, 0)-f(0, 0)}{\Delta x}=\lim_{\Delta x\to 0}0=0;$$

同理

$$f'_y(0, 0)=\lim_{\Delta y\to 0}\frac{f(0, \Delta y)-f(0, 0)}{\Delta y}=\lim_{\Delta y\to 0}0=0.$$

但从 7.2.4 节的内容可以看到，函数 $f(x, y)$ 在点（0，0）处并不连续.

三、偏导数的经济意义

由于偏导数是多元函数仅关于某一个自变量的变化率，其经济意义与一元函数的导数的经济意义类似.

例如，经济学中常用的柯布-道格拉斯生产函数为

$$Q(x, y)=cx^{\alpha}y^{1-\alpha},\quad c>0,\quad 0<\alpha<1,$$

其中 x 为人力，y 为资本，Q 为产量. 偏导数$\dfrac{\partial Q}{\partial x}$和$\dfrac{\partial Q}{\partial y}$分别称为人力的边际生产力和资本的边际生产力. 人力的边际生产力是指资本不变时，每增加一个单位人力所带来的产出增加量. 资本的边际生产力是指人力不变时，每增加一个单位资本所带来的产出增加量.

7.3.2 高阶偏导数

定义 7.3.2 设函数 $z=f(x, y)$ 在区域 D 内具有偏导数

$$\frac{\partial z}{\partial x}=f'_x(x, y),\qquad \frac{\partial z}{\partial y}=f'_y(x, y),$$

则在 D 内 $f'_x(x, y)$ 和 $f'_y(x, y)$ 都是 x，y 的函数，如果这两个函数的偏导数也存在，则称它们是函数 $z=f(x, y)$ 的**二阶偏导数**. 按照对自变量求导次序的不同，二阶偏导数有如下四个：

$$\frac{\partial}{\partial x}\left(\frac{\partial z}{\partial x}\right)=\frac{\partial^2 z}{\partial x^2}=f''_{xx}(x, y)=z''_{xx},\qquad \frac{\partial}{\partial y}\left(\frac{\partial z}{\partial x}\right)=\frac{\partial^2 z}{\partial x\partial y}=f''_{xy}(x, y)=z''_{xy},$$

$$\frac{\partial}{\partial x}\left(\frac{\partial z}{\partial y}\right)=\frac{\partial^2 z}{\partial y\partial x}=f''_{yx}(x, y)=z''_{yx},\qquad \frac{\partial}{\partial y}\left(\frac{\partial z}{\partial y}\right)=\frac{\partial^2 z}{\partial y^2}=f''_{yy}(x, y)=z''_{yy}.$$

这里，$\dfrac{\partial^2 z}{\partial x\partial y}$与$\dfrac{\partial^2 z}{\partial y\partial x}$称为**混合偏导数**.

类似可得三阶、四阶、…，以及 n 阶偏导数. 二阶及二阶以上的偏导数统称为**高阶偏导数**.

例 7.3.4 设 $z=x\ln(xy)$，求 $\frac{\partial^2 z}{\partial x^2}$，$\frac{\partial^2 z}{\partial x\partial y}$，$\frac{\partial^2 z}{\partial y\partial x}$，$\frac{\partial^2 z}{\partial y^2}$.

解 先求一阶偏导数

$$\frac{\partial z}{\partial x}=\ln(xy)+x\cdot\frac{1}{xy}\cdot y=\ln(xy)+1,\qquad \frac{\partial z}{\partial y}=x\cdot\frac{1}{xy}\cdot x=\frac{x}{y},$$

从而

$$\frac{\partial^2 z}{\partial x^2}=\frac{1}{xy}\cdot y=\frac{1}{x},\qquad \frac{\partial^2 z}{\partial x\partial y}=\frac{1}{xy}\cdot x=\frac{1}{y},$$

$$\frac{\partial^2 z}{\partial y\partial x}=\frac{1}{y},\qquad \frac{\partial^2 z}{\partial y^2}=-\frac{x}{y^2}.$$

从例 7.3.4 可以看到，两个二阶混合偏导数相等，即

$$\frac{\partial^2 z}{\partial x\partial y}=\frac{\partial^2 z}{\partial y\partial x}.$$

这种现象并不是偶然的，不加证明地给出如下定理.

定理 7.3.1 如果 $z=f(x, y)$ 的两个二阶混合偏导数 $\frac{\partial^2 z}{\partial x\partial y}$ 和 $\frac{\partial^2 z}{\partial y\partial x}$ 在区域 D 内连续，那么在该区域 D 内这两个二阶混合偏导数相等，即

$$\frac{\partial^2 z}{\partial x\partial y}=\frac{\partial^2 z}{\partial y\partial x}.$$

注 二阶混合偏导数在连续的意义下其值与求偏导数的次序无关. 对于二元以上的多元函数也可以类似给出高阶偏导数的定义，且多元函数的高阶偏导数在连续的意义下其值与求偏导数的次序无关.

习题 7.3

1. 求下列函数的偏导数：

(1) $z=x^3y-y^3x$；　(2) $z=\sqrt{\ln(xy)}$；　(3) $z=\sin(xy)+\cos^2(xy)$；

(4) $z=\frac{x^2+y^2}{xy}$；　(5) $u=\left(\frac{x}{y}\right)^z$.

2. 计算下列函数在给定点处的偏导数：

(1) $z=\mathrm{e}^{x^2+y^2}$，求 $z'_x\Big|_{\substack{x=1\\y=0}}$，$z'_y\Big|_{\substack{x=1\\y=0}}$；

(2) $z=\ln(\sqrt{x}+\sqrt{y})$，求 $z'_x\Big|_{\substack{x=1\\y=1}}$，$z'_y\Big|_{\substack{x=1\\y=1}}$；

(3) $z=(1+xy)^y$，求 $z'_x\Big|_{\substack{x=1\\y=1}}$，$z'_y\Big|_{\substack{x=1\\y=1}}$；

(4) $u=\ln(xy+z)$，求$u'_x\Big|_{\substack{x=2\\y=1\\z=0}}$，$u'_y\Big|_{\substack{x=2\\y=1\\z=0}}$，$u'_z\Big|_{\substack{x=2\\y=1\\z=0}}$.

3. 设 $f(x, y)=\begin{cases}(x^2+y)\cos\dfrac{1}{\sqrt{x^2+y^2}}, & x^2+y^2\neq 0\\ 0, & x^2+y^2=0\end{cases}$，求 $f'_x(0, 0)$，$f'_y(0, 0)$.

4. 求下列函数的偏导数：

(1) $z=x^3y^2-3xy^3-xy+1$，求$\dfrac{\partial^2 z}{\partial x^2}$，$\dfrac{\partial^2 z}{\partial y^2}$，$\dfrac{\partial^2 z}{\partial x\partial y}$；

(2) $z=\dfrac{\cos x^2}{y}$，求$\dfrac{\partial^2 z}{\partial x^2}$，$\dfrac{\partial^2 z}{\partial y^2}$，$\dfrac{\partial^2 z}{\partial x\partial y}$；

(3) $u=\mathrm{e}^{xyz}$，求$\dfrac{\partial^3 u}{\partial x\partial y\partial z}$.

5. 设 $z=\mathrm{e}^{-\left(\frac{1}{x}+\frac{1}{y}\right)}$，证明：$x^2\dfrac{\partial z}{\partial x}+y^2\dfrac{\partial z}{\partial y}=2z$.

6. 设 $r=\sqrt{x^2+y^2+z^2}$，证明：$\dfrac{\partial^2 r}{\partial x^2}+\dfrac{\partial^2 r}{\partial y^2}+\dfrac{\partial^2 r}{\partial z^2}=\dfrac{2}{r}$.

§7.4 全微分

对于一元函数 $y=f(x)$，y 对 x 的微分 $\mathrm{d}y$ 是自变量的改变量 Δx 的线性函数，且当 $\Delta x\to 0$ 时，$\mathrm{d}y$ 与函数改变量 Δy 的差是一个比 Δx 高阶的无穷小量，即

$$\Delta y=\mathrm{d}y+o(\Delta x),\ \Delta x\to 0.$$

类似地，可以讨论二元函数在所有自变量都有微小变化时，函数改变量的变化情况.

7.4.1 全微分的概念

在给出二元函数全微分的概念之前，先看一个例子. 如图 7－21 所示，用 S 表示边长分别为 x 与 y 的矩形的面积，显然 S 是 x，y 的函数，且

$$S=xy.$$

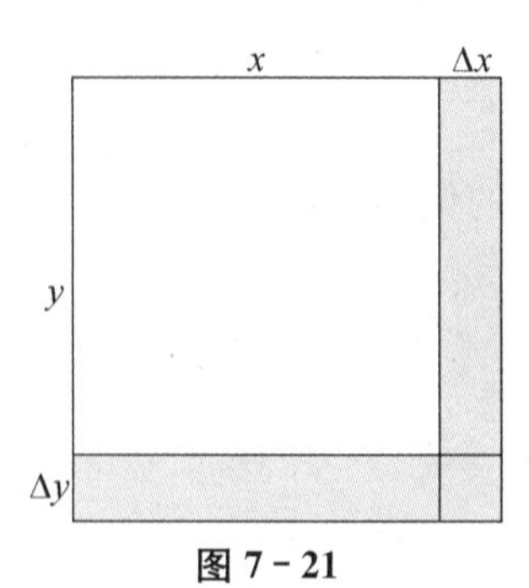

图 7－21

如果边长 x 与 y 分别取得改变量 Δx 与 Δy，则面积 S 相应地有一个改变量

$$\Delta S=(x+\Delta x)(y+\Delta y)-xy=(y\Delta x+x\Delta y)+\Delta x\Delta y, \tag{7.4.1}$$

式（7.4.1）可看作两部分：第一部分（$y\Delta x+x\Delta y$）是 Δx，Δy 的线性函数；第二部分 $\Delta x\Delta y$，当 $\Delta x\to 0$，$\Delta y\to 0$ 时，是比 $\rho=\sqrt{(\Delta x)^2+(\Delta y)^2}$ 高阶的无穷小量. 通常以 $y\Delta x+x\Delta y$ 近似替代 ΔS，称 $y\Delta x+x\Delta y$ 为面积 S 的微分.

定义 7.4.1 设函数 $z=f(x, y)$ 在点 (x, y) 的某邻域内有定义，自变量在点 (x, y) 处的改变量分别为 Δx，Δy，若函数 $z=f(x, y)$ 相应的**全改变量**或**全增量**

$$\Delta z=f(x+\Delta x, y+\Delta y)-f(x, y)$$

可以表示为

$$\Delta z=A\Delta x+B\Delta y+o(\rho), \tag{7.4.2}$$

其中 A，B 可以与 x，y 有关，但与 Δx，Δy 无关，这里 $o(\rho)$ 表示当 $(\Delta x, \Delta y)\to(0, 0)$ 时比 $\rho=\sqrt{(\Delta x)^2+(\Delta y)^2}$ 高阶的无穷小量，则称函数 $z=f(x, y)$ 在点 (x, y) 处**可微分(可微)**，并称 $A\Delta x+B\Delta y$ 为函数 $z=f(x, y)$ 在点 (x, y) 处的**全微分**，记作 $\mathrm{d}z$ 或 $\mathrm{d}f(x, y)$，即

$$\mathrm{d}z=\mathrm{d}f(x, y)=A\Delta x+B\Delta y. \tag{7.4.3}$$

如果函数 $z=f(x, y)$ 在区域 D 内各点处都可微分，那么称函数 $z=f(x, y)$ 在 D 内可微分.

定理 7.4.1 **（可微的必要条件）** 如果函数 $z=f(x, y)$ 在点 (x, y) 处可微，则

（1）函数 $z=f(x, y)$ 在点 (x, y) 处连续；

（2）函数 $z=f(x, y)$ 在点 (x, y) 处的偏导数都存在，且有 $A=f'_x(x, y)$，$B=f'_y(x, y)$.

证 因 $z=f(x, y)$ 在点 (x, y) 处可微，故由定义 7.4.1 可知，当 $(\Delta x, \Delta y)\to(0, 0)$ 时，有

$$\Delta z=A\Delta x+B\Delta y+o(\rho).$$

（1）由于

$$\lim_{\substack{\Delta x\to 0\\ \Delta y\to 0}}\Delta z=\lim_{\substack{\Delta x\to 0\\ \Delta y\to 0}}[A\Delta x+B\Delta y+o(\rho)]=0,$$

故 $z=f(x, y)$ 在点 (x, y) 处连续.

（2）在式（7.4.2）中，令 $\Delta y=0$，则

$$\Delta_x z=A\Delta x+o(|\Delta x|),$$

于是

$$f'_x(x,y)=\lim_{\Delta x\to 0}\frac{\Delta_x z}{\Delta x}=\lim_{\Delta x\to 0}\frac{A\Delta x+o(|\Delta x|)}{\Delta x}=A+\lim_{\Delta x\to 0}\frac{o(|\Delta x|)}{|\Delta x|}\cdot\frac{|\Delta x|}{\Delta x}=A.$$

同理可得

$$f'_y(x,y)=B.$$

由定理 7.4.1 可知，$z=f(x,\ y)$ 在点 $(x,\ y)$ 处的全微分为

$$dz=f'_x(x,\ y)\Delta x+f'_y(x,\ y)\Delta y. \tag{7.4.4}$$

类似于对一元函数的微分的讨论，自变量的微分等于自变量的改变量，即

$$dx=\Delta x,\ dy=\Delta y,$$

因此，函数 $z=f(x,\ y)$ 在点 $(x,\ y)$ 处的全微分可写为

$$dz=f'_x(x,\ y)dx+f'_y(x,\ y)dy. \tag{7.4.5}$$

与一元函数相同的是，二元函数在某点处连续是函数可微的必要非充分条件. 不同的是，一元函数在某点处可导是函数在该点处可微的充分必要条件. 但对于多元函数来说，情形就不同了，函数在某点处的偏导数都存在只是全微分存在的必要非充分条件. 例如，函数

$$f(x,\ y)=\begin{cases}\dfrac{xy}{\sqrt{x^2+y^2}}, & x^2+y^2\neq 0\\ 0, & x^2+y^2=0\end{cases}$$

在点 $(0,\ 0)$ 处满足 $f'_x(0,\ 0)=f'_y(0,\ 0)=0$，所以

$$\Delta z-[f'_x(0,\ 0)\Delta x+f'_y(0,\ 0)\Delta y]=\frac{\Delta x\cdot\Delta y}{\sqrt{(\Delta x)^2+(\Delta y)^2}},$$

而

$$\lim_{\substack{\Delta x\to 0\\ \Delta y\to 0}}\frac{\Delta z-[f'_x(0,\ 0)\Delta x+f'_y(0,\ 0)\Delta y]}{\sqrt{(\Delta x)^2+(\Delta y)^2}}=\lim_{\substack{\Delta x\to 0\\ \Delta y\to 0}}\frac{\Delta x\cdot\Delta y}{(\Delta x)^2+(\Delta y)^2}$$

不存在，因此函数 $f(x,\ y)$ 在点 $(0,\ 0)$ 处不可微.

一般地，用定义验证函数 $z=f(x,\ y)$ 在点 $(x_0,\ y_0)$ 处是否可微，即验证

$$\lim_{\substack{\Delta x\to 0\\ \Delta y\to 0}}\frac{\Delta z-[f'_x(x_0,\ y_0)\Delta x+f'_y(x_0,\ y_0)\Delta y]}{\sqrt{(\Delta x)^2+(\Delta y)^2}}=0$$

是否成立. 若成立，则函数 $f(x,\ y)$ 在点 $(x_0,\ y_0)$ 处可微，否则不可微.

下面不加证明地给出二元函数可微的充分条件.

定理 7.4.2 （可微的充分条件）设函数 $z=f(x,\ y)$ 的偏导数 $f'_x(x,\ y)$，$f'_y(x,\ y)$ 在点 $(x,\ y)$ 处连续，则函数 $z=f(x,\ y)$ 在点 $(x,\ y)$ 处可微.

结合定理 7.4.1 和定理 7.4.2，可以归纳出二元函数的可微性、偏导数存在以及二元函数的连续性之间的关系如下：

$$\text{偏导数连续} \Rightarrow \text{函数可微} \Rightarrow \begin{cases} \text{函数连续} \\ \text{偏导数存在} \end{cases}$$

上述关系在一般情况下是不可逆的.

例 7.4.1 计算函数 $z=x^y$（$x>0$，$x\neq 1$）的全微分.

解 因为

$$\frac{\partial z}{\partial x}=yx^{y-1}, \qquad \frac{\partial z}{\partial y}=x^y\ln x,$$

所以

$$\mathrm{d}z=yx^{y-1}\mathrm{d}x+x^y\ln x\,\mathrm{d}y.$$

例 7.4.2 计算函数 $z=x^2-xy+\frac{1}{2}y^2+6$ 在点（3，2）处的全微分.

解 因为

$$\frac{\partial z}{\partial x}=2x-y, \quad \frac{\partial z}{\partial y}=-x+y, \quad \left.\frac{\partial z}{\partial x}\right|_{(3,2)}=4, \quad \left.\frac{\partial z}{\partial y}\right|_{(3,2)}=-1,$$

所以

$$\mathrm{d}z=4\mathrm{d}x-\mathrm{d}y.$$

例 7.4.3 计算函数 $u=x+\sin\frac{y}{2}+\mathrm{e}^{yz}$ 的全微分.

解 因为

$$\frac{\partial u}{\partial x}=1, \quad \frac{\partial u}{\partial y}=\frac{1}{2}\cos\frac{y}{2}+z\mathrm{e}^{yz}, \quad \frac{\partial u}{\partial z}=y\mathrm{e}^{yz},$$

所以

$$\mathrm{d}u=\frac{\partial u}{\partial x}\mathrm{d}x+\frac{\partial u}{\partial y}\mathrm{d}y+\frac{\partial u}{\partial z}\mathrm{d}z=\mathrm{d}x+\left(\frac{1}{2}\cos\frac{y}{2}+z\mathrm{e}^{yz}\right)\mathrm{d}y+y\mathrm{e}^{yz}\mathrm{d}z.$$

7.4.2 全微分在近似计算中的应用

由定理 7.4.2 可知，当函数 $z=f(x, y)$ 的两个偏导数 $f'_x(x, y)$，$f'_y(x, y)$ 在点 (x, y) 处连续，并且 $|\Delta x|$，$|\Delta y|$ 都较小时，有近似等式

$$\Delta z\approx f'_x(x, y)\Delta x+f'_y(x, y)\Delta y, \tag{7.4.6}$$

式（7.4.6）也可以写成

$$f(x+\Delta x, y+\Delta y)\approx f(x, y)+f'_x(x, y)\Delta x+f'_y(x, y)\Delta y. \tag{7.4.7}$$

与一元函数的情形类似，可以对二元函数作近似计算.

例 7.4.4 计算$\sqrt{1.02^3+1.97^3}$的近似值.

解 设函数

$$z=f(x, y)=\sqrt{x^3+y^3},$$

要计算 $f(1.02, 1.97)$ 的近似值. 而

$$f'_x(x, y)=\frac{3}{2}\frac{x^2}{\sqrt{x^3+y^3}}, \quad f'_y(x, y)=\frac{3}{2}\frac{y^2}{\sqrt{x^3+y^3}},$$

取 $x=1$，$y=2$，$\Delta x=0.02$，$\Delta y=-0.03$，则

$$\begin{aligned} f(1.02, 1.97) &\approx f(1, 2)+f'_x(1, 2)\Delta x+f'_y(1, 2)\Delta y \\ &=\sqrt{1^3+2^3}+\frac{3}{2}\cdot\frac{1^2}{\sqrt{1^3+2^3}}\cdot 0.02+\frac{3}{2}\cdot\frac{2^2}{\sqrt{1^3+2^3}}\cdot(-0.03) \\ &=2.95. \end{aligned}$$

例 7.4.5 有一圆柱体，受压后发生变形，它的半径由 20cm 增大到 20.05cm，高度由 100cm 减少到 99cm. 求此圆柱体体积变化的近似值.

解 设圆柱体的半径、高和体积依次为 r、h 和 V，则有

$$V=\pi r^2 h.$$

记 r、h 和 V 的改变量依次为 Δr、Δh 和 ΔV. 应用公式（7.4.6），有

$$\Delta V\approx \mathrm{d}V=\frac{\partial V}{\partial r}\Delta r+\frac{\partial V}{\partial h}\Delta h=2\pi rh\Delta r+\pi r^2\Delta h.$$

将 $r=20$，$h=100$，$\Delta r=0.05$，$\Delta h=-1$ 代入上式，得

$$\Delta V\approx 2\pi\times 20\times 100\times 0.05+\pi\times 20^2\times(-1)=-200\pi,$$

即此圆柱体在受压后体积约减少了 $200\pi\ \mathrm{cm}^3$.

习题 7.4

1. 求下列函数的全微分：

（1）$z=xy+\dfrac{x}{y}$；（2）$z=\mathrm{e}^{\frac{y}{x}}$；（3）$u=x^{yz}$.

2. 求函数 $z=\ln(1+x^2+y^2)$ 当 $x=1$，$y=2$ 时的全微分.

3. 求函数 $z=x^2y^3$ 当 $x=2$，$y=-1$，$\Delta x=0.02$，$\Delta y=-0.01$ 时的全微分.

4. 计算下列各式的近似值：

（1）$1.007^{2.98}$；（2）$\sqrt{1.04^{1.99}+\ln 1.02}$.

5. 圆锥体变形时，底半径 R 由 30cm 增加到 30.1cm，高 h 由 60cm 减少到 59.5cm，

求体积变化的近似值.

6. 用定义验证 $f(x,y)=\begin{cases}(x^2+y^2)\sin\dfrac{1}{x^2+y^2}, & x^2+y^2\neq 0\\ 0, & x^2+y^2=0\end{cases}$ 在点 $(0,0)$ 处是否可微.

§7.5 复合函数微分法与隐函数微分法

本节将一元函数微分学中的复合函数求导法则推广到多元复合函数的情形，并利用多元复合函数微分法来导出隐函数微分法.

7.5.1 复合函数微分法

设 $z=f(u,v)$ 是变量 u，v 的函数，而 u，v 又是 x，y 的函数，即 $u=u(x,y)$，$v=v(x,y)$，当

$$\{(x,y)\mid(x,y)\in D_u\cap D_v,\ (u(x,y),v(x,y))\in D_f\}\neq\varnothing$$

时，z 可通过 u，v 视为 x，y 的复合函数，即

$$z=f[u(x,y),v(x,y)].$$

复合函数微分法比较复杂，下面分情况进行讨论.

定理 7.5.1 如果函数 $u=u(x,y)$ 和 $v=v(x,y)$ 在点 (x,y) 处的偏导数都存在，且函数 $z=f(u,v)$ 在对应点 (u,v) 处可微，则复合函数 $z=f[u(x,y),v(x,y)]$ 在点 (x,y) 处的偏导数存在，且

$$\frac{\partial z}{\partial x}=\frac{\partial z}{\partial u}\frac{\partial u}{\partial x}+\frac{\partial z}{\partial v}\frac{\partial v}{\partial x}, \tag{7.5.1}$$

$$\frac{\partial z}{\partial y}=\frac{\partial z}{\partial u}\frac{\partial u}{\partial y}+\frac{\partial z}{\partial v}\frac{\partial v}{\partial y}. \tag{7.5.2}$$

证 给自变量 x 一个改变量 Δx，相应地，u 和 v 有改变量 $\Delta_x u$ 和 $\Delta_x v$，从而 z 有改变量 $\Delta_x z$，由可微的定义，有

$$\Delta_x z=f'_u(u,v)\Delta_x u+f'_v(u,v)\Delta_x v+o(\rho),$$

其中 $\rho=\sqrt{(\Delta_x u)^2+(\Delta_x v)^2}$，上述等式两端同时除以 Δx，有

$$\frac{\Delta_x z}{\Delta x}=f'_u(u,v)\frac{\Delta_x u}{\Delta x}+f'_v(u,v)\frac{\Delta_x v}{\Delta x}+\frac{o(\rho)}{\Delta x}.$$

等号两端取极限 $(\Delta x\to 0)$，有

$$\lim_{\Delta x\to 0}\frac{\Delta_x z}{\Delta x}=f'_u(u,v)\lim_{\Delta x\to 0}\frac{\Delta_x u}{\Delta x}+f'_v(u,v)\lim_{\Delta x\to 0}\frac{\Delta_x v}{\Delta x}+\lim_{\Delta x\to 0}\frac{o(\rho)}{\Delta x}.$$

因为 $u=u(x, y)$ 和 $v=v(x, y)$ 的偏导数存在，且

$$\begin{aligned}\lim_{\Delta x\to 0}\frac{o(\rho)}{\Delta x}&=\lim_{\Delta x\to 0}\frac{o(\rho)}{\rho}\cdot\frac{\sqrt{(\Delta_x u)^2+(\Delta_x v)^2}}{\Delta x}\\&=\lim_{\Delta x\to 0}\frac{o(\rho)}{\rho}\cdot\frac{|\Delta x|}{\Delta x}\cdot\lim_{\Delta x\to 0}\sqrt{\left(\frac{\Delta_x u}{\Delta x}\right)^2+\left(\frac{\Delta_x v}{\Delta x}\right)^2}\\&=0\cdot\sqrt{\left(\frac{\partial u}{\partial x}\right)^2+\left(\frac{\partial v}{\partial x}\right)^2}\\&=0.\end{aligned}$$

因此

$$\frac{\partial z}{\partial x}=\frac{\partial z}{\partial u}\frac{\partial u}{\partial x}+\frac{\partial z}{\partial v}\frac{\partial v}{\partial x}.$$

同理可证，

$$\frac{\partial z}{\partial y}=\frac{\partial z}{\partial u}\frac{\partial u}{\partial y}+\frac{\partial z}{\partial v}\frac{\partial v}{\partial y}.$$

注 式（7.5.1）和式（7.5.2）通常称为**链式法则**.

推论 7.5.1 如果函数 $u=u(x)$ 及 $v=v(x)$ 均可导，而 $z=f(u, v)$ 可微，则复合函数 $z=f[u(x), v(x)]$ 可导，且

$$\frac{\mathrm{d}z}{\mathrm{d}x}=\frac{\partial z}{\partial u}\frac{\mathrm{d}u}{\mathrm{d}x}+\frac{\partial z}{\partial v}\frac{\mathrm{d}v}{\mathrm{d}x}. \tag{7.5.3}$$

通常，式（7.5.3）中的$\frac{\mathrm{d}z}{\mathrm{d}x}$称为**全导数**.

推论 7.5.2 如果三元复合函数 $s=f(u, v, w)$ 可微，而 $u=u(x, y)$，$v=v(x, y)$，$w=w(x, y)$ 的偏导数均存在，则 $s=f[u(x, y), v(x, y), w(x, y)]$ 的偏导数存在，且

$$\frac{\partial s}{\partial x}=\frac{\partial s}{\partial u}\frac{\partial u}{\partial x}+\frac{\partial s}{\partial v}\frac{\partial v}{\partial x}+\frac{\partial s}{\partial w}\frac{\partial w}{\partial x},\quad \frac{\partial s}{\partial y}=\frac{\partial s}{\partial u}\frac{\partial u}{\partial y}+\frac{\partial s}{\partial v}\frac{\partial v}{\partial y}+\frac{\partial s}{\partial w}\frac{\partial w}{\partial y}.$$

上述复合函数的链式法则可以推广到其他多元复合函数的情况，在此不再一一列举.

求复合函数的偏导数时，可利用**链式图**得到公式. 例如，设有复合函数

$$z=f[u(x, y), v(x, y)],$$

求$\frac{\partial z}{\partial x}$，$\frac{\partial z}{\partial y}$. 在链式图 7－22 中找出由 z 经过中间变量到达 x 的所有路径，沿第一条路径得$\frac{\partial z}{\partial u}\frac{\partial u}{\partial x}$，沿第二条路径得$\frac{\partial z}{\partial v}\frac{\partial v}{\partial x}$，两项相加，得

$$\frac{\partial z}{\partial x}=\frac{\partial z}{\partial u}\frac{\partial u}{\partial x}+\frac{\partial z}{\partial v}\frac{\partial v}{\partial x}.$$

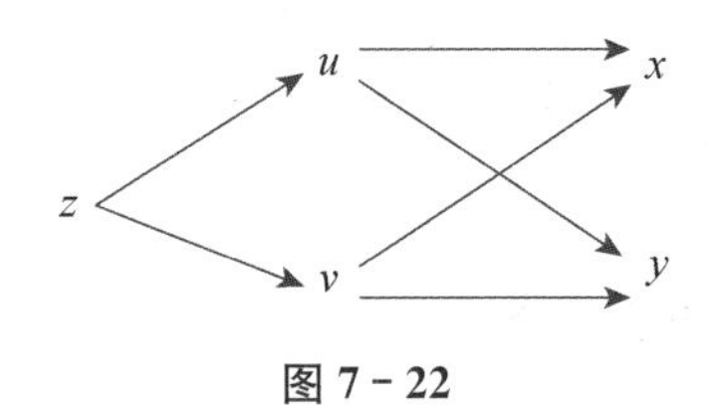

图 7-22

同理，

$$\frac{\partial z}{\partial y}=\frac{\partial z}{\partial u}\frac{\partial u}{\partial y}+\frac{\partial z}{\partial v}\frac{\partial v}{\partial y}.$$

例 7.5.1 设 $z=e^u\sin v$，而 $u=xy$，$v=x+y$. 求$\frac{\partial z}{\partial x}$和$\frac{\partial z}{\partial y}$.

解 由复合函数的链式法则有

$$\begin{aligned}\frac{\partial z}{\partial x}&=\frac{\partial z}{\partial u}\frac{\partial u}{\partial x}+\frac{\partial z}{\partial v}\frac{\partial v}{\partial x}=e^u\sin v\cdot y+e^u\cos v\cdot 1\\&=e^{xy}[y\sin(x+y)+\cos(x+y)],\\\frac{\partial z}{\partial y}&=\frac{\partial z}{\partial u}\frac{\partial u}{\partial y}+\frac{\partial z}{\partial v}\frac{\partial v}{\partial y}=e^u\sin v\cdot x+e^u\cos v\cdot 1\\&=e^{xy}[x\sin(x+y)+\cos(x+y)].\end{aligned}$$

例 7.5.2 求 $z=(x^2+y^2)^{x^2-y^2}$ 的偏导数.

解 设 $u=x^2+y^2$，$v=x^2-y^2$，则 $z=u^v$. 可得

$$\frac{\partial z}{\partial u}=vu^{v-1}=\frac{v}{u}z,\quad \frac{\partial z}{\partial v}=u^v\ln u=z\ln u,$$

因此

$$\begin{aligned}\frac{\partial z}{\partial x}&=\frac{\partial z}{\partial u}\frac{\partial u}{\partial x}+\frac{\partial z}{\partial v}\frac{\partial v}{\partial x}=z\left(2x\ \frac{v}{u}+2x\ln u\right)=2xz\left(\frac{v}{u}+\ln u\right)\\&=2x(x^2+y^2)^{x^2-y^2}\left[\frac{x^2-y^2}{x^2+y^2}+\ln(x^2+y^2)\right];\\\frac{\partial z}{\partial y}&=\frac{\partial z}{\partial u}\frac{\partial u}{\partial y}+\frac{\partial z}{\partial v}\frac{\partial v}{\partial y}=z\left(2y\ \frac{v}{u}-2y\ln u\right)=2yz\left(\frac{v}{u}-\ln u\right)\\&=2y(x^2+y^2)^{x^2-y^2}\left[\frac{x^2-y^2}{x^2+y^2}-\ln(x^2+y^2)\right].\end{aligned}$$

例 7.5.3 设 $z=\frac{y}{x}$，其中 $x=e^t$，$y=1-e^{2t}$，求全导数$\frac{dz}{dt}$.

解 由题意，有

$$\frac{dz}{dt}=\frac{\partial z}{\partial x}\frac{dx}{dt}+\frac{\partial z}{\partial y}\frac{dy}{dt}=-\frac{y}{x^2}\cdot e^t-\frac{1}{x}\cdot 2e^{2t}=-(e^t+e^{-t}).$$

例 7.5.4 设 $u=x^4y+y^2z^3$，其中 $x=rse^t$，$y=rs^2e^{-t}$，$z=r^2s\sin t$，求 $\frac{\partial u}{\partial s}$ 在点 $(r,s,t)=(2,1,0)$ 处的值.

解 根据复合函数的链式法则，有

$$\frac{\partial u}{\partial s}=\frac{\partial u}{\partial x}\frac{\partial x}{\partial s}+\frac{\partial u}{\partial y}\frac{\partial y}{\partial s}+\frac{\partial u}{\partial z}\frac{\partial z}{\partial s}=4x^3y\cdot re^t+(x^4+2yz^3)\cdot 2rse^{-t}+3y^2z^2r^2\sin t,$$

当 $(r,s,t)=(2,1,0)$ 时，有 $(x,y,z)=(2,2,0)$，所以 $\frac{\partial u}{\partial s}$ 在点 $(r,s,t)=(2,1,0)$ 处的值为

$$\left.\frac{\partial u}{\partial s}\right|_{(2,1,0)}=192.$$

例 7.5.5 设 $z=x^3-y^2+t$，其中 $x=\sin t$，$y=\cos t$，求 $\left.\frac{dz}{dt}\right|_{t=\frac{\pi}{4}}$.

解 由于

$$\begin{aligned}\frac{dz}{dt}&=\frac{\partial z}{\partial x}\frac{dx}{dt}+\frac{\partial z}{\partial y}\frac{dy}{dt}+\frac{\partial z}{\partial t}=3x^2\cos t+(-2y)(-\sin t)+1\\&=3\sin^2 t\cos t+2\sin t\cos t+1,\end{aligned}$$

故

$$\left.\frac{dz}{dt}\right|_{t=\frac{\pi}{4}}=2+\frac{3}{4}\sqrt{2}.$$

例 7.5.6 设 $u=f(x,y,z)=e^{x^2+y^2+z^2}$，其中 $z=x^2\sin y$，求 $\frac{\partial u}{\partial x}$ 和 $\frac{\partial u}{\partial y}$.

解 如图 7-23 所示，根据复合函数的链式法则，有

$$\begin{aligned}\frac{\partial u}{\partial x}&=\frac{\partial f}{\partial x}+\frac{\partial f}{\partial z}\frac{\partial z}{\partial x}=2xe^{x^2+y^2+z^2}+2ze^{x^2+y^2+z^2}\cdot 2x\sin y\\&=2x(1+2x^2\sin^2 y)e^{x^2+y^2+x^4\sin^2 y};\\ \frac{\partial u}{\partial y}&=\frac{\partial f}{\partial y}+\frac{\partial f}{\partial z}\frac{\partial z}{\partial y}=2ye^{x^2+y^2+z^2}+2ze^{x^2+y^2+z^2}\cdot x^2\cos y\\&=2(y+x^4\sin y\cos y)e^{x^2+y^2+x^4\sin^2 y}.\end{aligned}$$

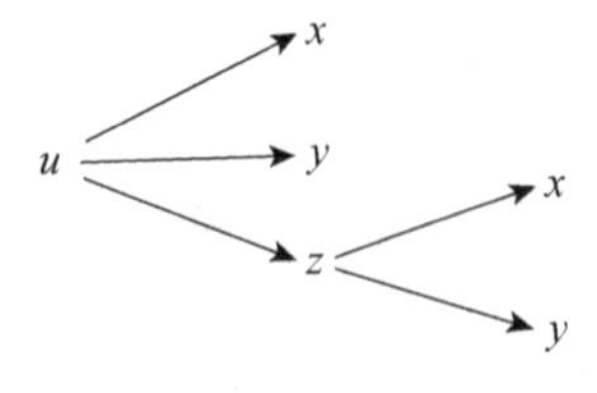

图 7-23

注 这里$\frac{\partial u}{\partial x}$与$\frac{\partial f}{\partial x}$的含义是不同的，$\frac{\partial u}{\partial x}$是复合函数$f(x, y, z(x, y))=u(x, y)$对自变量$x$的偏导数，$\frac{\partial f}{\partial x}$是$f(x, y, z)=\mathrm{e}^{x^2+y^2+z^2}$对第一中间变量$x$的偏导数. $\frac{\partial u}{\partial y}$和$\frac{\partial f}{\partial y}$也有类似的区别.

例 7.5.7 设$z=\frac{y^2}{2x}+\varphi(xy)$，其中$\varphi$为可微函数，求证：$x^2\frac{\partial z}{\partial x}-xy\frac{\partial z}{\partial y}+\frac{3}{2}y^2=0$.

证 由题意

$$\frac{\partial z}{\partial x}=-\frac{y^2}{2x^2}+y\varphi'(xy), \qquad \frac{\partial z}{\partial y}=\frac{y}{x}+x\varphi'(xy),$$

从而

$$x^2\frac{\partial z}{\partial x}=-\frac{y^2}{2}+x^2y\varphi'(xy), \qquad xy\frac{\partial z}{\partial y}=y^2+x^2y\varphi'(xy),$$

故

$$x^2\frac{\partial z}{\partial x}-xy\frac{\partial z}{\partial y}+\frac{3}{2}y^2=0.$$

例 7.5.8 已知$z=f\left(x+\frac{1}{y}, y+\frac{1}{x}\right)$，且$f$具有连续的二阶偏导数，求$\frac{\partial^2 z}{\partial x^2}$.

微课

例 7.5.8

解 令$u=x+\frac{1}{y}$，$v=y+\frac{1}{x}$，则$z=f(u, v)$. 为了表达简便，引入如下记号：

$$f_1'=\frac{\partial f(u, v)}{\partial u}, \qquad f_{12}''=\frac{\partial^2 f(u, v)}{\partial u\partial v},$$

这里f_1'表示f对第一个变量u求偏导数，f_{12}''表示f_1'对第二个变量v求偏导数，类似可以给出记号f_2'，f_{11}''，f_{21}''，f_{22}''等的含义.

因所给函数由$z=f(u, v)$及$u=x+\frac{1}{y}$，$v=y+\frac{1}{x}$复合而成，根据复合函数求导法则，有

$$\frac{\partial z}{\partial x}=\frac{\partial z}{\partial u}\frac{\partial u}{\partial x}+\frac{\partial z}{\partial v}\frac{\partial v}{\partial x}=f_1'+\left(-\frac{1}{x^2}\right)f_2'.$$

值得注意的是，f_1'，f_2'仍旧是u，v的二元函数，即

$$f_1'=f_1'(u, v), \quad f_2'=f_2'(u, v).$$

根据复合函数求导法则，

$$\frac{\partial f_1'}{\partial x}=f_{11}''+\left(-\frac{1}{x^2}\right)f_{12}'',\quad \frac{\partial f_2'}{\partial x}=f_{21}''+\left(-\frac{1}{x^2}\right)f_{22}'',$$

于是

$$\frac{\partial^2 z}{\partial x^2}=f_{11}''-\frac{1}{x^2}f_{12}''+\frac{2}{x^3}f_2'-\frac{1}{x^2}\left(f_{21}''-\frac{1}{x^2}f_{22}''\right),$$

又因为 $f_{12}''=f_{21}''$，于是

$$\frac{\partial^2 z}{\partial x^2}=\frac{2}{x^3}f_2'+f_{11}''-\frac{2}{x^2}f_{12}''+\frac{1}{x^4}f_{22}''.$$

7.5.2 全微分形式的不变性

设 $z=f(u,v)$ 具有连续偏导数，其中 u，v 为自变量，则有全微分

$$\mathrm{d}z=\frac{\partial z}{\partial u}\mathrm{d}u+\frac{\partial z}{\partial v}\mathrm{d}v.$$

如果 u，v 为中间变量，即 $u=u(x,y)$，$v=v(x,y)$，且这两个函数也具有连续偏导数，则复合函数 $z=f[u(x,y),v(x,y)]$ 的全微分为

$$\mathrm{d}z=\frac{\partial z}{\partial x}\mathrm{d}x+\frac{\partial z}{\partial y}\mathrm{d}y.$$

又因为

$$\frac{\partial z}{\partial x}=\frac{\partial z}{\partial u}\frac{\partial u}{\partial x}+\frac{\partial z}{\partial v}\frac{\partial v}{\partial x},\quad \frac{\partial z}{\partial y}=\frac{\partial z}{\partial u}\frac{\partial u}{\partial y}+\frac{\partial z}{\partial v}\frac{\partial v}{\partial y},$$

得

$$\begin{aligned}\mathrm{d}z&=\left(\frac{\partial z}{\partial u}\frac{\partial u}{\partial x}+\frac{\partial z}{\partial v}\frac{\partial v}{\partial x}\right)\mathrm{d}x+\left(\frac{\partial z}{\partial u}\frac{\partial u}{\partial y}+\frac{\partial z}{\partial v}\frac{\partial v}{\partial y}\right)\mathrm{d}y\\&=\frac{\partial z}{\partial u}\left(\frac{\partial u}{\partial x}\mathrm{d}x+\frac{\partial u}{\partial y}\mathrm{d}y\right)+\frac{\partial z}{\partial v}\left(\frac{\partial v}{\partial x}\mathrm{d}x+\frac{\partial v}{\partial y}\mathrm{d}y\right)\\&=\frac{\partial z}{\partial u}\mathrm{d}u+\frac{\partial z}{\partial v}\mathrm{d}v.\end{aligned}$$

由此可见，对于函数 $z=f(u,v)$，无论 u，v 是自变量还是中间变量，它的全微分均可表示为

$$\mathrm{d}z=\frac{\partial z}{\partial u}\mathrm{d}u+\frac{\partial z}{\partial v}\mathrm{d}v.$$

该性质称为全微分形式的不变性.

例 7.5.9 设 $z=(x^2-y^2)e^{xy}$，利用全微分形式的不变性，求 $\frac{\partial z}{\partial x}$ 和 $\frac{\partial z}{\partial y}$.

解 由于

$$\begin{aligned}dz&=d[(x^2-y^2)e^{xy}]=e^{xy}d(x^2-y^2)+(x^2-y^2)de^{xy}\\&=e^{xy}[d(x^2)-d(y^2)]+(x^2-y^2)e^{xy}d(xy)\\&=e^{xy}(2xdx-2ydy)+(x^2-y^2)e^{xy}(ydx+xdy)\\&=e^{xy}(2x+x^2y-y^3)dx+e^{xy}(-2y+x^3-xy^2)dy,\end{aligned}$$

因此可得

$$\frac{\partial z}{\partial x}=e^{xy}(2x+x^2y-y^3),\qquad \frac{\partial z}{\partial y}=e^{xy}(-2y+x^3-xy^2).$$

7.5.3 隐函数微分法

3.3 节给出了隐函数的概念，并且给出了直接由方程 $F(x,y)=0$ 求它所确定的隐函数的导数的方法. 现在介绍一种利用多元复合函数求导法则导出的隐函数求导公式.

设函数 $F(x,y)$ 具有连续偏导数，且 $F'_y\neq 0$，则方程 $F(x,y)=0$ 能确定一个具有连续导数的函数 $y=f(x)$，将 $y=f(x)$ 代入 $F(x,y)=0$，得

$$F[x,f(x)]\equiv 0,$$

利用多元复合函数微分法，有

$$F'_x+F'_y\frac{dy}{dx}=0,$$

可得

$$\frac{dy}{dx}=-\frac{F'_x}{F'_y}. \tag{7.5.4}$$

例 7.5.10 设 $\ln\sqrt{x^2+y^2}=\arctan\frac{y}{x}$ 确定隐函数 $y=f(x)$，求 $\frac{dy}{dx}$.

解 令

$$F(x,y)=\ln\sqrt{x^2+y^2}-\arctan\frac{y}{x}=\frac{1}{2}\ln(x^2+y^2)-\arctan\frac{y}{x},$$

则

$$F'_x=\frac{1}{2}\frac{2x}{x^2+y^2}-\frac{-\frac{y}{x^2}}{1+\left(\frac{y}{x}\right)^2}=\frac{x+y}{x^2+y^2},$$

$$F'_y=\frac{1}{2}\frac{2y}{x^2+y^2}-\frac{\frac{1}{x}}{1+\left(\frac{y}{x}\right)^2}=\frac{y-x}{x^2+y^2},$$

当 $F'_y\neq 0$ 时，

$$\frac{\mathrm{d}y}{\mathrm{d}x}=-\frac{F'_x}{F'_y}=\frac{x+y}{x-y}.$$

设函数 $F(x, y, z)$ 具有连续偏导数，且 $F'_z\neq 0$，则方程 $F(x, y, z)=0$ 能确定一个具有连续偏导数的函数 $z=f(x, y)$，将 $z=f(x, y)$ 代入 $F(x, y, z)=0$，得

$$F[x, y, f(x, y)]\equiv 0,$$

上式两边同时对 x 求偏导，有

$$F'_x+F'_z\frac{\partial z}{\partial x}=0,$$

可得

$$\frac{\partial z}{\partial x}=-\frac{F'_x}{F'_z}, \tag{7.5.5}$$

同理可得

$$\frac{\partial z}{\partial y}=-\frac{F'_y}{F'_z}. \tag{7.5.6}$$

例 7.5.11 设方程 $e^z=xyz$ 确定隐函数 $z=f(x, y)$，求 $\frac{\partial z}{\partial x}$，$\frac{\partial z}{\partial y}$.

解法 1 设 $F(x, y, z)=e^z-xyz$，则

$$F'_x=-yz,\qquad F'_y=-xz,\qquad F'_z=e^z-xy,$$

于是当 $F'_z\neq 0$ 时，

$$\frac{\partial z}{\partial x}=-\frac{F'_x}{F'_z}=\frac{yz}{e^z-xy},\qquad \frac{\partial z}{\partial y}=-\frac{F'_y}{F'_z}=\frac{xz}{e^z-xy}.$$

解法 2 方程两边先对 x 求偏导数，注意到 z 是 x，y 的函数，得

$$e^z\frac{\partial z}{\partial x}=y\left(z+x\frac{\partial z}{\partial x}\right),$$

整理得

$$\frac{\partial z}{\partial x}=\frac{yz}{e^z-xy}.$$

同理，方程两边再对 y 求偏导数，得

$$e^z \frac{\partial z}{\partial y}=x\left(z+y\frac{\partial z}{\partial y}\right),$$

整理得

$$\frac{\partial z}{\partial y}=\frac{xz}{e^z-xy}.$$

解法3 利用全微分形式的不变性，等式 $e^z=xyz$ 两边取微分，有

$$de^z=d(xyz),$$

从而

$$e^z dz=yzdx+xzdy+xydz,$$

整理得

$$dz=\frac{yz}{e^z-xy}dx+\frac{xz}{e^z-xy}dy,$$

故

$$\frac{\partial z}{\partial x}=\frac{yz}{e^z-xy},\quad \frac{\partial z}{\partial y}=\frac{xz}{e^z-xy}.$$

例7.5.12 设方程 $x^2+y^2+z^2=4z$ 确定隐函数 $z=f(x, y)$，求 $\frac{\partial^2 z}{\partial x^2}$，$\frac{\partial^2 z}{\partial x\partial y}$.

解 令 $F(x, y, z)=x^2+y^2+z^2-4z$，则

$$F'_x=2x,\quad F'_y=2y,\quad F'_z=2z-4,$$

微课

例 7.5.12

利用式(7.5.5)和式(7.5.6)，得

$$\frac{\partial z}{\partial x}=-\frac{F'_x}{F'_z}=\frac{x}{2-z},\quad \frac{\partial z}{\partial y}=-\frac{F'_y}{F'_z}=\frac{y}{2-z}.$$

从而有

$$\frac{\partial^2 z}{\partial x^2}=\frac{\partial}{\partial x}\left(\frac{\partial z}{\partial x}\right)=\frac{\partial}{\partial x}\left(\frac{x}{2-z}\right)=\frac{(2-z)+x\frac{\partial z}{\partial x}}{(2-z)^2}=\frac{(2-z)+x\cdot\frac{x}{2-z}}{(2-z)^2}$$
$$=\frac{(2-z)^2+x^2}{(2-z)^3},$$

$$\frac{\partial^2 z}{\partial x\partial y}=\frac{\partial}{\partial y}\left(\frac{\partial z}{\partial x}\right)=\frac{\partial}{\partial y}\left(\frac{x}{2-z}\right)=-x\frac{-\frac{\partial z}{\partial y}}{(2-z)^2}=\frac{xy}{(2-z)^3}.$$

习题 7.5

1. 求下列函数的全导数或偏导数：

(1) 设 $z=e^{x-2y}$，其中 $x=\sin t$，$y=t^3$，求$\dfrac{dz}{dt}$；

(2) 设 $z=\arctan(xy)$，其中 $y=e^x$，求$\dfrac{dz}{dx}$；

(3) 设 $z=u^2\ln v$，其中 $u=\dfrac{x}{y}$，$v=3x-2y$，求$\dfrac{\partial z}{\partial x}$和$\dfrac{\partial z}{\partial y}$；

(4) 设 $z=(2x+y)^{2x+y}$，求$\dfrac{\partial z}{\partial x}$和$\dfrac{\partial z}{\partial y}$.

2. 设 $z=f(2x-y,\ y\sin x)$，其中 f 具有连续的二阶偏导数，求$\dfrac{\partial^2 z}{\partial x\partial y}$.

3. 设 $u=f(x,\ xy,\ xyz)$，其中 f 可微，求$\dfrac{\partial u}{\partial x}$，$\dfrac{\partial u}{\partial y}$及$\dfrac{\partial u}{\partial z}$.

4. 求由下列方程确定的隐函数的导数或偏导数：

(1) $x^y=y^x$，求$\dfrac{dy}{dx}$；

(2) $\sin y+e^x-xy^2=0$，求$\dfrac{dy}{dx}$；

(3) $x+2y+z-2\sqrt{xyz}=0$，求$\dfrac{\partial z}{\partial x}$和$\dfrac{\partial z}{\partial y}$；

(4) $x+y-z=xe^{z-x-y}$，求$\dfrac{\partial z}{\partial x}$和$\dfrac{\partial z}{\partial y}$.

5. 设方程$\dfrac{x}{z}=\ln\dfrac{z}{y}$确定了隐函数 $z=z(x,\ y)$，求$\dfrac{\partial z}{\partial x}$，$\dfrac{\partial z}{\partial y}$和$\dfrac{\partial^2 z}{\partial x\partial y}$.

6. 设方程 $z^3-2xz+y=0$ 确定了隐函数 $z=z(x,\ y)$，求$\dfrac{\partial^2 z}{\partial x^2}$和$\dfrac{\partial^2 z}{\partial y^2}$.

§7.6 多元函数的极值与最值

实际问题中往往会遇到多元函数的最大值、最小值问题. 与一元函数类似，多元函数的最大值、最小值与极大值、极小值有着密切联系，本节主要以二元函数为例进行讨论.

7.6.1 二元函数极值

定义 7.6.1 设函数 $z=f(x,\ y)$ 在点 $(x_0,\ y_0)$ 的某邻域内有定义，对于该邻域内异于 $(x_0,\ y_0)$ 的任意点 $(x,\ y)$，恒有不等式

$$f(x,\ y)<f(x_0,\ y_0),$$

则称 $z=f(x, y)$ 在 (x_0, y_0) 处有**极大值** $f(x_0, y_0)$，点 (x_0, y_0) 称为函数 $f(x, y)$ 的**极大值点**；对于该邻域内异于 (x_0, y_0) 的任意点 (x, y)，恒有不等式

$$f(x, y)>f(x_0, y_0),$$

则称 $z=f(x, y)$ 在 (x_0, y_0) 处取得**极小值** $f(x_0, y_0)$，点 (x_0, y_0) 称为函数 $f(x, y)$ 的**极小值点**；极大值和极小值统称为**极值**，极大值点和极小值点统称为**极值点**.

例如，$z=x^2+y^2$ 在点 $(0, 0)$ 处取得极小值；$z=x^2-y^2$ 在点 $(0, 0)$ 处不取极值.

定理 7.6.1（极值存在的必要条件）设函数 $z=f(x, y)$ 在点 (x_0, y_0) 处取得极值，且在点 (x_0, y_0) 处偏导数均存在，则

$$f'_x(x_0, y_0)=0, \quad f'_y(x_0, y_0)=0.$$

证 固定 $y=y_0$，则 $z=f(x, y_0)$ 是关于 x 的一元函数，显然该函数在点 x_0 处取得极值且可导，并且导数为零，即

$$f'_x(x_0, y_0)=0.$$

类似可证 $f'_y(x_0, y_0)=0$.

满足条件 $f'_x(x_0, y_0)=0$，$f'_y(x_0, y_0)=0$ 的点 (x_0, y_0) 称为函数 $f(x, y)$ 的**驻点**.

对于可偏导的函数而言，极值点一定是驻点. 在偏导数不存在的点也可能取得极值，例如 $z=\sqrt{x^2+y^2}$ 在点 $(0, 0)$ 处有极小值0，但事实上，$z=\sqrt{x^2+y^2}$ 在点 $(0, 0)$ 处的两个偏导数都不存在.

但是，驻点或偏导数不存在的点不一定是极值点. 下面给出极值存在的充分条件.

定理 7.6.2（极值存在的充分条件）设函数 $z=f(x, y)$ 在点 (x_0, y_0) 的某一邻域内有连续的二阶偏导数，且点 (x_0, y_0) 为驻点. 设

$$f''_{xx}(x_0, y_0)=A, \qquad f''_{xy}(x_0, y_0)=B, \qquad f''_{yy}(x_0, y_0)=C,$$

则 $z=f(x, y)$ 在点 (x_0, y_0) 处是否取得极值的条件如下：

(1) 当 $AC-B^2>0$ 时，函数取得极值，且当 $A>0$ 时，取得极小值；当 $A<0$ 时，取得极大值.

(2) 当 $AC-B^2<0$ 时，函数没有极值.

(3) 当 $AC-B^2=0$ 时，函数可能取得极值，也可能不取得极值.

例 7.6.1 求函数 $f(x, y)=y^3-x^2+6x-12y+5$ 的极值.

解 由题意

$$f'_x(x, y)=-2x+6, \ f'_y(x, y)=3y^2-12.$$

令 $f'_x(x, y)=0$，$f'_y(x, y)=0$，解得驻点为 $(3, 2)$，$(3, -2)$. 二阶偏导数为

$$f''_{xx}(x, y)=-2, \ f''_{xy}(x, y)=0, \ f''_{yy}(x, y)=6y.$$

在点（3，2）处，$A=-2$，$B=0$，$C=12$，由于 $AC-B^2=-24<0$，所以（3，2）不是极值点.

在点（3，−2）处，$A=-2$，$B=0$，$C=-12$，$AC-B^2=24>0$，且 $A<0$，所以在点（3，−2）处函数取得极大值 $f(3,-2)=30$.

与一元函数类似，可以利用函数的极值来求函数的最值. 如果 $f(x,y)$ 在有界闭区域 D 上连续，则 $f(x,y)$ 在 D 上必定能取得最大值和最小值.

假定函数 $f(x,y)$ 在有界闭区域 D 上连续、在 D 内偏导数均存在且只有有限个驻点，这时如果函数在 D 的内部取得最大值（或最小值），那么这个最大值（或最小值）也是函数的极大值（或极小值），且极大值点（或极小值点）一定是 D 内的驻点. 另外，函数也有可能在 D 的边界上取得最大值或最小值. 因此，在上述假定下，求函数的最大值和最小值的一般方法如下：

将函数 $f(x,y)$ 在 D 内的所有驻点处的函数值及在 D 的边界上的最大值和最小值相互比较，其中最大者就是最大值，最小者就是最小值.

例 7.6.2 求二元函数 $z=f(x,y)=x^2y(4-x-y)$ 在直线 $x+y=6$、x 轴和 y 轴所围成的闭区域 D 上的最大值与最小值.

解 如图 7-24 所示. 先求函数在 D 内的驻点，令

$$f'_x(x,y)=2xy(4-x-y)-x^2y=0,$$
$$f'_y(x,y)=x^2(4-x-y)-x^2y=0,$$

解得 $x=0$，及点（4，0）和点（2，1），则 D 内只有一个驻点（2，1），其函数值为 $f(2,1)=4$.

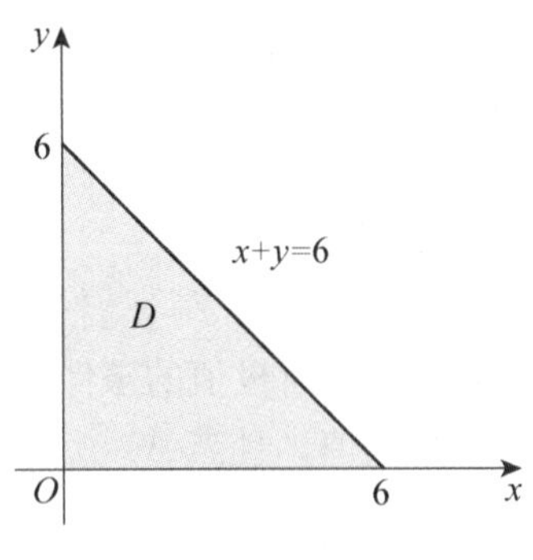

图 7-24

再求 $z=f(x,y)$ 在 D 的边界上的最值. 在边界 $x=0$（$0\leqslant y\leqslant 6$）和 $y=0$（$0\leqslant x\leqslant 6$）上，

$$f(x,y)=0.$$

在边界 $x+y=6$ 上，将 $y=6-x$ 代入 $z=f(x,y)$，得

$$f(x,y)=x^2(6-x)(-2)=2x^2(x-6),$$

令 $\varphi(x)=2x^2(x-6)$，由 $\varphi'(x)=6x^2-24x=0$，解得 $x=0$ 或 $x=4$，所以得到两点 (0，6) 和 (4，2)，求得对应函数值为

$$f(0,6)=0,\quad f(4,2)=-64.$$

经过比较可知，$f(2,1)=4$ 为所求的最大值，$f(4,2)=-64$ 为所求的最小值.

注 在例 7.6.2 中，需要求出 $f(x,y)$ 在 D 的边界上的最大值和最小值，其过程往往比较复杂. 在通常遇到的实际问题中，如果根据问题的性质，知道可微函数 $f(x,y)$ 的最大值（或最小值）一定在 D 的内部取得，而且函数在 D 内只有一个驻点，那么可以肯定该驻点处的函数值就是函数 $f(x,y)$ 在 D 上的最大值（或最小值）.

例 7.6.3 某厂投入产出函数为 $z=6x^{\frac{1}{3}}y^{\frac{1}{2}}$，其中 x 为资本投入，y 为劳动力投入，z 为产出. 产品售价为 2（单位），资本价格为 4（单位），劳动力价格为 3（单位）. 求该厂取得最大利润时的投入水平以及最大利润.

解 由题意，总收益函数为 $R(x,y)=12x^{\frac{1}{3}}y^{\frac{1}{2}}$，总成本函数为 $C(x,y)=4x+3y$，所以问题转化为求总利润函数

$$L(x,y)=R(x,y)-C(x,y)=12x^{\frac{1}{3}}y^{\frac{1}{2}}-4x-3y$$

在区域 $\{(x,y)\,|\,x>0,\ y>0\}$ 内的最大值. 令

$$\begin{cases}L_x'(x,y)=4x^{-\frac{2}{3}}y^{\frac{1}{2}}-4=0\\ L_y'(x,y)=6x^{\frac{1}{3}}y^{-\frac{1}{2}}-3=0\end{cases},$$

解得 $x=8$（单位），$y=16$（单位）. 由问题的实际意义知当 $x>0$，$y>0$ 时，$L(x,y)$ 必有最大值，故可确定 $L(8,16)=16$（单位）为最大值，即当资本投入为 8 个单位、劳动力投入为 16 个单位时，该厂取得最大利润 16 个单位.

7.6.2 条件极值与拉格朗日乘数法

前面所讨论的极值问题对于函数的自变量除了限制在函数的定义域内以外，并无其他条件，称这类极值问题为**无条件极值问题**. 但在实际中，有时会遇到对函数的自变量还有附加条件的极值问题. 例如，求体积为 a^3 而表面积最小时的长方体的表面积. 设长方体的长、宽、高分别为 x，y，z，则表面积

$$S=2(xy+yz+zx).$$

由已知，自变量 x，y，z 还必须满足附加条件 $xyz=a^3$. 像这种对自变量除定义域限制外还有其他附加条件的极值问题称为**条件极值问题**.

对于有些实际问题，可以把条件极值问题转化为无条件极值问题进行求解. 例如，由条件 $xyz=a^3$，将 z 表示成 x，y 的函数 $z=\dfrac{a^3}{xy}$，再将其代入 $S=2(xy+yz+zx)$，于是问题就转化为求

$$S=2\left(xy+\frac{a^3}{x}+\frac{a^3}{y}\right)$$

的最小值问题. 然而，有些时候将条件极值问题转化为无条件极值问题往往比较复杂甚至难以实现. 下面介绍一种求解一般条件极值问题的方法，即**拉格朗日乘数法**. 利用拉格朗日乘数法求条件极值的一般步骤如下：

考虑函数 $z=f(x,y)$ 在约束条件 $\varphi(x,y)=0$ 下的条件极值问题. 设 $f(x,y)$ 和 $\varphi(x,y)$ 具有连续偏导数，构造**拉格朗日函数**

$$L(x,y,\lambda)=f(x,y)+\lambda\varphi(x,y),$$

其中 λ 是一个待定常数，称为**拉格朗日乘数**，求其对 x，y 及 λ 的一阶偏导数，并使之为零，得

$$\begin{cases}f'_x(x,y)+\lambda\varphi'_x(x,y)=0\\ f'_y(x,y)+\lambda\varphi'_y(x,y)=0,\\ \varphi(x,y)=0\end{cases}\tag{7.6.1}$$

由方程组（7.6.1）解出 x，y，则点 (x,y) 就是函数 $z=f(x,y)$ 可能的极值点. 至于如何确定所求的点 (x,y) 是否为极值点，往往根据问题本身的实际意义来判断.

拉格朗日乘数法可推广到自变量多于两个而条件多于一个的情形.

例如，考虑函数 $u=f(x,y,z)$ 在满足约束条件 $\varphi_1(x,y,z)=0$，$\varphi_2(x,y,z)=0$ 时的条件极值问题. 构造拉格朗日函数

$$L(x,y,z,\lambda_1,\lambda_2)=f(x,y,z)+\lambda_1\varphi_1(x,y,z)+\lambda_2\varphi_2(x,y,z),$$

其中 λ_1，λ_2 为待定参数，求其一阶偏导数，并使之为零，这样求得的 (x,y,z) 就是函数 $u=f(x,y,z)$ 可能的极值点.

例 7.6.4 某厂生产甲、乙两种产品，当产量分别为 x，y（千件）时，其利润函数为

$$f(x,y)=-x^2-4y^2+8x+24y-15(\text{万元}),$$

生产两种产品每千件都要消耗原料 2 000 千克，求消耗原料 12 000 千克时的最大利润及获得最大利润时的产量.

微课

例 7.6.4

解 由题意，得

$$2\,000x+2\,000y=12\,000,$$

整理得

$$x+y-6=0.$$

构造拉格朗日函数

$$L(x,y,\lambda)=-x^2-4y^2+8x+24y-15+\lambda(x+y-6),$$

其中 $x\geqslant 0$，$y\geqslant 0$. 令

$$\begin{cases}L'_x=-2x+8+\lambda=0\\ L'_y=-8y+24+\lambda=0,\\ L'_\lambda=x+y-6=0\end{cases}$$

解得 $x=3.2$（千件），$y=2.8$（千件）. 由问题的实际意义可知，此时工厂有最大利润 $f(3.2, 2.8)=36.2$（万元），即甲、乙两种产品分别生产 3.2 千件和 2.8 千件时工厂可获最大利润 36.2 万元.

例 7.6.5 求表面积为 a^2 而体积最大的长方体的体积.

解 设长方体的长、宽、高为 x，y，z，则问题就是在条件 $2(xy+yz+zx)=a^2$ 下，求函数 $V=xyz$（$x>0$，$y>0$，$z>0$）的最大值.

构造拉格朗日函数

$$L(x,y,z,\lambda)=xyz+\lambda(2xy+2yz+2zx-a^2),$$

求其对 x，y，z，λ 的偏导数，并使之为零，得

$$\begin{cases}yz+2\lambda(y+z)=0\\ xz+2\lambda(x+z)=0\\ xy+2\lambda(x+y)=0\\ 2xy+2yz+2zx-a^2=0\end{cases}.$$

因 x，y，z 都不等于零，所以由方程组可得

$$\frac{x}{y}=\frac{x+z}{y+z},\quad \frac{y}{z}=\frac{x+y}{x+z}.$$

由以上两式解得 $x=y=z$，进一步可得

$$x=y=z=\frac{\sqrt{6}}{6}a.$$

这是唯一可能的极值点. 因为由问题本身可知，函数的最大值一定存在，所以最大值就在这个可能的极值点处取得. 也就是说，表面积为 a^2 的长方体中，棱长为 $\frac{\sqrt{6}}{6}a$ 的正方体的体积最大，最大体积为

$$V=\frac{\sqrt{6}}{36}a^3.$$

习题 7.6

1. 求下列函数的极值：

(1) $f(x, y)=x^3+y^3-3xy$；

(2) $f(x, y)=x^3+3xy^2-15x-12y$；

(3) $f(x, y)=xe^{-\frac{x^2+y^2}{2}}$；

(4) $f(x, y)=(a-x-y)xy$，其中 a 为非零常数.

2. 求 $z=x^2+y^2$ 在条件$\frac{x}{a}+\frac{y}{b}=1$ 下的极值.

3. 求 $f(x, y)=(x^2+y^2-2x)^2$ 在圆域 $x^2+y^2\leqslant 2x$ 上的最大值与最小值.

*4. 求二元函数 $z=x^3-4x^2+2xy-y^2$ 在集合$\{(x, y)\mid -1\leqslant x\leqslant 4, -1\leqslant y\leqslant 1\}$上的最值.

5. 设某厂生产甲、乙两种产品，产量分别为 x，y 件，总成本函数为

$$C(x, y)=x^2-xy+y^2+40(\text{万元}),$$

且甲产品售价为 $p_1=24-x-y$（万元/件），乙产品售价为 $p_2=30-2x-y$（万元/件），求该厂利润最大时的产量及最大利润.

6. 某公司通过电台和报纸两种方式作销售广告. 销售收入 R（万元）与电台广告费用 x（万元）、报纸广告费用 y（万元）之间满足如下关系：

$$R=15+14x+32y-8xy-2x^2-10y^2.$$

求：(1) 在广告费用不限的情况下相应的最优广告策略；

(2) 在广告费用为 1.5（万元）的情况下的最优广告策略.

§7.7 二重积分的概念与性质

本节主要讨论二元函数的积分问题. 在一元函数积分学中，利用分割、近似替代、求和、取极限的过程导出了定积分的概念. 事实上，这种概念可以推广到平面区域上的二元函数的情形，即二重积分.

7.7.1 二重积分的概念

设函数 $z=f(x, y)$ 是有界闭区域 D 上的非负连续函数，在几何上 $z=f(x, y)$ 表示一张连续的曲面. 如图 7-25 所示，以曲面 $z=f(x, y)$ 为顶、以区域 D 为底、以母线平行于 z 轴且准线为区域 D 的边界曲线的柱面为侧面形成的立体称为**曲顶柱体**. 本小节首先讨论曲顶柱体的体积，在此基础上引入二重积分的概念.

众所周知，对于平顶柱体，其体积公式为

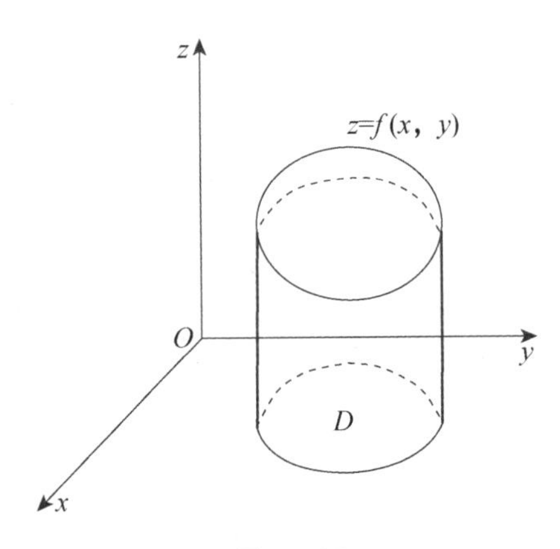

图 7-25

平顶柱体的体积=底面积×高

对于曲顶柱体，由于柱体的高度是变化的，因此不能直接使用平顶柱体的体积公式计算其体积. 类似于曲边梯形面积的计算，下面通过分割、近似替代、求和、取极限的过程给出曲顶柱体体积的求法.

(1) **分割** 将区域 D 任意分成 n 个小区域 $\Delta\sigma_1$，$\Delta\sigma_2$，…，$\Delta\sigma_n$，其中 $\Delta\sigma_i$ $(i=1, 2, \cdots, n)$ 既表示第 i 个小区域，又表示这个小区域的面积. 分别以小闭区域的边界曲线为准线、以平行于 z 轴的直线为母线绘制若干柱面，这些柱面把大的曲顶柱体分成了 n 个小的曲顶柱体，如图 7-26 所示. 用 ΔV_i 表示以 $\Delta\sigma_i$ 为底的第 i 个小曲顶柱体的体积，用 V 表示以区域 D 为底的大曲顶柱体的体积，则有

$$V=\sum_{i=1}^{n}\Delta V_i.$$

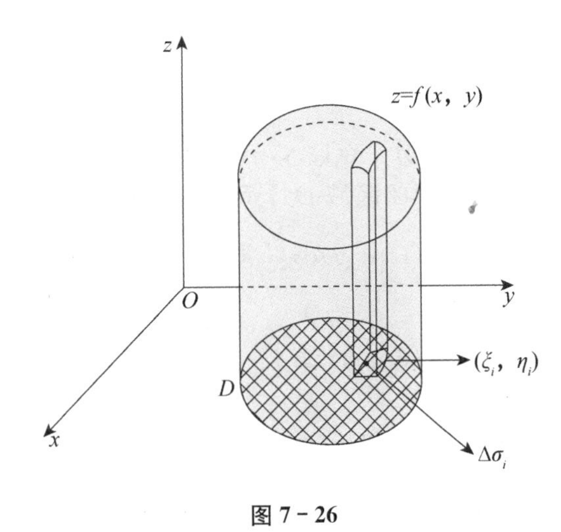

图 7-26

(2) **近似替代** 在每个小区域 $\Delta\sigma_i$ $(i=1, 2, \cdots, n)$ 上任取一点 (ξ_i, η_i)，把以 $\Delta\sigma_i$ 为底、以 $f(\xi_i, \eta_i)$ 为高的平顶柱体的体积 $f(\xi_i, \eta_i)\Delta\sigma_i$ 作为 ΔV_i 的近似值，即

$$\Delta V_i \approx f(\xi_i, \eta_i)\Delta\sigma_i \quad (i=1, 2, \cdots, n).$$

(3) **求和** 将所有平顶柱体的体积进行加总，即有

$$V \approx \sum_{i=1}^{n} f(\xi_i, \eta_i)\Delta\sigma_i.$$

(4) **取极限** 用 d_i 表示 D_i 内任意两点间距离的最大值，称 d_i 为区域 D_i 的直径（$i=1, 2, \cdots, n$），并记 $\lambda=\max\{d_1, d_2, \cdots, d_n\}$. 当分割越来越细，即每个小区域的直径越来越小时，和式 $\sum\limits_{i=1}^{n} f(\xi_i, \eta_i)\Delta\sigma_i$ 就越来越趋近于曲顶柱体的体积 V. 令 $\lambda \to 0$，则 $\sum\limits_{i=1}^{n} f(\xi_i, \eta_i)\Delta\sigma_i$ 的极限值即为曲顶柱体体积 V 的精确值，即

$$V = \lim_{\lambda \to 0}\sum_{i=1}^{n} f(\xi_i, \eta_i)\Delta\sigma_i.$$

在社会经济等众多领域中，有许多量都可通过分割、近似替代、求和、取极限四步归结为如下的极限形式：

$$\lim_{\lambda \to 0}\sum_{i=1}^{n} f(\xi_i, \eta_i)\Delta\sigma_i.$$

为了更一般地研究这类和式的极限及其性质，从其抽象出一个数学概念，即二重积分.

定义 7.7.1 设函数 $z=f(x, y)$ 在有界闭区域 D 上有界. 将区域 D 任意分成 n 个小区域 $\Delta\sigma_1, \Delta\sigma_2, \cdots, \Delta\sigma_n$，其中 $\Delta\sigma_i$（$i=1, 2, \cdots, n$）既表示第 i 个小区域，也表示这个小区域的面积，d_i 表示第 i 个小区域的直径，$\lambda=\max\{d_1, d_2, \cdots, d_n\}$. 在每个 $\Delta\sigma_i$ 上任取一点(ξ_i, η_i)，作乘积的和式

$$\sum_{i=1}^{n} f(\xi_i, \eta_i)\Delta\sigma_i. \tag{7.7.1}$$

当 $\lambda \to 0$ 时，若不论区域 D 如何划分，点(ξ_i, η_i) 如何选取，式（7.7.1）的极限都存在且相等，则称 $z=f(x, y)$ 在有界闭区域 D 上**可积**，并称该极限值为函数 $z=f(x, y)$ 在区域 D 上的**二重积分**，记作 $\iint\limits_D f(x, y)\mathrm{d}\sigma$，即

$$\iint\limits_D f(x, y)\mathrm{d}\sigma = \lim_{\lambda \to 0}\sum_{i=1}^{n} f(\xi_i, \eta_i)\Delta\sigma_i. \tag{7.7.2}$$

其中 $f(x, y)$ 称为**被积函数**，$f(x, y)\mathrm{d}\sigma$ 称为**被积表达式**，$\mathrm{d}\sigma$ 称为**面积元素**，x 与 y 称为**积分变量**，D 称为**积分区域**，$\sum\limits_{i=1}^{n} f(\xi_i, \eta_i)\Delta\sigma_i$ 称为**积分和**.

下面对二重积分的定义 7.7.1 作四点说明：

(1) 可以证明，如果函数 $f(x, y)$ 在有界闭区域 D 上连续，则 $f(x, y)$ 在 D 上一定是可积的.

（2）二重积分是一个数，该数值只与积分区域 D 和被积函数 $f(x, y)$ 有关，而与积分变量的符号没有关系，即

$$\iint_D f(x, y)\mathrm{d}\sigma=\iint_D f(u, v)\mathrm{d}\sigma.$$

（3）一般地，如果 $f(x, y)\geqslant 0$，二重积分 $\iint_D f(x, y)\mathrm{d}\sigma$ 的几何意义就是曲顶柱体的体积. 曲顶柱体是以 $f(x, y)$ 为顶，以区域 D 为底，以母线平行于 z 轴且准线为区域 D 的边界的柱面为侧面所形成的立体. 如果 $f(x, y)<0$，曲顶柱体就位于 xOy 面的下方，二重积分 $\iint_D f(x, y)\mathrm{d}\sigma$ 的绝对值等于曲顶柱体的体积，但二重积分 $\iint_D f(x, y)\mathrm{d}\sigma$ 的值是负的. 如果 $f(x, y)$ 在积分区域 D 的若干部分是正的，其余部分是负的，二重积分 $\iint_D f(x, y)\mathrm{d}\sigma$ 就等于 xOy 面上方的柱体体积减去 xOy 面下方的柱体体积.

（4）根据二重积分的定义，假如 $f(x, y)$ 在积分区域 D 上可积，则二重积分的值与区域 D 的分割方法是无关的. 此时在直角坐标系中，用平行于 x 轴、y 轴的两组直线来分割区域 D，那么除了包含边界点的一些小闭区域外，其余小闭区域都是矩形闭区域. 设矩形闭区域 $\Delta\sigma_i$ 的边长分别为 Δx_j 和 Δy_k，则

$$\Delta\sigma_i=\Delta x_j \cdot \Delta y_k.$$

因此在直角坐标系下，面积元素

$$\mathrm{d}\sigma=\mathrm{d}x\mathrm{d}y,$$

$\mathrm{d}x\mathrm{d}y$ 称为**直角坐标系下的面积元素**. 此时，在直角坐标系下有

$$\iint_D f(x, y)\mathrm{d}\sigma=\iint_D f(x, y)\mathrm{d}x\mathrm{d}y. \tag{7.7.3}$$

7.7.2 二重积分的性质

除特殊说明外，总假定函数 $f(x, y)$，$g(x, y)$ 在有界闭区域 D 上可积，且不再一一赘述. 二重积分与定积分的性质相似，其证明过程也是相似的.

性质 7.7.1 被积函数的常数因子可以提到二重积分号的外面，即

$$\iint_D kf(x, y)\mathrm{d}\sigma=k\iint_D f(x, y)\mathrm{d}\sigma,$$

其中 k 为常数.

性质 7.7.2 函数代数和的二重积分等于各个函数二重积分的代数和，即

$$\iint_D [f(x, y)\pm g(x, y)]\mathrm{d}\sigma=\iint_D f(x, y)\mathrm{d}\sigma\pm\iint_D g(x, y)\mathrm{d}\sigma.$$

性质 7.7.2 可以推广到有限个函数的代数和的情形.

性质 7.7.3 如果积分区域 D 被一曲线分成 D_1，D_2 两个区域，如图 7－27 所示，则

$$\iint_D f(x, y)\mathrm{d}\sigma=\iint_{D_1} f(x, y)\mathrm{d}\sigma+\iint_{D_2} f(x, y)\mathrm{d}\sigma.$$

性质 7.7.3 表明二重积分对积分区域具有可加性.

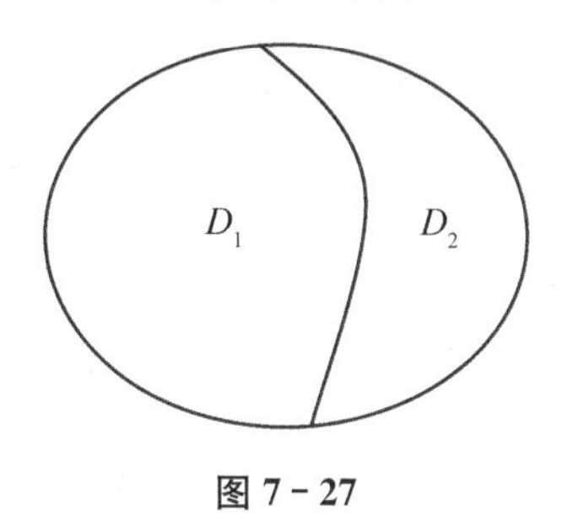

图 7－27

性质 7.7.4 如果在积分区域 D 上，$f(x, y)\equiv 1$，σ 为 D 的面积，则

$$\iint_D 1\mathrm{d}\sigma=\iint_D \mathrm{d}\sigma=\sigma.$$

性质 7.7.4 的几何意义是高为 1 的平顶柱体的体积在数值上等于柱体的底面积.

性质 7.7.5 如果在积分区域 D 上总有 $f(x, y)\leqslant g(x, y)$，则

$$\iint_D f(x, y)\mathrm{d}\sigma\leqslant\iint_D g(x, y)\mathrm{d}\sigma.$$

特别地，由于

$$-|f(x, y)|\leqslant f(x, y)\leqslant|f(x, y)|,$$

则有不等式

$$\left|\iint_D f(x, y)\mathrm{d}\sigma\right|\leqslant\iint_D |f(x, y)|\mathrm{d}\sigma.$$

性质 7.7.6 **（二重积分的估值定理）** 设 M，m 分别为 $f(x, y)$ 在积分区域 D 上的最大值和最小值，σ 为 D 的面积，则有

$$m\sigma\leqslant\iint_D f(x, y)\mathrm{d}\sigma\leqslant M\sigma.$$

性质 7.7.7 **（二重积分的中值定理）** 设函数 $f(x, y)$ 在积分区域 D 上连续，σ 为 D 的面积，则在 D 上至少存在一点 (ξ, η)，使得

$$\iint_D f(x, y)\mathrm{d}\sigma=f(\xi, \eta)\sigma. \tag{7.7.4}$$

性质7.7.7的几何意义为，在积分区域D上，以曲面$f(x, y)$为顶的曲顶柱体的体积等于区域D上以某一点(ξ, η)的函数值$f(\xi, \eta)$为高的平顶柱体的体积. 由式(7.7.4)可得

$$f(\xi, \eta)=\frac{1}{\sigma}\iint_{D} f(x, y)\mathrm{d}\sigma,$$

通常将$\frac{1}{\sigma}\iint_{D} f(x, y)\mathrm{d}\sigma$称为函数$f(x, y)$在$D$上的**积分均值**(或**平均值**).

例7.7.1 设D是由曲线$x^2+y^2\leqslant r^2$围成的圆域，其中$r>0$，试求

$$\lim_{r\to 0^+}\iint_{D} \mathrm{e}^{x^2-y^2}\cos(x+y)\mathrm{d}x\mathrm{d}y.$$

解 由二重积分的积分中值定理可知，至少存在一点$(\xi, \eta)\in D$，使得

$$\iint_{D} \mathrm{e}^{x^2-y^2}\cos(x+y)\mathrm{d}x\mathrm{d}y=\mathrm{e}^{\xi^2-\eta^2}\cos(\xi+\eta)\pi r^2,$$

显然，当$r\to 0^+$时，$(\xi, \eta)\to(0, 0)$，因此

$$\text{原式}=\lim_{r\to 0^+}\mathrm{e}^{\xi^2-\eta^2}\cos(\xi+\eta)\pi r^2=\mathrm{e}^0\cos 0\times\pi\times 0=0.$$

习题7.7

1. 利用二重积分的定义证明：

(1) $\iint_{D} kf(x, y)\mathrm{d}\sigma=k\iint_{D} f(x, y)\mathrm{d}\sigma$ (其中k为任意常数)；

(2) $\iint_{D} [f(x, y)\pm g(x, y)]\mathrm{d}\sigma=\iint_{D} f(x, y)\mathrm{d}\sigma\pm\iint_{D} g(x, y)\mathrm{d}\sigma$.

2. 设积分区域$D=\{(x, y)\mid 1\leqslant x^2+y^2\leqslant 16\}$，求$\iint_{D} 3\mathrm{d}x\mathrm{d}y$.

3. 设积分区域$D=\{(x, y)\mid (x-a)^2+y^2\leqslant a^2\}$，且$\iint_{D} \sqrt{2ax-x^2-y^2}\,\mathrm{d}\sigma=\pi$，求正数$a$的值.

4. 比较下列积分的大小：

(1) $\iint_{D} (x+y)^2\mathrm{d}\sigma$与$\iint_{D} (x+y)^3\mathrm{d}\sigma$，其中$D$由$x$轴、$y$轴及直线$x+y=1$围成；

(2) $\iint_{D} \ln(x+y)\mathrm{d}\sigma$与$\iint_{D} [\ln(x+y)]^2\mathrm{d}\sigma$，其中$D$是矩形区域$2\leqslant x\leqslant 4$，$1\leqslant y\leqslant 2$.

5. 估计下列积分的值：

(1) $I=\iint_{D} (x+y+1)\mathrm{d}\sigma$，$D=\{(x, y)\mid 0\leqslant x\leqslant 1, 0\leqslant y\leqslant 2\}$；

(2) $I=\iint\limits_{D}(x^{2}+4y^{2}+9)\mathrm{d}\sigma$，$D=\{(x, y)\mid x^{2}+y^{2}\leqslant 4\}$.

§7.8 二重积分的计算

7.7 节给出了二重积分的概念与性质，本节将讨论二重积分的计算方法，其核心思想是将二重积分化为两个定积分来计算.

7.8.1 直角坐标系下二重积分的计算

在具体讨论直角坐标系下二重积分的计算之前，首先介绍积分区域 D 的两种类型，即 X 型区域、Y 型区域的概念.

设积分区域 D 可以用不等式

$$\varphi_1(x)\leqslant y\leqslant\varphi_2(x),\qquad a\leqslant x\leqslant b$$

来表示，其中函数 $\varphi_1(x)$，$\varphi_2(x)$ 在区间 $[a, b]$ 上连续，则称 D 为 **X 型区域**. 如图 7-28 所示，X 型区域的特点是穿过积分区域 D 的内部且垂直于 x 轴的直线与 D 的边界相交于最多两点.

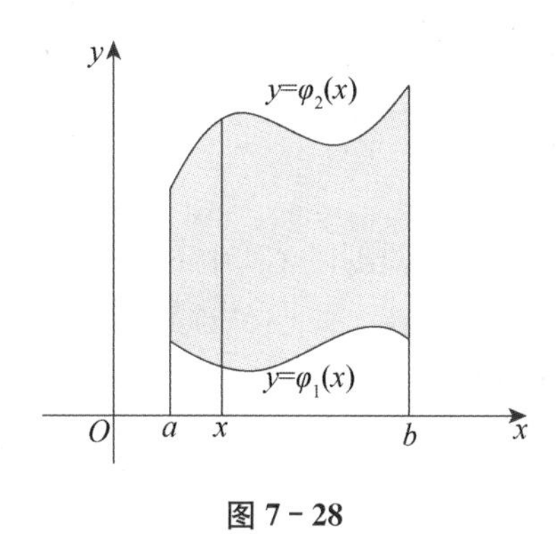

图 7-28

类似地，设积分区域 D 可以用不等式

$$\phi_1(y)\leqslant x\leqslant\phi_2(y),\qquad c\leqslant y\leqslant d$$

来表示，其中函数 $\phi_1(y)$，$\phi_2(y)$ 在区间 $[c, d]$ 上连续，则称 D 为 **Y 型区域**. 如图 7-29 所示，Y 型区域的特点是穿过积分区域 D 的内部且垂直于 y 轴的直线与 D 的边界相交于最多两点.

按照二重积分的几何意义，若 $f(x, y)\geqslant 0$，则二重积分 $\iint\limits_{D}f(x, y)\mathrm{d}\sigma$ 的值等于以 D 为底、以曲面 $f(x, y)$ 为顶的曲顶柱体的体积. 下面用“平行截面面积为已知的立体的体积”的求法，计算这个曲顶柱体的体积，由此导出二重积分的计算公式.

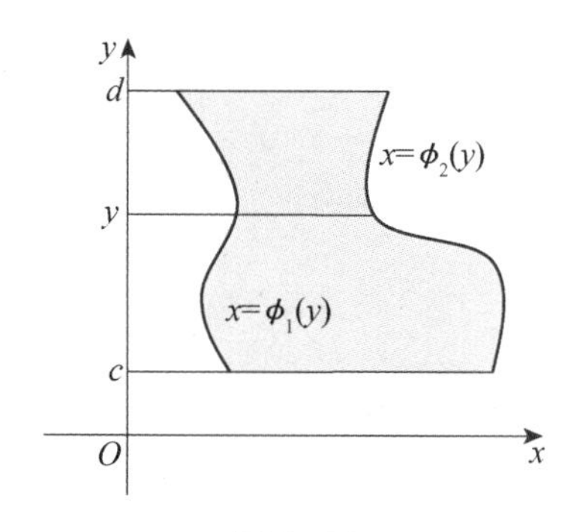

图 7-29

先计算截面面积. 为此，在区间 $[a, b]$ 上任意取定一点 x_0，如图 7-30 所示，作平行于 yOz 面的平面 $x=x_0$. 该平面截曲顶柱体所得截面是一个以区间 $[\varphi_1(x_0), \varphi_2(x_0)]$ 为底、以曲线 $z=f(x_0, y)$ 为曲边的曲边梯形，所以该截面的面积为

$$S(x_0)=\int_{\varphi_1(x_0)}^{\varphi_2(x_0)} f(x_0, y)\mathrm{d}y.$$

一般地，过区间 $[a, b]$ 上任意一点 x 且平行于 yOz 面的平面截曲顶柱体所得的截面面积为

$$S(x)=\int_{\varphi_1(x)}^{\varphi_2(x)} f(x, y)\mathrm{d}y.$$

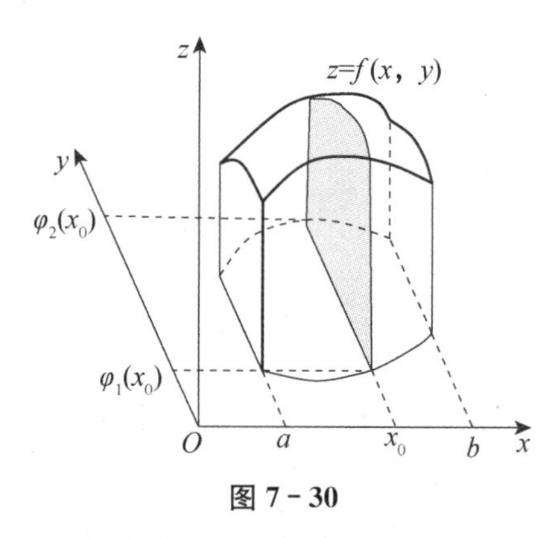

图 7-30

于是，应用计算“平行截面面积为已知的立体的体积”的方法，得曲顶柱体体积为

$$V=\int_a^b S(x)\mathrm{d}x=\int_a^b\left[\int_{\varphi_1(x)}^{\varphi_2(x)} f(x, y)\mathrm{d}y\right]\mathrm{d}x,$$

这个体积也就是所求的二重积分的值，从而有等式

$$\iint_D f(x, y)\mathrm{d}x\mathrm{d}y=\int_a^b\left[\int_{\varphi_1(x)}^{\varphi_2(x)} f(x, y)\mathrm{d}y\right]\mathrm{d}x.$$

上式右端的积分叫作**先对 y、后对 x 的二次积分或累次积分**. 也就是说，先将 x 看作常数，将 $f(x, y)$ 仅仅看作是 y 的函数，并对 y 计算从 $\varphi_1(x)$ 到 $\varphi_2(x)$ 的定积分；然后把算得的结果（是 x 的函数）再对 x 计算在区间 $[a, b]$ 上的定积分. 为标记方便，这

个先对 y 后对 x 的二次积分 $\int_a^b\left[\int_{\varphi_1(x)}^{\varphi_2(x)}f(x,y)\mathrm{d}y\right]\mathrm{d}x$ 也常记作

$$\int_a^b\mathrm{d}x\int_{\varphi_1(x)}^{\varphi_2(x)}f(x,y)\mathrm{d}y,$$

即

$$\iint_D f(x,y)\mathrm{d}x\mathrm{d}y=\int_a^b\mathrm{d}x\int_{\varphi_1(x)}^{\varphi_2(x)}f(x,y)\mathrm{d}y. \tag{7.8.1}$$

式（7.8.1）就是将二重积分化为先对 y 后对 x 的二次积分公式.

在上述讨论中假定 $f(x,y)\geqslant0$，但实际上，式（7.8.1）的成立并不受此条件的限制.

类似地，若 D 为 Y 型区域，则

$$\iint_D f(x,y)\mathrm{d}x\mathrm{d}y=\int_c^d\mathrm{d}y\int_{\phi_1(y)}^{\phi_2(y)}f(x,y)\mathrm{d}x. \tag{7.8.2}$$

式（7.8.2）右端的积分叫作**先对 x、后对 y 的二次积分或累次积分.**

如果积分区域 D 既不是 X 型区域也不是 Y 型区域，则可以将区域 D 分割成若干块 X 型区域或 Y 型区域，然后在每块区域上分别应用式（7.8.1）或式（7.8.2），再根据二重积分对积分区域的可加性，即可计算出所给的二重积分.

如果积分区域 D 既是 X 型区域又是 Y 型区域，即积分区域 D 既可表示为

$$\varphi_1(x)\leqslant y\leqslant\varphi_2(x),\quad a\leqslant x\leqslant b,$$

又可表示为

$$\phi_1(y)\leqslant x\leqslant\phi_2(y),\quad c\leqslant y\leqslant d,$$

则有

$$\int_a^b\mathrm{d}x\int_{\varphi_1(x)}^{\varphi_2(x)}f(x,y)\mathrm{d}y=\int_c^d\mathrm{d}y\int_{\phi_1(y)}^{\phi_2(y)}f(x,y)\mathrm{d}x. \tag{7.8.3}$$

式（7.8.3）表明，这两个不同积分次序的二次积分相等，在具体计算一个二重积分时，可以有选择地将其化为其中一种二次积分，以使计算过程更为简捷.

例 7.8.1 计算二重积分 $\iint\limits_D xy\mathrm{d}\sigma$，其中 D 是由直线 $y=1$，$x=2$ 及 $y=x$ 所围成的区域.

解 如图 7－31 所示，如果将积分区域视为 X 型区域，则 D 表示为

$$1\leqslant y\leqslant x,\qquad 1\leqslant x\leqslant2.$$

从而

$$\iint_D xy\mathrm{d}\sigma=\int_1^2\mathrm{d}x\int_1^x xy\mathrm{d}y=\int_1^2\left[x\frac{y^2}{2}\right]_1^x\mathrm{d}x=\frac{1}{2}\int_1^2(x^3-x)\mathrm{d}x=\left[\frac{x^4}{8}-\frac{x^2}{4}\right]_1^2=\frac{9}{8}.$$

如果将积分区域视为 Y 型区域，则 D 表示为

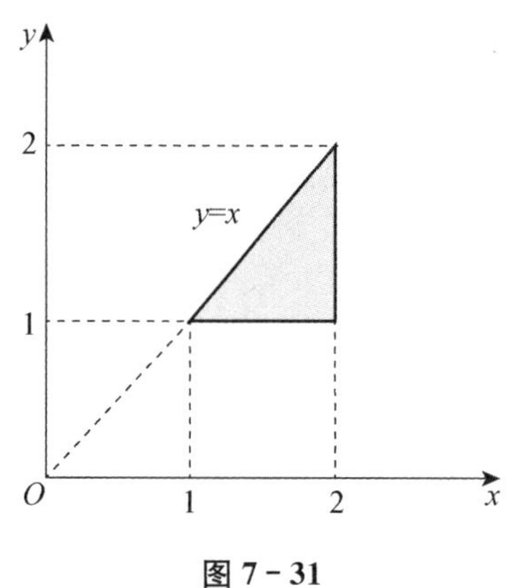

图 7-31

$$y \leqslant x \leqslant 2,\quad 1 \leqslant y \leqslant 2,$$

从而

$$\iint_D xy\,\mathrm{d}\sigma = \int_1^2 \mathrm{d}y \int_y^2 xy\,\mathrm{d}x = \int_1^2 \left[y\,\frac{x^2}{2}\right]_y^2 \mathrm{d}y = \int_1^2 \left(2y - \frac{y^3}{2}\right)\mathrm{d}y = \left[y^2 - \frac{y^4}{8}\right]_1^2 = \frac{9}{8}.$$

例 7.8.2 求二重积分 $\iint\limits_D \mathrm{e}^{x^2}\,\mathrm{d}x\mathrm{d}y$，其中 D 是第一象限中 $y=x$ 和 $y=x^3$ 所围成的区域.

解 积分区域如图 7-32 所示，D 用 X 型区域表示为

$$x^3 \leqslant y \leqslant x,\quad 0 \leqslant x \leqslant 1,$$

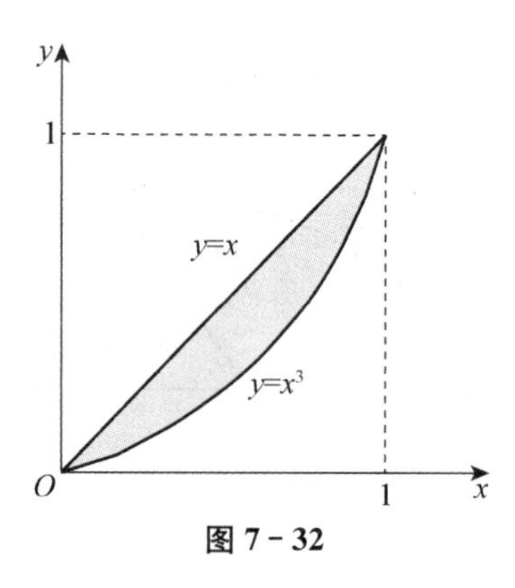

图 7-32

则

$$\iint_D \mathrm{e}^{x^2}\,\mathrm{d}x\mathrm{d}y = \int_0^1 \mathrm{d}x \int_{x^3}^{x} \mathrm{e}^{x^2}\,\mathrm{d}y = \int_0^1 (x - x^3)\,\mathrm{e}^{x^2}\,\mathrm{d}x = \int_0^1 x\mathrm{e}^{x^2}\,\mathrm{d}x - \int_0^1 x^3\mathrm{e}^{x^2}\,\mathrm{d}x.$$

显然

$$\int_0^1 x\mathrm{e}^{x^2}\,\mathrm{d}x = \frac{1}{2}\left[\mathrm{e}^{x^2}\right]_0^1 = \frac{1}{2}(\mathrm{e}-1).$$

对于积分 $\int_0^1 x^3 e^{x^2} dx$，令 $x^2=t$，当 $x=0$ 时 $t=0$，当 $x=1$ 时 $t=1$，则

$$\int_0^1 x^3 e^{x^2} dx = \frac{1}{2}\int_0^1 t e^t dt = \frac{1}{2}\int_0^1 t\, de^t = \frac{1}{2}[te^t]_0^1 - \frac{1}{2}\int_0^1 e^t dt = \frac{1}{2}(e-e+1) = \frac{1}{2},$$

从而

$$原式=\frac{1}{2}e-1.$$

注 若采用先对 x 后对 y 的积分次序，由于被积函数 e^{x^2} 的原函数无法用初等函数表示，从而无法计算.

例 7.8.3 计算 $\iint\limits_D xy d\sigma$，其中 D 是由抛物线 $y^2=x$ 及直线 $y=x-2$ 所围成的闭区域.

微课

例 7.8.3

解 如图 7-33 所示，积分区域 D 既是 X 型区域又是 Y 型区域，若利用 Y 型区域公式，得

$$\begin{aligned}\iint\limits_D xy d\sigma &= \int_{-1}^2 dy \int_{y^2}^{y+2} xy dx = \int_{-1}^2 \left[\frac{x^2}{2}y\right]_{y^2}^{y+2} dy \\ &= \frac{1}{2}\int_{-1}^2 [y(y+2)^2 - y^5] dy \\ &= \frac{1}{2}\left[\frac{y^4}{4}+\frac{4}{3}y^3+2y^2-\frac{y^6}{6}\right]_{-1}^2 = 5\frac{5}{8}.\end{aligned}$$

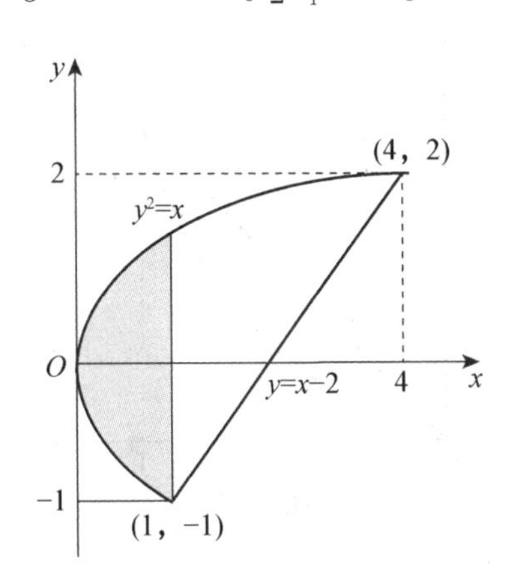

图 7-33

若利用 X 型区域，则需把区域 D 分成 D_1 和 D_2 两部分，其中

$$D_1: -\sqrt{x} \leqslant y \leqslant \sqrt{x}, \quad 0 \leqslant x \leqslant 1,$$

$$D_2: x-2 \leqslant y \leqslant \sqrt{x}, \quad 1 \leqslant x \leqslant 4.$$

因此，根据二重积分的性质，有

$$\iint\limits_{D} xy\mathrm{d}\sigma = \iint\limits_{D_1} xy\mathrm{d}\sigma + \iint\limits_{D_2} xy\mathrm{d}\sigma = \int_0^1 \mathrm{d}x \int_{-\sqrt{x}}^{\sqrt{x}} xy\mathrm{d}y + \int_1^4 \mathrm{d}x \int_{x-2}^{\sqrt{x}} xy\mathrm{d}y.$$

在例7.8.3中，利用X型区域计算时过程相对烦琐，而利用Y型区域计算则比较简单，由此可见，在计算二重积分时，选择适当的积分次序比较重要.

例7.8.4 若二重积分 $\iint\limits_{D} f(x,y)\mathrm{d}\sigma$ 的被积函数 $f(x,y)$ 连续且 $f(x,y)=g(x)h(y)$，积分区域为矩形区域 D：$a\leqslant x\leqslant b$，$c\leqslant y\leqslant d$，试证明

$$\iint\limits_{D} f(x,y)\mathrm{d}x\mathrm{d}y = \int_a^b g(x)\mathrm{d}x \cdot \int_c^d h(y)\mathrm{d}y. \tag{7.8.4}$$

证 由题意

$$\begin{aligned}\iint\limits_{D} f(x,y)\mathrm{d}x\mathrm{d}y &= \iint\limits_{D} g(x)h(y)\mathrm{d}x\mathrm{d}y = \int_a^b \left[\int_c^d g(x)h(y)\,\mathrm{d}y\right]\mathrm{d}x \\ &= \int_a^b \left[g(x)\int_c^d h(y)\mathrm{d}y\right]\mathrm{d}x = \int_a^b g(x)\mathrm{d}x \cdot \int_c^d h(y)\,\mathrm{d}y.\end{aligned}$$

注 在二重积分的计算中，如果被积函数是两个一元函数的乘积，积分区域为矩形区域，那么可利用式（7.8.4）进行计算，即将二重积分简化为两个定积分（一重积分）的乘积.

例7.8.5 计算二次积分 $\int_0^{\frac{\pi}{6}} \mathrm{d}y \int_y^{\frac{\pi}{6}} \frac{\cos x}{x}\mathrm{d}x$.

解 由于被积函数 $\frac{\cos x}{x}$ 的原函数无法用初等函数表示，故交换积分次序. 如图7-34所示，D 为Y型区域

$$y\leqslant x\leqslant \frac{\pi}{6},\quad 0\leqslant y\leqslant \frac{\pi}{6}.$$

将其改为X型区域

$$0\leqslant y\leqslant x,\qquad 0\leqslant x\leqslant \frac{\pi}{6}.$$

则

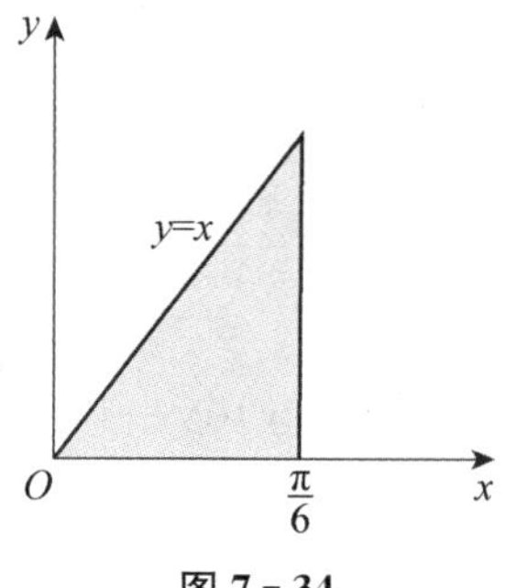

图7-34

$$\int_0^{\frac{\pi}{6}}\mathrm{d}y\int_y^{\frac{\pi}{6}}\frac{\cos x}{x}\mathrm{d}x=\int_0^{\frac{\pi}{6}}\mathrm{d}x\int_0^x\frac{\cos x}{x}\mathrm{d}y=\int_0^{\frac{\pi}{6}}\cos x\,\mathrm{d}x=\frac{1}{2}.$$

例 7.8.6 交换积分次序 $\int_0^1\mathrm{d}x\int_0^{x^2}f(x,y)\mathrm{d}y+\int_1^3\mathrm{d}x\int_0^{\frac{1}{2}(3-x)}f(x,y)\mathrm{d}y$.

解 题设给出的积分区域为 X 型区域，即

$$D=\{(x,y)\mid 0\leqslant y\leqslant x^2,\ 0\leqslant x\leqslant 1\}\cup\left\{(x,y)\mid 0\leqslant y\leqslant\frac{1}{2}(3-x),\ 1\leqslant x\leqslant 3\right\}.$$

如图 7-35 所示，将 D 表示为 Y 型区域

$$D=\{(x,y)\mid 0\leqslant y\leqslant 1,\ \sqrt{y}\leqslant x\leqslant 3-2y\},$$

从而

$$\text{原积分}=\int_0^1\mathrm{d}y\int_{\sqrt{y}}^{3-2y}f(x,y)\mathrm{d}x.$$

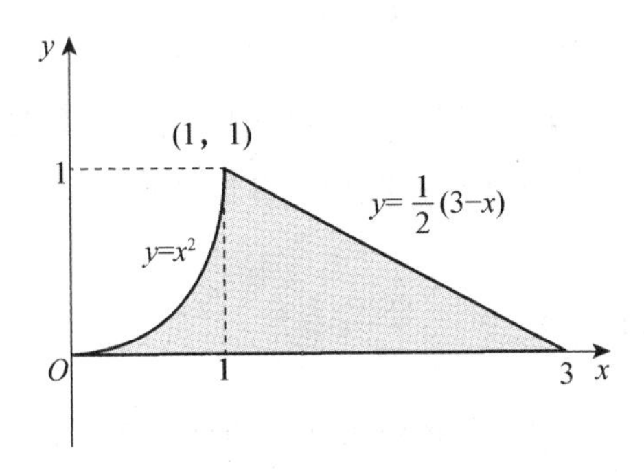

图 7-35

例 7.8.7 计算二重积分 $\iint\limits_D|y-2x|\mathrm{d}x\mathrm{d}y$，其中区域 D：$-1\leqslant x\leqslant 1$，$0\leqslant y\leqslant 2$.

解 如图 7-36 所示，由于被积函数 $f(x,y)=|y-2x|$，为去掉绝对值符号，在图 7-36 中作曲线 $y=2x$，将区域 D 分成了 D_1 和 D_2 两部分. 当 $(x,y)\in D_1$ 时，$y\leqslant 2x$；当 $(x,y)\in D_2$ 时，$y\geqslant 2x$. 于是

$$\begin{aligned}\iint\limits_D|y-2x|\mathrm{d}x\mathrm{d}y&=\iint\limits_{D_1}|y-2x|\mathrm{d}x\mathrm{d}y+\iint\limits_{D_2}|y-2x|\mathrm{d}x\mathrm{d}y\\&=\iint\limits_{D_1}(2x-y)\mathrm{d}x\mathrm{d}y+\iint\limits_{D_2}(y-2x)\mathrm{d}x\mathrm{d}y\end{aligned}$$

而

$$\begin{aligned}\iint\limits_{D_1}(2x-y)\mathrm{d}x\mathrm{d}y&=\int_0^1\mathrm{d}x\int_0^{2x}(2x-y)\mathrm{d}y=\int_0^1\left[2xy-\frac{1}{2}y^2\right]_0^{2x}\mathrm{d}x\\&=\int_0^1 2x^2\mathrm{d}x=\frac{2}{3},\end{aligned}$$

$$\iint\limits_{D_2}(y-2x)\mathrm{d}x\mathrm{d}y=\int_0^2\mathrm{d}y\int_{-1}^{\frac{y}{2}}(y-2x)\,\mathrm{d}x=\int_0^2\left[xy-x^2\right]_{-1}^{y/2}\mathrm{d}y$$

$$=\int_0^2\left(\frac{1}{4}y^2+y+1\right)\mathrm{d}y=\frac{14}{3},$$

所以

$$\iint\limits_{D}|y-2x|\,\mathrm{d}x\mathrm{d}y=\frac{16}{3}.$$

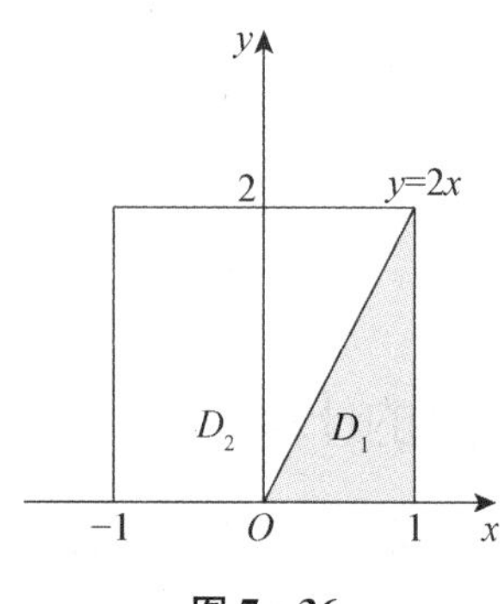

图 7－36

***例 7.8.8** 求半径均为 R 且垂直相交的两个圆柱面所围成的几何体体积.

解 设底圆半径均为 R 的两个圆柱面方程为 $x^2+y^2=R^2$ 和 $x^2+z^2=R^2$.

由所围几何体的对称性，先求其在第一卦限部分的体积 V_1，这个部分可以看成一个以区域 D 为底，以 $z=\sqrt{R^2-x^2}$ 为顶的曲顶柱体，如图 7－37(a) 所示.

其中，积分区域 $D=\left\{(x,y)\,\middle|\,0\leqslant x\leqslant R,0\leqslant y\leqslant\sqrt{R^2-x^2}\right\}$，如图 7－37(b) 所示。

$$V_1=\iint\limits_{D}\sqrt{R^2-x^2}\,\mathrm{d}\sigma=\int_0^R\mathrm{d}x\int_0^{\sqrt{R^2-x^2}}\sqrt{R^2-x^2}\,\mathrm{d}y=\int_0^R(R^2-x^2)\,\mathrm{d}x$$

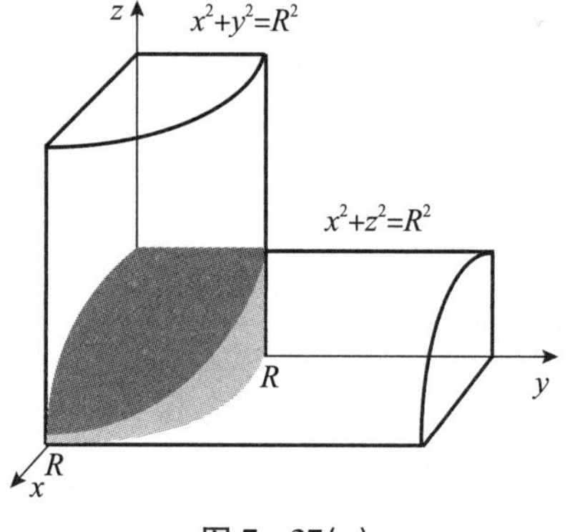

图 7－37(a)

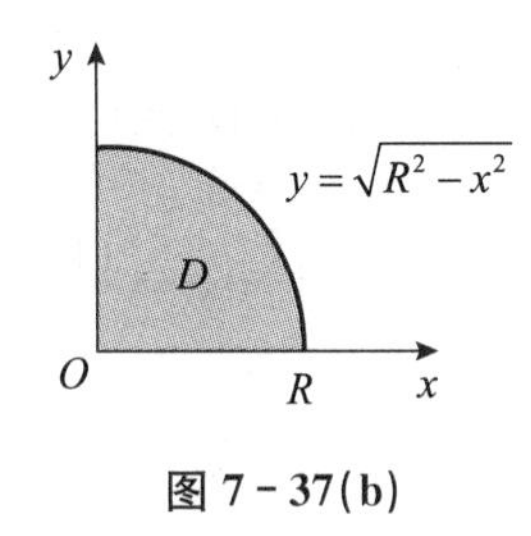

图 7－37(b)

$$=R^3-\frac{x^3}{3}\Big|_0^R=\frac{2}{3}R^3.$$

从而，所求几何体的体积为

$$V=8V_1=\frac{16}{3}R^3.$$

7.8.2　极坐标系下二重积分的计算

如果二重积分的积分区域边界曲线用极坐标表示比较简单，或被积函数用极坐标表示比较简单，就可以考虑用极坐标计算二重积分.

由 1.6 节的内容可知，平面上任意一点的极坐标（r，θ）与它对应的直角坐标（x，y）的变换公式为

$$x=r\cos\theta,\quad y=r\sin\theta.$$

下面介绍极坐标系下二重积分的计算公式.

如图 7－38 所示，设通过原点的射线与区域 D 的边界相交于最多两点，用一组同心圆（$r=$常数）和一组通过极点的射线（$\theta=$常数）将区域 D 分成若干个小区域，除包含边界点的小闭区域外，其余小区域都是由同心圆 $r=$常数和射线 $\theta=$常数围成. 将由极角分别为 θ 与 $\theta+\Delta\theta$ 的两条射线以及半径分别为 r 与 $r+\Delta r$ 的两条圆弧围成的小区域记作 $\Delta\sigma$，则由扇形面积公式，得

$$\Delta\sigma=\frac{1}{2}(r+\Delta r)^2\Delta\theta-\frac{1}{2}r^2\Delta\theta=r\Delta r\Delta\theta+\frac{1}{2}(\Delta r)^2\Delta\theta,$$

略去高阶无穷小量 $\frac{1}{2}(\Delta r)^2\Delta\theta$，得

$$\Delta\sigma\approx r\Delta r\Delta\theta,$$

从而得到极坐标系下的面积元素为

$$d\sigma=r\,dr\,d\theta,$$

而被积函数为 $f(x,y)=f(r\cos\theta,r\sin\theta)$，于是得到将直角坐标系下的二重积分变换为极坐标系下的二重积分的公式为

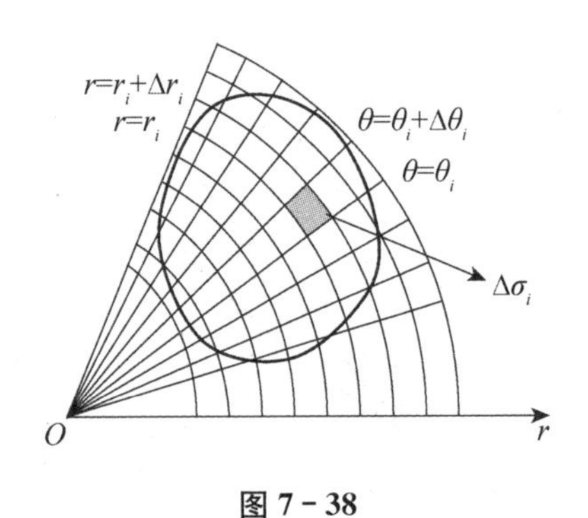

图 7-38

$$\iint_D f(x, y)\mathrm{d}\sigma = \iint_D f(r\cos\theta, r\sin\theta)r\mathrm{d}r\mathrm{d}\theta. \tag{7.8.5}$$

极坐标系下二重积分的计算同样需要将其化为二次积分或累次积分，现分为三种情况进行讨论.

(1) 极点 O 在区域 D 的外部. 设在极坐标系下区域 D 的边界曲线为 $r=r_1(\theta)$ 和 $r=r_2(\theta)$，$\alpha\leqslant\theta\leqslant\beta$，其中 $r_1(\theta)$ 和 $r_2(\theta)$ 在 $[\alpha, \beta]$ 上连续. 如图 7-39 所示，区域 D 可以表示成

$$D=\{(r, \theta)\,|\,r_1(\theta)\leqslant r\leqslant r_2(\theta), \alpha\leqslant\theta\leqslant\beta\}.$$

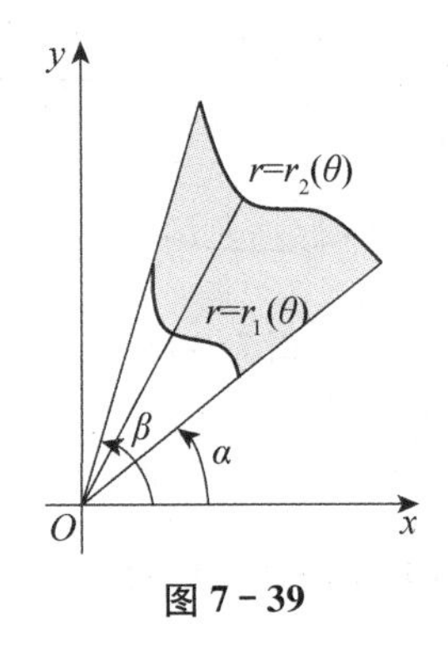

图 7-39

于是

$$\begin{aligned}\iint_D f(x, y)\mathrm{d}\sigma &= \iint_D f(r\cos\theta, r\sin\theta)r\mathrm{d}r\mathrm{d}\theta \\ &= \int_\alpha^\beta \mathrm{d}\theta\int_{r_1(\theta)}^{r_2(\theta)} f(r\cos\theta, r\sin\theta)r\mathrm{d}r.\end{aligned}$$

(2) 极点 O 在区域 D 的边界上. 如图 7-40 所示，区域 D 可以表示成

$$D=\{(r, \theta)\,|\,0\leqslant r\leqslant r(\theta), \quad \alpha\leqslant\theta\leqslant\beta\},$$

其中 $r(\theta)$ 在 $[\alpha, \beta]$ 上连续，于是

$$\iint_D f(x, y)\mathrm{d}\sigma = \iint_D f(r\cos\theta, r\sin\theta)r\mathrm{d}r\mathrm{d}\theta$$

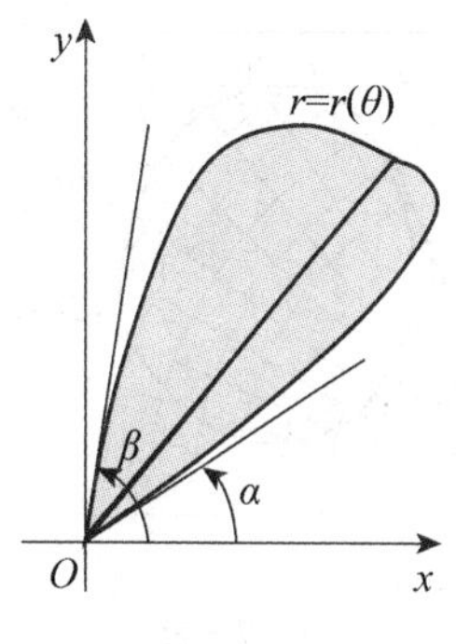

图 7-40

$$=\int_{\alpha}^{\beta}\mathrm{d}\theta\int_{0}^{r(\theta)}f(r\cos\theta,\ r\sin\theta)r\,\mathrm{d}r.$$

(3) 极点 O 在区域 D 的内部. 如图 7-41 所示，区域 D 可以表示成

$$D=\{(r,\ \theta)\mid 0\leqslant r\leqslant r(\theta),\quad 0\leqslant\theta\leqslant 2\pi\},$$

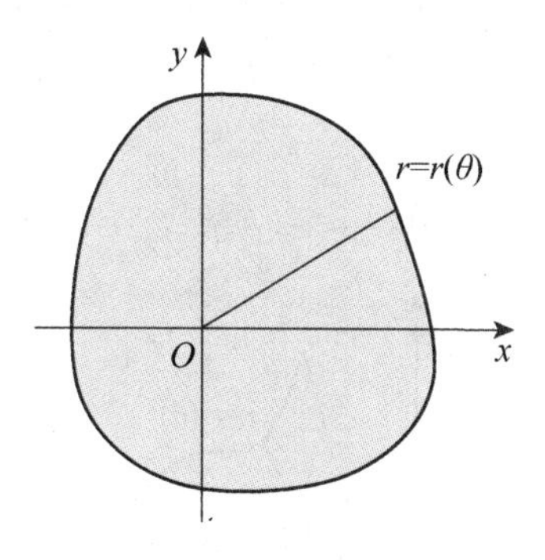

图 7-41

其中 $r(\theta)$ 在 $[0,\ 2\pi]$ 上连续，于是

$$\begin{aligned}\iint_D f(x,\ y)\mathrm{d}\sigma&=\iint_D f(r\cos\theta,\ r\sin\theta)r\,\mathrm{d}r\,\mathrm{d}\theta\\&=\int_0^{2\pi}\mathrm{d}\theta\int_0^{r(\theta)}f(r\cos\theta,\ r\sin\theta)r\,\mathrm{d}r.\end{aligned}$$

注 当区域 D 是圆或圆的一部分，或者区域 D 的边界方程用极坐标表示较为简单，或者被积函数为 $f(x^2+y^2)$，$f\left(\frac{x}{y}\right)$，$f\left(\frac{y}{x}\right)$ 等形式时，一般采用极坐标来计算二重积分.

例 7.8.9 计算二重积分 $\iint\limits_D\sqrt{x^2+y^2}\,\mathrm{d}\sigma$，其中 D 是圆 $x^2+y^2=2y$ 所围成的区域.

解 如图 7-42 所示，圆 $x^2+y^2=2y$ 的极坐标方程为 $r=2\sin\theta$，积分区域 D 为

$$0\leqslant r\leqslant 2\sin\theta,\qquad 0\leqslant\theta\leqslant\pi,$$

则

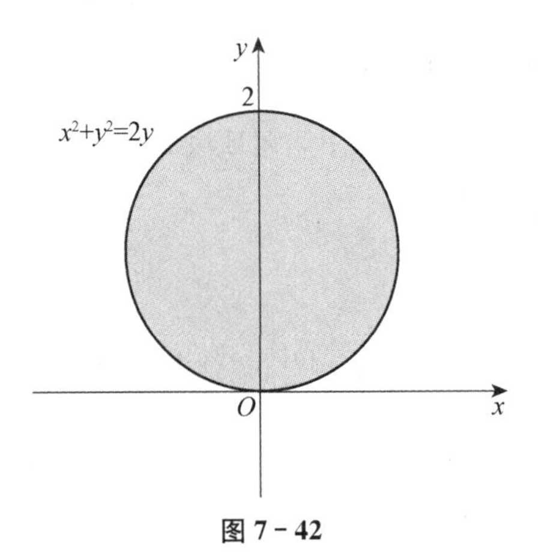

图 7-42

$$\iint\limits_D \sqrt{x^2+y^2}\,\mathrm{d}\sigma=\iint\limits_D r\cdot r\,\mathrm{d}r\,\mathrm{d}\theta=\int_0^{\pi}\mathrm{d}\theta\int_0^{2\sin\theta}r^2\,\mathrm{d}r=\int_0^{\pi}\left[\frac{r^3}{3}\right]_0^{2\sin\theta}\mathrm{d}\theta$$

$$=\frac{8}{3}\int_0^{\pi}\sin^3\theta\,\mathrm{d}\theta=\frac{8}{3}\int_0^{\pi}(\cos^2\theta-1)\,\mathrm{d}\cos\theta$$

$$=\frac{8}{3}\left[\frac{1}{3}\cos^3\theta-\cos\theta\right]_0^{\pi}=\frac{32}{9}.$$

例 7.8.10 计算二重积分 $\iint\limits_D \frac{y^2}{x^2}\mathrm{d}\sigma$，其中 D 是圆 $x^2+y^2=2x$ 所围成的区域在第一象限的部分.

微课

例 7.8.10

解 如图 7-43 所示，积分区域 D 可表示为

$$0\leqslant r\leqslant 2\cos\theta,\quad 0\leqslant\theta\leqslant\frac{\pi}{2},$$

图 7-43

则

$$\iint\limits_D \frac{y^2}{x^2}\mathrm{d}\sigma=\iint\limits_D \tan^2\theta\cdot r\,\mathrm{d}r\,\mathrm{d}\theta=\int_0^{\frac{\pi}{2}}\mathrm{d}\theta\int_0^{2\cos\theta}\tan^2\theta r\,\mathrm{d}r=\int_0^{\frac{\pi}{2}}\tan^2\theta\,\mathrm{d}\theta\int_0^{2\cos\theta}r\,\mathrm{d}r$$

$$=\int_0^{\frac{\pi}{2}}2\sin^2\theta\,\mathrm{d}\theta=\frac{\pi}{2}.$$

例 7.8.11 计算 $\iint\limits_D e^{-x^2-y^2}dxdy$，其中 D 为圆域 $x^2+y^2\leqslant a^2$ $(a>0)$.

解 如图 7-44 所示，在极坐标系中，闭区域 D 可表示为

$$0\leqslant r\leqslant a,\quad 0\leqslant\theta\leqslant 2\pi,$$

则

$$\begin{aligned}\iint\limits_D e^{-x^2-y^2}d\sigma&=\iint\limits_D e^{-r^2}r\,dr\,d\theta=\int_0^{2\pi}d\theta\int_0^a e^{-r^2}r\,dr\\&=2\pi\int_0^a e^{-r^2}r\,dr=\pi(1-e^{-a^2}).\end{aligned}$$

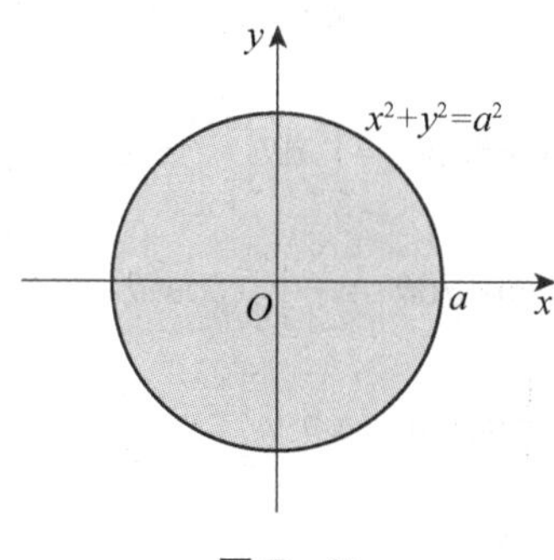

图 7-44

*例 7.8.12** 求曲面 $z=2-x^2-y^2$ 与 $z=x^2+y^2$ 所围立体的体积.

解 先画出立体的图形，由图 7-45 可知，该立体在 xOy 面上的投影区域 D 的边界为两曲面交线在 xOy 面上的投影. 消去方程组

$$\begin{cases}z=2-x^2-y^2\\z=x^2+y^2\end{cases}$$

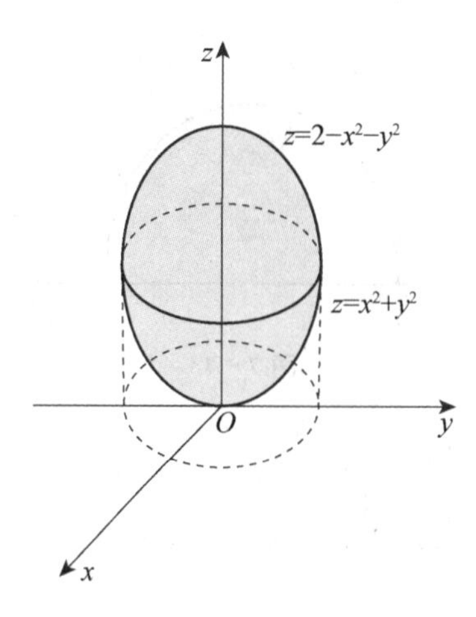

图 7-45

中的 z，得积分区域 D 的边界曲线方程

$$x^2+y^2=1.$$

设所求立体体积为 V，它是区域 D 上曲顶为 $z=2-x^2-y^2$ 的柱体体积

$$V_1=\iint\limits_D(2-x^2-y^2)\mathrm{d}\sigma$$

与区域 D 上曲顶为 $z=x^2+y^2$ 的柱体体积

$$V_2=\iint\limits_D(x^2+y^2)\mathrm{d}\sigma$$

之差，故

$$\begin{aligned}V&=V_1-V_2=\iint\limits_D(2-x^2-y^2)\mathrm{d}\sigma-\iint\limits_D(x^2+y^2)\mathrm{d}\sigma\\&=2\iint\limits_D(1-x^2-y^2)\mathrm{d}\sigma=2\int_0^{2\pi}\mathrm{d}\theta\int_0^1(1-r^2)r\mathrm{d}r\\&=4\pi\int_0^1(1-r^2)r\mathrm{d}r=\pi.\end{aligned}$$

*7.8.3 广义二重积分

与一元函数在无穷区间上的广义积分类似，可以定义积分区域无界的广义二重积分.

定义 7.8.1 设区域 D 是平面上的一个无界区域，函数 $f(x,y)$ 在 D 上有定义，用任意连续曲线 C 在 D 中划出有界区域 D_C，如图 7-46 所示，设二重积分 $\iint\limits_{D_C}f(x,y)\mathrm{d}x\mathrm{d}y$ 均存在. 当曲线 C 连续变动，使区域 D_C 无限扩展而趋于 D 时（记为 $D_C\to D$），假设不论曲线 C 的形状如何，也不论 C 变动的过程如何，极限

$$\lim_{D_C\to D}\iint\limits_{D_C}f(x,y)\mathrm{d}x\mathrm{d}y$$

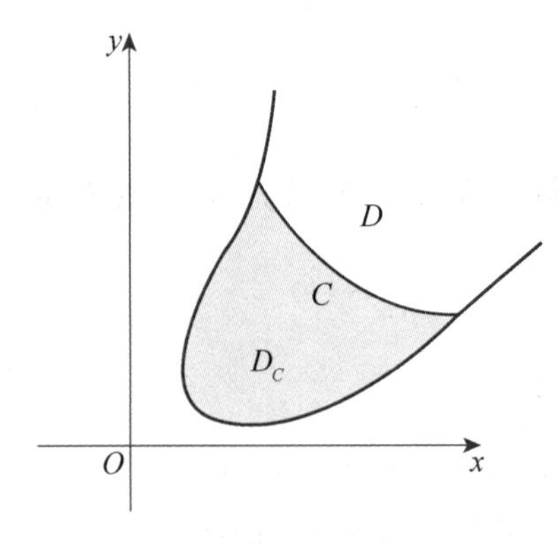

图 7-46

都存在且相等，则称 $f(x,y)$ 在 D 上**广义可积**，并称该极限为函数 $f(x,y)$ 在无界区

域 D 上的**广义二重积分**，记为 $\iint\limits_D f(x, y)\mathrm{d}x\mathrm{d}y$，即

$$\iint\limits_D f(x, y)\mathrm{d}x\mathrm{d}y=\lim_{D_C\to D}\iint\limits_{D_C} f(x, y)\mathrm{d}x\mathrm{d}y.$$

例 7.8.13 设积分区域 $D=\{(x, y) \mid y\geqslant 2x, x\geqslant 0\}$，已知广义二重积分 $\iint\limits_D \mathrm{e}^{-(x+y)}\mathrm{d}x\mathrm{d}y$ 存在，试求该二重积分.

解 积分区域 D 如图 7-47 所示，作直线 $y=b$，设

$$D_b=\{(x, y)\mid 0\leqslant x\leqslant \frac{y}{2}, \ 0\leqslant y\leqslant b\},$$

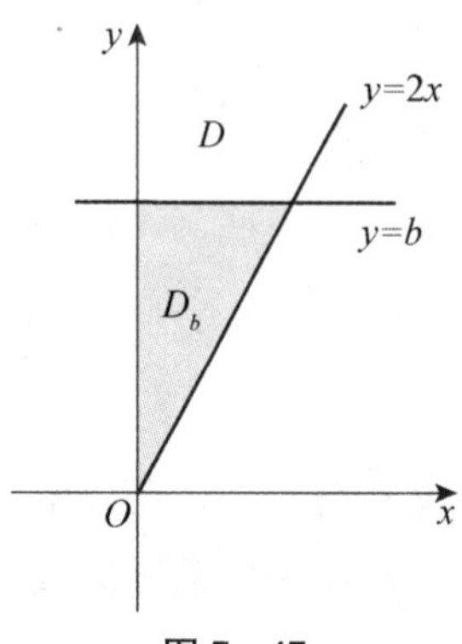

图 7-47

则

$$\begin{aligned}\iint\limits_D \mathrm{e}^{-(x+y)}\mathrm{d}x\mathrm{d}y&=\lim_{D_b\to D}\iint\limits_{D_b}\mathrm{e}^{-(x+y)}\mathrm{d}x\mathrm{d}y=\lim_{b\to+\infty}\int_0^b\mathrm{d}y\int_0^{\frac{y}{2}}\mathrm{e}^{-(x+y)}\mathrm{d}x\\&=\lim_{b\to+\infty}\int_0^b\left(-\mathrm{e}^{-y}\,\mathrm{e}^{-x}\Big|_0^{\frac{y}{2}}\right)\mathrm{d}y=\lim_{b\to+\infty}\int_0^b\mathrm{e}^{-y}(1-\mathrm{e}^{-\frac{y}{2}})\mathrm{d}y\\&=\frac{1}{3}.\end{aligned}$$

例 7.8.14 设 D 为第一象限，试求广义二重积分 $\iint\limits_D \mathrm{e}^{-x^2-y^2}\mathrm{d}x\mathrm{d}y$ 和广义积分 $\int_0^{+\infty}\mathrm{e}^{-x^2}\mathrm{d}x$ 的值.

证 如图 7-48 所示，设

$$D_1=\{(x, y)\mid x^2+y^2\leqslant R^2, x\geqslant 0, y\geqslant 0\},$$
$$D_2=\{(x, y)\mid x^2+y^2\leqslant 2R^2, x\geqslant 0, y\geqslant 0\},$$
$$S=\{(x, y)\mid 0\leqslant x\leqslant R, 0\leqslant y\leqslant R\},$$

其中 $R>0$. 显然

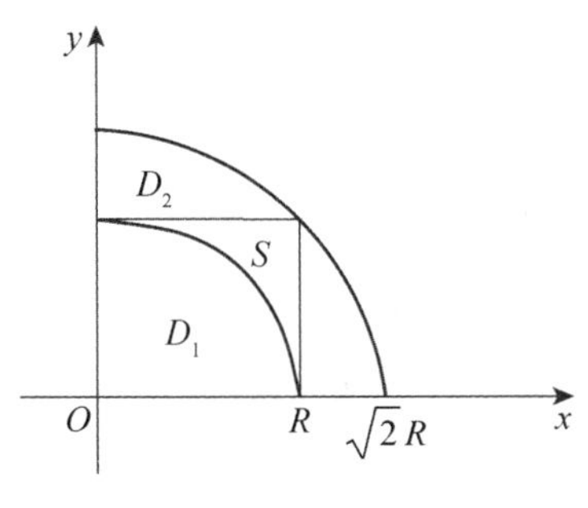

图 7-48

$$D_1 \subset S \subset D_2,$$

从而

$$\iint\limits_{D_1} e^{-x^2-y^2}\,dx\,dy < \iint\limits_{S} e^{-x^2-y^2}\,dx\,dy < \iint\limits_{D_2} e^{-x^2-y^2}\,dx\,dy.$$

而

$$\iint\limits_{S} e^{-x^2-y^2}\,dx\,dy = \int_0^R e^{-x^2}\,dx \int_0^R e^{-y^2}\,dy = \left(\int_0^R e^{-x^2}\,dx\right)^2,$$

$$\iint\limits_{D_1} e^{-x^2-y^2}\,dx\,dy = \int_0^{\frac{\pi}{2}} d\theta \int_0^R e^{-r^2} r\,dr = \frac{\pi}{4}(1-e^{-R^2}),$$

$$\iint\limits_{D_2} e^{-x^2-y^2}\,dx\,dy = \int_0^{\frac{\pi}{2}} d\theta \int_0^{\sqrt{2}R} e^{-r^2} r\,dr = \frac{\pi}{4}(1-e^{-2R^2}),$$

因此

$$\frac{\pi}{4}(1-e^{-R^2}) < \left(\int_0^R e^{-x^2}\,dx\right)^2 < \frac{\pi}{4}(1-e^{-2R^2}),$$

令 $R \to +\infty$，上式两端同时趋于 $\frac{\pi}{4}$，因此有

$$\int_0^{+\infty} e^{-x^2}\,dx = \frac{\sqrt{\pi}}{2}.$$

从而

$$\iint\limits_{D} e^{-x^2-y^2}\,dx\,dy = \int_0^{+\infty} e^{-x^2}\,dx \int_0^{+\infty} e^{-y^2}\,dy = \frac{\sqrt{\pi}}{2} \times \frac{\sqrt{\pi}}{2} = \frac{\pi}{4}.$$

习题 7.8

1. 用直角坐标系计算下列二重积分：

(1) $\iint\limits_{D}(3x+2y)\,d\sigma$，闭区域 D 是由 x 轴、y 轴与 $x+y=2$ 所围成的区域；

(2) $\iint\limits_D \frac{\sin x}{x}\mathrm{d}\sigma$，其中 D 是由 $y=x$，$y=\frac{x}{2}$，$x=2$ 所围成的区域；

(3) $\iint\limits_D x^2 \mathrm{e}^{-y^2}\mathrm{d}\sigma$，其中 D 是由 $y=x$，$y=1$，y 轴所围成的区域.

2. 用极坐标系计算下列二重积分：

(1) $\iint\limits_D \mathrm{e}^{x^2+y^2}\mathrm{d}\sigma$，其中 D 是由 $x^2+y^2=9$ 所围成的区域；

(2) $\iint\limits_D (x^2+y^2)\mathrm{d}\sigma$，其中 D 是由 $x^2+y^2=2x$ 所围成的区域在第一象限的部分；

(3) $\iint\limits_D \ln(1+x^2+y^2)\mathrm{d}\sigma$，其中 D 是由 $x^2+y^2=4$ 所围成的区域在第一象限的部分.

3. 计算下列二重积分：

(1) $\iint\limits_D \frac{x^2}{y^2}\mathrm{d}\sigma$，其中 D 是由 $y=x$，$xy=1$，$x=2$ 所围成的区域；

(2) $\iint\limits_D \mathrm{e}^{\frac{y}{x}}\mathrm{d}\sigma$，其中 D 是由 $y=x$，$x=2$，x 轴所围成的区域.

4. 计算 $\iint\limits_D |y-x^2|\mathrm{d}\sigma$，其中 D：$-1\leqslant x\leqslant 1$，$0\leqslant y\leqslant 1$.

5. 改变下列二次积分的积分次序：

(1) $\int_1^{\mathrm{e}}\mathrm{d}x\int_0^{\ln x} f(x, y)\mathrm{d}y$；

(2) $\int_0^4 \mathrm{d}y\int_{-\sqrt{4-y}}^{\frac{1}{2}(y-4)} f(x, y)\mathrm{d}x$；

(3) $\int_1^2 \mathrm{d}x\int_{2-x}^{\sqrt{2x-x^2}} f(x, y)\mathrm{d}y$；

(4) $\int_0^4 \mathrm{d}y\int_0^{\frac{y}{2}} f(x, y)\mathrm{d}x+\int_4^6 \mathrm{d}y\int_0^{6-y} f(x, y)\mathrm{d}x$.

本章小结

本章讨论了多元函数尤其是二元函数的微分与积分问题. 介绍了空间的直角坐标系，给出了空间曲面的概念及其方程表示，给出了多元函数的概念，讨论了多元函数的极限与连续性，给出了多元复合函数求导法则和隐函数求导法则，讨论了多元函数的极值以及二重积分问题.

二元函数的极限本质上是一个二重极限，它与一元函数的极限有本质区别. 在平面区域 D 内，动点 P 可以沿着 D 内的任意路径无限趋于定点 P_0，$\lim\limits_{P\to P_0} f(P)=A$ 是指 P 在区域 D 内沿着任意不同路径无限趋于 P_0 时，$f(P)$ 都以 A 为极限. 若 P 在区域 D 内沿着不同路径无限趋于 P_0 时，$f(P)$ 的极限不同，则 $\lim\limits_{P\to P_0} f(P)$ 不存在.

多元函数对其中一个自变量求偏导时，只需将其余自变量看作常数，利用一元函数求导法则求解即可.

多元复合函数的求导法则可以借助于变量关系图（链式图）得到相应的链式公式. 对于隐函数求偏导数问题，可以利用隐函数求导公式、全微分等多种方法进行计算.

对于多元函数的极值问题，可将其分为无条件极值和条件极值两大类进行讨论. 对于条件极值问题，利用拉格朗日乘数法可以得到可能的极值点，至于该点是否为极值点，往往通过问题的实际意义进行判断.

二重积分的定义与定积分的定义类似，可以按照“分割”“近似替代”“求和”“取极限”四个步骤得到. 在计算二重积分时，需要根据被积函数与积分区域的特点选择合适的坐标系（直角坐标系或极坐标系）. 对于直角坐标系下二重积分的计算，需要选择合适的积分次序；对于极坐标系下二重积分的计算，需要根据极点与积分区域的位置关系，将其化为相应的二次积分.

总复习题 7

1. 求下列二元函数的定义域：

（1）$z=\ln(x^2+y^2-2)+\sqrt{4-x^2-y^2}$；

（2）$z=\arcsin\dfrac{x}{y^2}+\arcsin(1-y)$.

2. 判断极限$\lim\limits_{\substack{x\to 0\\ y\to 0}}\dfrac{x^2y}{x^4+y^2}$是否存在.

3. 求下列函数的一阶偏导数：

（1）$z=\arctan\dfrac{x+y}{x-y}$；　（2）$z=\ln(x+\ln y)$；　（3）$z=\sin(\sqrt{x}+\sqrt{y})\mathrm{e}^{xy}$.

4. 求下列函数的全微分：

（1）$z=\dfrac{\mathrm{e}^{xy}}{x^2+y^2}$；　（2）$z=x^{\ln y}$；　（3）$u=x^y y^z z^x$.

5. 求下列函数的二阶偏导数：

（1）$z=\dfrac{x}{x^2+y^2}$；　（2）$z=y^x$.

6. 求下列函数的偏导数或全导数：

（1）$z=u^2+v^2$，$u=x+y$，$v=x-y$，求$\dfrac{\partial z}{\partial x}$和$\dfrac{\partial z}{\partial y}$；

（2）$u=\mathrm{e}^x(y-z)$，而 $y=\sin x$，$z=\cos x$，求$\dfrac{\mathrm{d}u}{\mathrm{d}x}$；

（3）$z=uv$，$u=\mathrm{e}^x\cos y$，$v=\mathrm{e}^x\sin y$，求$\dfrac{\partial z}{\partial x}$和$\dfrac{\partial z}{\partial y}$；

（4）$u=e^{2x+3y}\cos 4z$，$x=\ln t$，$y=\ln(t^2+1)$，$z=t$，求$\frac{du}{dt}$.

7. 设$z=f(xy^2, x^2y)$，其中f具有二阶连续偏导数，求$\frac{\partial^2 z}{\partial x^2}$，$\frac{\partial^2 z}{\partial x\partial y}$，$\frac{\partial^2 z}{\partial y^2}$.

8. 设$z=f(x^2+y^2)$，其中f具有二阶导数，求$\frac{\partial^2 z}{\partial x^2}$，$\frac{\partial^2 z}{\partial x\partial y}$，$\frac{\partial^2 z}{\partial y^2}$.

9. 设$z=f(u, x, y)$，$u=xe^y$，其中f具有二阶连续偏导数，求$\frac{\partial^2 z}{\partial x\partial y}$.

10. 求下列方程确定的隐函数的导数或偏导数：

（1）$\sin z=xyz$，求$\frac{\partial z}{\partial x}$和$\frac{\partial z}{\partial y}$；

（2）$z^3-3xyz=a^3$，求$\frac{\partial z}{\partial x}$，$\frac{\partial z}{\partial y}$和$\frac{\partial^2 z}{\partial x^2}$.

11. 证明题：

（1）设$u=(y-z)(z-x)(x-y)$，证明$\frac{\partial u}{\partial x}+\frac{\partial u}{\partial y}+\frac{\partial u}{\partial z}=0$；

（2）设$2\sin(x+2y-3z)=x+2y-3z$，证明$\frac{\partial z}{\partial x}+\frac{\partial z}{\partial y}=1$；

（3）设$x=x(y, z)$，$y=y(z, x)$，$z=z(x, y)$都是由方程$F(x, y, z)=0$所确定的具有连续偏导数的函数，证明$\frac{\partial z}{\partial x}\cdot\frac{\partial x}{\partial y}\cdot\frac{\partial y}{\partial z}=-1$；

（4）设$\Phi(u, v)$具有连续偏导数，证明由方程$\Phi(cx-az, cy-bz)=0$所确定的函数$z=z(x, y)$满足$a\frac{\partial z}{\partial x}+b\frac{\partial z}{\partial y}=c$.

12. 求下列函数的极值：

（1）$f(x, y)=\frac{1}{2}x^2-4xy+9y^2+3x-14y+\frac{1}{2}$；

（2）$f(x, y)=e^{x-y}(x^2-2y^2)$.

13. 设$z=f(x, y)$是方程$2x^2+2y^2+z^2+8xz-z+8=0$确定的隐函数，求$z=f(x, y)$的极值.

14. 求$z=f(x, y)=xy-1$在条件$(x-1)(y-1)=1$（$x>0$，$y>0$）下的极值.

15. 求$z=f(x, y)=x^2+y^2-xy-x-y$在闭区域D：$x\geqslant 0$，$y\geqslant 0$，$x+y\leqslant 3$上的最值.

16. 求下列二重积分的值：

（1）$\iint\limits_D xy^2 d\sigma$，其中$D$为矩形$0\leqslant x\leqslant 1$，$1\leqslant y\leqslant 2$；

（2）$\iint\limits_D x d\sigma$，其中D由$y=2x$，$y=\frac{1}{2}x$，$y=12-x$围成；

（3）$\iint\limits_D (2x-y) d\sigma$，其中$D$由$y=1$，$2x-y+3=0$，$x+y-3=0$围成；

(4) $\iint\limits_D y\mathrm{e}^{x^2y^2}\mathrm{d}\sigma$，其中 D 由 $y=0$，$x=1$，$x=2$，$xy=1$ 围成；

(5) $\iint\limits_D \sqrt{R^2-x^2-y^2}\,\mathrm{d}\sigma\ (R>0)$，其中 D 为 $x^2+y^2=Rx$ 所包围的闭区域在第一象限的部分；

(6) $\iint\limits_D \dfrac{y}{\sqrt{x^2+y^2}}\mathrm{d}\sigma$，其中 D 由 $x^2+y^2=ay\ (a>0)$ 围成；

(7) $\iint\limits_D |1-x^2-y^2|\,\mathrm{d}\sigma$，其中 D 为圆域 $x^2+y^2\leqslant 4$；

(8) $\iint\limits_D \dfrac{x}{y+1}\mathrm{d}\sigma$，其中 D 是由 $y=x^2+1$，$y=2x$ 及 $x=0$ 围成的区域；

(9) $\iint\limits_D \arctan\dfrac{y}{x}\mathrm{d}\sigma$，其中 D 是由 $1\leqslant x^2+y^2\leqslant 9$，$\dfrac{x}{\sqrt{3}}\leqslant y\leqslant\sqrt{3}x$ 围成的区域.

17. 交换下列二次积分的次序：

(1) $\int_0^1\mathrm{d}y\int_y^{1+\sqrt{1-y^2}}f(x,\ y)\mathrm{d}x$；

(2) $\int_0^1\mathrm{d}x\int_{-\sqrt{x}}^{\sqrt{x}}f(x,\ y)\mathrm{d}y+\int_1^4\mathrm{d}x\int_{x-2}^{\sqrt{x}}f(x,\ y)\mathrm{d}y$.

18. 计算二次积分 $\int_0^1\mathrm{d}y\int_y^1\mathrm{e}^{x^2}\mathrm{d}x$.

19. 将 $\int_0^{2a}\mathrm{d}y\int_0^{\sqrt{2ay-y^2}}f(x^2+y^2)\mathrm{d}x\ (a>0)$ 化为极坐标下的二次积分.

20. 将 $\int_0^{\frac{\pi}{2}}\mathrm{d}\theta\int_0^{\cos\theta}f(r\cos\theta,\ r\sin\theta)r\,\mathrm{d}r$ 转换成直角坐标系下的二次积分.

21. 设 $f(x,\ y)$ 连续，且 $f(x,\ y)=xy+\iint\limits_D f(x,\ y)\mathrm{d}x\mathrm{d}y$，其中，$D$ 由 $y=0$，$y=x^2$，$x=1$ 围成，求 $f(x,\ y)$.

22. 某公司在生产中使用甲、乙两种原料，已知甲和乙两种原料分别使用 x 单位和 y 单位可生产 Q 单位的产品，且

$$Q=Q(x,\ y)=10xy+20.2x+30.3y-10x^2-5y^2.$$

已知甲原料每单位 20 元，乙原料每单位 30 元，产品每单位售价为 100 元，产品固定成本为 1 000 元，求该公司的最大利润.

23. 设两种商品的需求量分别为 x 和 y，相应的价格分别为 p 和 q，已知 $x=1-p+2q$，$y=11+p-3q$，而两种商品的成本函数为 $C(x,\ y)=4x+y$，试求两种商品取得最大总利润时的需求量与相应的价格.

24. 设生产某种产品必须投入两种要素，x_1，x_2 分别为两种要素的投入量，Q 为产量，生产函数为 $Q=2x_1^{\alpha}x_2^{\beta}$，其中 α，β 为正的常数且 $\alpha+\beta=1$. 假设两种要素的价格分别为 P_1，P_2，试问当产量为 12 时，两要素各投入多少可以使投入的总费用最小？

第8章 无穷级数

无穷级数是高等数学的重要组成部分. 本章首先介绍无穷级数的概念及其性质，然后重点讨论正项级数敛散性的判别法，在此基础上，介绍任意项级数的绝对收敛与条件收敛的概念，最后介绍函数项级数的相关内容，并介绍幂级数的一些最基本的结论和初等函数的幂级数展开式.

§8.1 无穷级数的概念与性质

中国伟大的哲学家庄子在他的《庄子·天下篇》中有这样一段文字记载："一尺之棰，日取其半，万世不竭". 其大意是：一尺长的木棍，每天截取其一半长，永远也截取不完，即

$$\frac{1}{2}+\frac{1}{2^2}+\frac{1}{2^3}+\frac{1}{2^4}+\cdots,$$

这就引出了无穷级数的概念.

8.1.1 无穷级数的基本概念

定义 8.1.1 给定数列 $\{u_n\}$：u_1，u_2，…，u_n，…，将它们的各项依次相加得到的表达式

$$u_1+u_2+\cdots+u_n+\cdots$$

称为**（常数项）无穷级数**，简称为**数项级数**或**级数**，记为 $\sum\limits_{n=1}^{\infty}u_n$，即

$$\sum_{n=1}^{\infty}u_n=u_1+u_2+\cdots+u_n+\cdots, \tag{8.1.1}$$

其中每一个元素称为级数 $\sum\limits_{n=1}^{\infty}u_n$ 的**项**，并称 u_1 为级数的**首项**，u_n 称为级数的**一般项**（或**通项**）.

定义 8.1.2 给定级数 $\sum\limits_{n=1}^{\infty} u_n$，记

$$S_n = u_1 + u_2 + \cdots + u_n,$$

称 S_n 为级数 $\sum\limits_{n=1}^{\infty} u_n$ 的**前 n 项部分和**. 当 n 依次取 1，2，3，…时，得到一个新的数列：

$$S_1 = u_1, \quad S_2 = u_1 + u_2, \quad S_3 = u_1 + u_2 + u_3, \cdots, \quad S_n = u_1 + u_2 + \cdots + u_n, \cdots$$

称数列 $\{S_n\}$ 为级数 $\sum\limits_{n=1}^{\infty} u_n$ 的**前 n 项部分和数列**. 如果数列 $\{S_n\}$ 收敛于 S，即

$$\lim_{n\to\infty} S_n = S,$$

则称级数 $\sum\limits_{n=1}^{\infty} u_n$ **收敛**，称其极限值 S 为级数 $\sum\limits_{n=1}^{\infty} u_n$ 的和，记为

$$\sum_{n=1}^{\infty} u_n = S,$$

此时也称**级数 $\sum\limits_{n=1}^{\infty} u_n$ 收敛于 S**.

如果前 n 项部分和数列 $\{S_n\}$ 的极限不存在，则称级数 $\sum\limits_{n=1}^{\infty} u_n$ **发散**，发散的级数没有和.

当级数收敛时，其部分和 S_n 是级数的和 S 的近似值，称 $S-S_n$ 为级数的**余项**，记为 R_n，即

$$R_n = S - S_n = u_{n+1} + u_{n+2} + \cdots,$$

$|R_n|$ 称为用 S_n 作为 S 的近似值所产生的误差.

例 8.1.1 判断级数

$$\frac{1}{1\times 2} + \frac{1}{2\times 3} + \frac{1}{3\times 4} + \cdots + \frac{1}{n(n+1)} + \cdots$$

的敛散性. 若收敛，求其和.

解 该级数的前 n 项部分和为

$$\begin{aligned} S_n &= \frac{1}{1\times 2} + \frac{1}{2\times 3} + \frac{1}{3\times 4} + \cdots + \frac{1}{n(n+1)} \\ &= \left(1 - \frac{1}{2}\right) + \left(\frac{1}{2} - \frac{1}{3}\right) + \cdots + \left(\frac{1}{n} - \frac{1}{n+1}\right) \\ &= 1 - \frac{1}{n+1}, \end{aligned}$$

由于

$$\lim_{n\to\infty}S_n=\lim_{n\to\infty}\left(1-\frac{1}{n+1}\right)=1,$$

所以级数 $\sum_{n=1}^{\infty}\frac{1}{n(n+1)}$ 收敛，其和 $S=1$，即

$$\frac{1}{1\times2}+\frac{1}{2\times3}+\frac{1}{3\times4}+\cdots+\frac{1}{n(n+1)}+\cdots=1.$$

例 8.1.2 判定级数

$$\sum_{n=1}^{\infty}\ln\frac{n+1}{n}=\ln\frac{2}{1}+\ln\frac{3}{2}+\ln\frac{4}{3}+\cdots+\ln\frac{n+1}{n}+\cdots$$

的敛散性.

解 由于

$$\ln\frac{n+1}{n}=\ln(n+1)-\ln n,$$

所以前 n 项部分和

$$\begin{aligned}S_n&=\ln\frac{2}{1}+\ln\frac{3}{2}+\ln\frac{4}{3}+\cdots+\ln\frac{n+1}{n}\\&=(\ln2-\ln1)+(\ln3-\ln2)+\cdots+[\ln(n+1)-\ln n]\\&=\ln(n+1),\end{aligned}$$

从而

$$\lim_{n\to\infty}S_n=\lim_{n\to\infty}\ln(n+1)=+\infty,$$

故级数发散.

例 8.1.3 讨论**几何级数**（又称**等比级数**）

$$\sum_{n=1}^{\infty}aq^{n-1}=a+aq+aq^2+\cdots+aq^{n-1}+\cdots$$

的敛散性（其中 $a\neq0$）.

解 由等比数列前 n 项求和公式，如果 $|q|\neq1$，则部分和为

$$S_n=a+aq+aq^2+\cdots+aq^{n-1}=\frac{a(1-q^n)}{1-q}.$$

下面分情况讨论级数的敛散性.

当 $|q|<1$时，因为 $\lim_{n\to\infty}q^n=0$，所以 $\lim_{n\to\infty}S_n=\frac{a}{1-q}$，这时级数收敛.

当 $|q|>1$时，因为 $\lim_{n\to\infty}q^n=\infty$，所以 $\lim_{n\to\infty}S_n=\infty$，因而级数发散.

当 $q=1$ 时，$S_n=na$，因为 $\lim_{n\to\infty}S_n=\lim_{n\to\infty}na=\infty$，所以级数发散.

当 $q=-1$ 时，级数可写成

$$a-a+a-a+\cdots,$$

因为

$$\lim_{n\to\infty}S_{2n}=0,\ \lim_{n\to\infty}S_{2n+1}=a\neq 0,$$

所以数列 $\{S_n\}$ 的极限不存在，级数发散.

根据以上讨论可以得到，当 $|q|<1$ 时，几何级数 $\sum\limits_{n=1}^{\infty}aq^{n-1}$ 收敛，其和为 $\dfrac{a}{1-q}$；当 $|q|\geqslant 1$ 时，几何级数 $\sum\limits_{n=1}^{\infty}aq^{n-1}$ 发散.

例如，级数 $\sum\limits_{n=1}^{\infty}(-1)^n\left(\dfrac{2}{3}\right)^{n-1}$ 收敛，且

$$\sum_{n=1}^{\infty}(-1)^n\left(\frac{2}{3}\right)^{n-1}=-\sum_{n=1}^{\infty}\left(-\frac{2}{3}\right)^{n-1}=-\frac{1}{1+\frac{2}{3}}=-\frac{3}{5}.$$

8.1.2 无穷级数的基本性质

由级数敛散性的定义可知，级数收敛的问题实质上就是其前 n 项部分和数列的收敛问题. 下面应用数列极限的有关性质来推导出级数的一系列重要性质.

性质 8.1.1 设级数 $\sum\limits_{n=1}^{\infty}u_n$ 收敛，其和为 S，c 为任一常数，则 $\sum\limits_{n=1}^{\infty}cu_n$ 也收敛，其和为 cS，即有

$$\sum_{n=1}^{\infty}cu_n=c\sum_{n=1}^{\infty}u_n.$$

证 记级数 $\sum\limits_{n=1}^{\infty}u_n$ 的前 n 项部分和为 S_n，级数 $\sum\limits_{n=1}^{\infty}cu_n$ 的前 n 项部分和为 W_n，则

$$W_n=\sum_{k=1}^{n}cu_k=c\sum_{k=1}^{n}u_k=cS_n.$$

由于级数 $\sum\limits_{n=1}^{\infty}u_n$ 收敛于 S，即

$$\lim_{n\to\infty}S_n=S,$$

所以有

$$\lim_{n\to\infty}W_n=\lim_{n\to\infty}cS_n=c\lim_{n\to\infty}S_n=cS,$$

因此

$$\sum_{n=1}^{\infty} cu_n = \lim_{n\to\infty} W_n = cS = c\sum_{n=1}^{\infty} u_n.$$

由性质 8.1.1 可知，级数 $\sum_{n=1}^{\infty} cu_n(c\neq 0)$ 与级数 $\sum_{n=1}^{\infty} u_n$ 的敛散性相同，即同时收敛或同时发散.

性质 8.1.2 若级数 $\sum_{n=1}^{\infty} u_n$ 和 $\sum_{n=1}^{\infty} v_n$ 均收敛，则级数 $\sum_{n=1}^{\infty}(u_n\pm v_n)$ 也收敛，且有

$$\sum_{n=1}^{\infty}(u_n\pm v_n)=\sum_{n=1}^{\infty} u_n \pm \sum_{n=1}^{\infty} v_n.$$

证 只证明两个级数之和的情形，差的情形可作类似证明.

设级数 $\sum_{n=1}^{\infty} u_n$ 和 $\sum_{n=1}^{\infty} v_n$ 分别收敛于 S 和 W，且级数 $\sum_{n=1}^{\infty} u_n$ 和 $\sum_{n=1}^{\infty} v_n$ 的前 n 项和分别为

$$S_n=u_1+u_2+\cdots+u_n,\quad W_n=v_1+v_2+\cdots+v_n,$$

由已知得

$$\lim_{n\to\infty} S_n=S,\quad \lim_{n\to\infty} W_n=W,$$

记新级数的前 n 项和为 T_n，则

$$T_n=\sum_{k=1}^{n}(u_k+v_k)=\sum_{k=1}^{n} u_k+\sum_{k=1}^{n} v_k=S_n+W_n,$$

因为

$$\lim_{n\to\infty} T_n=\lim_{n\to\infty}(S_n+W_n)=S+W,$$

所以

$$\sum_{n=1}^{\infty}(u_n+v_n)=S+W=\sum_{n=1}^{\infty} u_n+\sum_{n=1}^{\infty} v_n.$$

注 一个收敛级数与一个发散级数之和一定发散（证明可参见微课例 8.1.5），而两个发散级数之和的敛散性不能确定.

例如 $\sum_{n=1}^{\infty}(-1)^n$，$\sum_{n=1}^{\infty}(-1)^{n-1}$ 为两个发散级数，而 $\sum_{n=1}^{\infty}[(-1)^n+(-1)^{n-1}]$ 为收敛级数，$\sum_{n=1}^{\infty}[(-1)^n-(-1)^{n-1}]$ 为发散级数.

性质 8.1.3 在一个级数中加上（去掉或改变）有限项，级数的敛散性不变.

证 只证明在级数的前面添加有限项的情形，其他情形的证明类似. 设原有级数 $\sum_{n=1}^{\infty} u_n$ 的前 n 项部分和为 $S_n=\sum_{k=1}^{n} u_k$，在该级数的前面添加 m 项（m 为正整数）：v_1，v_2，…，v_m，

则新级数为

$$v_1+v_2+\cdots+v_m+u_1+u_2+\cdots+u_n+\cdots,$$

新级数的前 n（$n>m$）项部分和为

$$\begin{aligned}W_n&=v_1+v_2++\cdots+v_m+u_1+u_2+\cdots+u_{n-m}\\&=v_1+v_2+\cdots+v_m+S_{n-m}.\end{aligned}$$

由于数列 $\{W_n\}$ 与 $\{S_n\}$ 同时收敛或同时发散，所以级数增加有限项后不影响其敛散性. 但收敛的级数之和可能会发生变化.

性质 8.1.4 收敛的级数任意添加括号后得到的新级数仍然收敛，且其和不变.

证 若级数 $\sum\limits_{n=1}^{\infty}u_n$ 收敛于 S，任意添加括号后所成的级数为

$$\begin{aligned}&(u_1+u_2+\cdots+u_{i_1})+(u_{i_1+1}+u_{i_1+2}+\cdots+u_{i_2})+(u_{i_2+1}+u_{i_2+2}+\cdots+u_{i_3})+\cdots\\&+(u_{i_{n-1}+1}+u_{i_{n-1}+2}+\cdots+u_{i_n})+\cdots\\=&v_1+v_2+v_3+\cdots+v_n+\cdots,\end{aligned}$$

记 W_n 为新级数 $\sum\limits_{n=1}^{\infty}v_n$ 的前 n 项部分和，则

$$\begin{aligned}&W_1=v_1=S_{i_1},\ W_2=v_1+v_2=S_{i_2},\ W_3=v_1+v_2+v_3=S_{i_3},\ \cdots,\\&W_n=v_1+v_2+\cdots+v_n=S_{i_n},\ \cdots,\end{aligned}$$

显然数列 $\{W_n\}$ 是数列 $\{S_n\}$ 的子数列，所以

$$\lim_{n\to\infty}W_n=\lim_{n\to\infty}\sum_{k=1}^{n}v_k=\lim_{n\to\infty}S_{i_n}=\lim_{n\to\infty}S_n=S.$$

注 如果加括号后所成的级数发散，则原级数必发散. 而发散级数加括号后可能收敛，可能发散，即加括号后级数收敛，但原级数未必收敛.

例如，级数 $1-1+1-1+1-1+\cdots+(-1)^{n-1}+\cdots$是发散的，相邻两项加括号，得

$$(1-1)+(1-1)+\cdots+(1-1)+\cdots,$$

显然加括号后的级数是收敛的.

性质 8.1.5（级数收敛的必要条件） 若级数 $\sum\limits_{n=1}^{\infty}u_n$ 收敛，则$\lim\limits_{n\to\infty}u_n=0$.

证 设级数 $\sum\limits_{n=1}^{\infty}u_n$ 的前 n 项部分和为 S_n，由于级数 $\sum\limits_{n=1}^{\infty}u_n$ 收敛，所以数列 $\{S_n\}$ 的极限存在. 不妨设$\lim\limits_{n\to\infty}S_n=S$，因为 $u_n=S_n-S_{n-1}$，所以

$$\lim_{n\to\infty}u_n=\lim_{n\to\infty}(S_n-S_{n-1})=S-S=0.$$

由性质 8.1.5 可知，若级数的一般项不趋于 0，则级数必发散. 当考察一个级数是否收敛时，首先考察当 $n\to\infty$时，该级数的一般项 u_n 是否趋向于零，如果 u_n 不趋于零，则可以

判断这个级数是发散的. 但一定要注意，一般项趋向于零的级数不一定收敛.

例如，级数 $\sum_{n=1}^{\infty}\ln\frac{n+1}{n}$ 满足

$$\lim_{n\to\infty}u_n=\lim_{n\to\infty}\ln\left(1+\frac{1}{n}\right)=0.$$

但是由例 8.1.2 可知，该级数发散.

例 8.1.4 判断级数

$$-\frac{2}{3}+\frac{3}{4}-\frac{4}{5}+\cdots+(-1)^n\frac{n+1}{n+2}+\cdots$$

的敛散性.

解 因为 $u_n=(-1)^n\frac{n+1}{n+2}$，所以

$$\lim_{n\to\infty}|u_n|=\lim_{n\to\infty}\frac{n+1}{n+2}=1,$$

故当 $n\to\infty$ 时，u_n 不趋向于零，不满足级数收敛的必要条件，所以级数 $\sum_{n=1}^{\infty}(-1)^n\frac{n+1}{n+2}$ 发散.

例 8.1.5 判断级数 $\sum_{n=1}^{\infty}[0.9^n+0.\underbrace{99\cdots9}_{n个9}]$ 是否收敛.

解 设通项 $w_n=0.9^n+(0.99\cdots9)$，

考察通项的极限 $\lim_{n\to\infty}w_n=\lim_{n\to\infty}[0.9^n+0.99\cdots9]$.

利用 $\lim_{n\to\infty}q^n=\begin{cases}0, & |q|<1\\ \infty, & |q|>1\\ 1, & q=1\\ 不存在, & q=-1\end{cases}$，从而

$$\lim_{n\to\infty}w_n=\lim_{n\to\infty}[0.9^n+0.99\cdots9]=\lim_{n\to\infty}\left[\left(\frac{9}{10}\right)^n+1-\left(\frac{1}{10}\right)^n\right]=1,$$

因为通项极限不趋于零，所以此级数发散.

习题 8.1

1. 判别下列级数的敛散性. 若收敛，求其和.

(1) $-\frac{1}{5}-\frac{1}{5^2}-\frac{1}{5^3}-\frac{1}{5^4}-\cdots$；

(2) $\frac{1}{3}-\frac{1}{9}+\frac{1}{27}-\frac{1}{81}+\cdots$；

(3) $-\frac{8}{9}+\frac{8^2}{9^2}-\frac{8^3}{9^3}+\frac{8^4}{9^4}-\cdots$;

(4) $\frac{9}{4}+\frac{27}{8}+\frac{81}{16}+\frac{243}{32}+\cdots$;

(5) $(1+1)+\left(\frac{1}{2}+\frac{1}{3}\right)+\left(\frac{1}{2^2}+\frac{1}{3^2}\right)+\left(\frac{1}{2^3}+\frac{1}{3^3}\right)+\cdots$;

(6) $\frac{1}{2\cdot 4}+\frac{1}{4\cdot 6}+\frac{1}{6\cdot 8}+\frac{1}{8\cdot 10}+\cdots$;

(7) $\frac{1}{3}+\frac{1}{\sqrt{3}}+\frac{1}{\sqrt[3]{3}}+\frac{1}{\sqrt[4]{3}}+\cdots$;

(8) $\sum\limits_{n=1}^{\infty}(\sqrt{n+2}-\sqrt{n+1})$.

2. 若收敛级数 $\sum\limits_{n=1}^{\infty}u_n$ 的前 n 项部分和 $S_n=\frac{2n}{n+1}$，求该级数的通项 u_n 及级数的和 S.

§8.2 正项级数

正项级数是一类非常重要的常数项级数，很多级数的敛散性问题都可以归结为正项级数的敛散性问题进行讨论.

定义 8.2.1 若级数 $\sum\limits_{n=1}^{\infty}u_n$ 的每一项 u_n 均非负，则称级数 $\sum\limits_{n=1}^{\infty}u_n$ 为**正项级数**.

对于正项级数，由于 $u_n\geqslant 0$，所以

$$S_{n+1}=S_n+u_{n+1}\geqslant S_n,$$

因此正项级数 $\sum\limits_{n=1}^{\infty}u_n$ 的部分和数列 $\{S_n\}$ 必为单调增加数列. 若部分和数列 $\{S_n\}$ 有界，则由于单调有界数列必有极限，故数列 $\{S_n\}$ 必有极限，此时正项级数收敛. 反之，若正项级数收敛于 S，即 $\lim\limits_{n\to\infty}S_n=S$，则数列 $\{S_n\}$ 必有界，由此得到正项级数收敛的充分必要条件.

定理 8.2.1 正项级数 $\sum\limits_{n=1}^{\infty}u_n$ 收敛的充分必要条件是它的部分和数列 $\{S_n\}$ 有界.

由于对于正项级数 $\sum\limits_{n=1}^{\infty}u_n$，部分和数列 $\{S_n\}$ 是单调增加数列，数列 $\{S_n\}$ 有界等价于 $\{S_n\}$ 有上界，因此定理 8.2.1 还可以表述为：正项级数 $\sum\limits_{n=1}^{\infty}u_n$ 收敛的充分必要条件是它的部分和数列 $\{S_n\}$ 有上界.

利用定理 8.2.1 的结论，可以得到一些常见的判别正项级数敛散性的方法.

定理 8.2.2 **(比较判别法)** 如果两个正项级数 $\sum\limits_{n=1}^{\infty}u_n$ 和 $\sum\limits_{n=1}^{\infty}v_n$ 满足

$$u_n \leqslant cv_n \quad (n=1, 2, 3, \cdots),$$

其中 c 为大于 0 的常数，那么

（1）如果 $\sum_{n=1}^{\infty} v_n$ 收敛，则级数 $\sum_{n=1}^{\infty} u_n$ 必收敛；

（2）如果 $\sum_{n=1}^{\infty} u_n$ 发散，则级数 $\sum_{n=1}^{\infty} v_n$ 也发散.

证 设两个正项级数 $\sum_{n=1}^{\infty} u_n$ 和 $\sum_{n=1}^{\infty} v_n$ 的前 n 项部分和分别为

$$S_n = u_1 + u_2 + \cdots + u_n, \quad W_n = v_1 + v_2 + \cdots + v_n,$$

因为 $u_n \leqslant cv_n$，所以

$$S_n \leqslant cW_n.$$

（1）如果 $\sum_{n=1}^{\infty} v_n$ 收敛，则数列 $\{W_n\}$ 有上界，因此数列 $\{S_n\}$ 有上界，所以 $\sum_{n=1}^{\infty} u_n$ 收敛.

（2）如果 $\sum_{n=1}^{\infty} u_n$ 发散，则数列 $\{S_n\}$ 无上界，因此数列 $\{W_n\}$ 无上界，所以 $\sum_{n=1}^{\infty} v_n$ 发散.

在定理 8.2.2 中，若两个级数 $\sum_{n=1}^{\infty} u_n$ 和 $\sum_{n=1}^{\infty} v_n$ 从某一项开始满足 $u_n \leqslant cv_n$，其结论仍然成立.

比较判别法指出，判断一个正项级数是否收敛，可以将其与一个敛散性已知的正项级数作比较，从而得出相应的结论.

***定理 8.2.3** 设函数 $f(x)$ 在区间 $[1, +\infty)$ 上是一个连续的、单调递减的正函数，且令 $u_n = f(n)$，则正项级数 $\sum_{n=1}^{\infty} u_n$ 收敛的充分必要条件是广义积分 $\int_1^{+\infty} f(x)\mathrm{d}x$ 收敛.

证 对任意 $x \in [1, +\infty)$，一定存在正整数 k，使得 $k \leqslant x \leqslant k+1$，所以

$$0 < u_{k+1} \leqslant \int_k^{k+1} f(x)\mathrm{d}x \leqslant u_k,$$

求和得

$$\sum_{k=1}^{n} u_{k+1} \leqslant \sum_{k=1}^{n} \int_k^{k+1} f(x)\mathrm{d}x \leqslant \sum_{k=1}^{n} u_k,$$

即

$$S_{n+1} - u_1 \leqslant \int_1^{n+1} f(x)\mathrm{d}x \leqslant S_n,$$

则由广义积分 $\int_1^{+\infty} f(x)\mathrm{d}x$ 收敛，得 $\int_1^{n+1} f(x)\mathrm{d}x$ 有上界，即部分和数列 $\{S_{n+1}\}$ 有上界，因此正项级数 $\sum_{n=1}^{\infty} u_n$ 收敛；反之，由正项级数 $\sum_{n=1}^{\infty} u_n$ 收敛，得部分和数列 $\{S_n\}$ 有上界，因此 $\int_1^{n+1} f(x)\mathrm{d}x$ 有上界，故广义积分 $\int_1^{+\infty} f(x)\mathrm{d}x$ 收敛.

例 8.2.1 判别调和级数 $\sum\limits_{n=1}^{\infty}\frac{1}{n}=1+\frac{1}{2}+\frac{1}{3}+\cdots+\frac{1}{n}+\cdots$ 的敛散性.

解法 1
$$\begin{aligned}\sum_{n=1}^{\infty}\frac{1}{n}&=1+\frac{1}{2}+\frac{1}{3}+\frac{1}{4}+\cdots\\&=\left(1+\frac{1}{2}\right)+\left(\frac{1}{3}+\frac{1}{4}\right)+\left(\frac{1}{5}+\frac{1}{6}+\frac{1}{7}+\frac{1}{8}\right)+\cdots\\&\geqslant\frac{1}{2}+\left(\frac{1}{4}+\frac{1}{4}\right)+\left(\frac{1}{8}+\frac{1}{8}+\frac{1}{8}+\frac{1}{8}\right)+\cdots\\&=\frac{1}{2}+\frac{1}{2}+\frac{1}{2}+\cdots.\end{aligned}$$

因为后一个级数是发散的，故由比较判别法可知调和级数 $\sum\limits_{n=1}^{\infty}\frac{1}{n}$ 发散.

解法 2 由拉格朗日中值定理可知

$$\ln(n+1)-\ln n=\frac{1}{\xi}<\frac{1}{n},$$

其中 ξ 介于 n 与 $n+1$ 之间，因此

$$\begin{aligned}S_n&=1+\frac{1}{2}+\frac{1}{3}+\cdots+\frac{1}{n}\\&>(\ln 2-\ln 1)+(\ln 3-\ln 2)+\cdots+[\ln(n+1)-\ln n]\\&=\ln(n+1),\end{aligned}$$

从而

$$\lim_{n\to\infty}S_n=+\infty,$$

故调和级数 $\sum\limits_{n=1}^{\infty}\frac{1}{n}$ 发散.

***解法 3** 设函数 $f(x)=\frac{1}{x}$，因为

$$\int_1^{+\infty}f(x)\mathrm{d}x=\int_1^{+\infty}\frac{1}{x}\mathrm{d}x=\ln x\Big|_1^{+\infty}=+\infty,$$

所以调和级数 $\sum\limits_{n=1}^{\infty}\frac{1}{n}$ 发散.

例 8.2.2 判别 p 级数

$$\sum_{n=1}^{\infty}\frac{1}{n^p}=1+\frac{1}{2^p}+\frac{1}{3^p}+\cdots+\frac{1}{n^p}+\cdots$$

的敛散性，其中 $p>0$.

解法 1 当 $0<p\leqslant 1$ 时，$\frac{1}{n^p}\geqslant\frac{1}{n}$，由于调和级数 $\sum\limits_{n=1}^{\infty}\frac{1}{n}$ 发散，根据比较判别法可知，级数 $\sum\limits_{n=1}^{\infty}\frac{1}{n^p}$ 发散.

当 $p>1$ 且 $n>1$ 时，由于

$$\frac{1}{n^p}=\int_{n-1}^{n}\frac{1}{n^p}\mathrm{d}x<\int_{n-1}^{n}\frac{1}{x^p}\mathrm{d}x,$$

因此

$$\begin{aligned}S_n&=1+\frac{1}{2^p}+\frac{1}{3^p}+\cdots+\frac{1}{n^p}\leqslant 1+\int_1^2\frac{1}{x^p}\mathrm{d}x+\cdots+\int_{n-1}^{n}\frac{1}{x^p}\mathrm{d}x\\&=1+\int_1^n\frac{1}{x^p}\mathrm{d}x=1+\frac{1}{-p+1}x^{-p+1}\Big|_1^n\\&=1+\frac{1}{p-1}\left(1-\frac{1}{n^{p-1}}\right)\\&<1+\frac{1}{p-1},\end{aligned}$$

即部分和数列 $\{S_n\}$ 有上界，从而级数 $\sum\limits_{n=1}^{\infty}\frac{1}{n^p}$ 收敛.

综上所述，当 $0<p\leqslant 1$ 时级数 $\sum\limits_{n=1}^{\infty}\frac{1}{n^p}$ 发散，当 $p>1$ 时级数 $\sum\limits_{n=1}^{\infty}\frac{1}{n^p}$ 收敛.

***解法 2** 当 $p=1$ 时，为调和级数，发散，见例 8.2.1.

当 $0<p<1$ 时，$\int_1^{+\infty}\frac{1}{x^p}\mathrm{d}x=\frac{1}{1-p}x^{1-p}\Big|_1^{+\infty}=+\infty$，所以原级数发散.

当 $p>1$ 时，$\int_1^{+\infty}\frac{1}{x^p}\mathrm{d}x=\frac{1}{1-p}x^{1-p}\Big|_1^{+\infty}=\frac{1}{p-1}$，所以原级数收敛.

故当 $0<p\leqslant 1$ 时级数 $\sum\limits_{n=1}^{\infty}\frac{1}{n^p}$ 发散，当 $p>1$ 时级数 $\sum\limits_{n=1}^{\infty}\frac{1}{n^p}$ 收敛.

p 级数是一个很重要的级数，在比较判别法中，常常将其作为一个判别其他级数敛散性的常用工具.

例 8.2.3 判别下列级数的敛散性：

(1) $\sum\limits_{n=1}^{\infty}\frac{\sqrt{n^2+1}}{2n^2+1}$； (2) $\sum\limits_{n=1}^{\infty}\frac{n^2+2n+1}{n^4+4n^2}$.

解 由于

$$\frac{\sqrt{n^2+1}}{2n^2+1}>\frac{\sqrt{n^2}}{3n^2}=\frac{1}{3n},$$

而 $\sum\limits_{n=1}^{\infty}\frac{1}{n}$ 是发散级数，所以 $\sum\limits_{n=1}^{\infty}\frac{1}{3n}$ 也发散，故由比较判别法知，$\sum\limits_{n=1}^{\infty}\frac{\sqrt{n^2+1}}{2n^2+1}$ 发散.

(2) 由于

$$\frac{n^2+2n+1}{n^4+4n^2}<\frac{n^2+2n+1}{n^4}=\frac{1}{n^2}+\frac{2}{n^3}+\frac{1}{n^4},$$

而 $\sum\limits_{n=1}^{\infty}\frac{1}{n^2}$，$\sum\limits_{n=1}^{\infty}\frac{2}{n^3}$，$\sum\limits_{n=1}^{\infty}\frac{1}{n^4}$ 都是收敛的 p 级数，所以由级数的性质可知，$\sum\limits_{n=1}^{\infty}\left(\frac{1}{n^2}+\frac{2}{n^3}+\frac{1}{n^4}\right)$ 收

敛，故由比较判别法知，级数 $\sum\limits_{n=1}^{\infty}\dfrac{n^2+2n+1}{n^4+4n^2}$ 收敛.

定理 8.2.4 （比较判别法的极限形式） 设 $\sum\limits_{n=1}^{\infty}u_n$ 与 $\sum\limits_{n=1}^{\infty}v_n$ 均为正项级数，且满足

$$\lim_{n\to\infty}\frac{u_n}{v_n}=l.$$

（1）当 $0<l<+\infty$ 时，$\sum\limits_{n=1}^{\infty}v_n$ 与 $\sum\limits_{n=1}^{\infty}u_n$ 的敛散性相同（即同时收敛或同时发散）；

（2）当 $l=0$ 时，若 $\sum\limits_{n=1}^{\infty}v_n$ 收敛，则 $\sum\limits_{n=1}^{\infty}u_n$ 收敛；

（3）当 $l=+\infty$ 时，若 $\sum\limits_{n=1}^{\infty}v_n$ 发散，则 $\sum\limits_{n=1}^{\infty}u_n$ 发散.

证 （1）$0<l<+\infty$. 由于 $\lim\limits_{n\to\infty}\dfrac{u_n}{v_n}=l$，因此对于给定的 $\varepsilon=\dfrac{l}{2}>0$，存在正整数 N，当 $n>N$ 时，有

$$\left|\frac{u_n}{v_n}-l\right|<\frac{l}{2}.$$

从而

$$-\frac{l}{2}<\frac{u_n}{v_n}-l<\frac{l}{2},$$

即

$$\frac{l}{2}v_n<u_n<\frac{3l}{2}v_n,$$

由比较判别法可知 $\sum\limits_{n=1}^{\infty}v_n$ 与 $\sum\limits_{n=1}^{\infty}u_n$ 的敛散性相同.

（2）$l=0$. 由于 $\lim\limits_{n\to\infty}\dfrac{u_n}{v_n}=0$，因此对于任意给定的 $\varepsilon>0$，存在正整数 N，当 $n>N$ 时，有

$$0\leqslant\frac{u_n}{v_n}<\varepsilon,$$

即

$$0\leqslant u_n<\varepsilon v_n,$$

由比较判别法可知，若 $\sum\limits_{n=1}^{\infty}v_n$ 收敛，则 $\sum\limits_{n=1}^{\infty}u_n$ 收敛.

（3）$l=+\infty$. 由于 $\lim\limits_{n\to\infty}\dfrac{u_n}{v_n}=+\infty$，因此对于任意给定的 $M>0$，存在正整数 N，当

$n>N$ 时，有

$$\frac{u_n}{v_n}>M,$$

即

$$u_n>Mv_n,$$

由比较判别法可知，若 $\sum_{n=1}^{\infty}v_n$ 发散，则 $\sum_{n=1}^{\infty}u_n$ 发散.

推论 8.2.1 设 $\sum_{n=1}^{\infty}u_n$ 为正项级数，

(1) 如果 $\lim_{n\to\infty}nu_n=l>0$，则 $\sum_{n=1}^{\infty}u_n$ 发散；

(2) 设 $p>1$，若 $\lim_{n\to\infty}n^p u_n=l<+\infty$，则 $\sum_{n=1}^{\infty}u_n$ 收敛.

例 8.2.4 判别下列级数的敛散性：

(1) $\sum_{n=1}^{\infty}\sin\frac{\pi}{n}$；　　(2) $\sum_{n=1}^{\infty}\left(1-\cos\frac{1}{n}\right)$.

解 (1) 因为当 $n\to\infty$ 时，$\sin\frac{\pi}{n}\sim\frac{\pi}{n}$，即

$$\lim_{n\to\infty}n\sin\frac{\pi}{n}=\lim_{n\to\infty}\frac{\sin\frac{\pi}{n}}{\frac{\pi}{n}}\pi=\pi>0,$$

因此 $\sum_{n=1}^{\infty}\sin\frac{\pi}{n}$ 发散.

(2) 因为当 $n\to\infty$ 时，$1-\cos\frac{1}{n}\sim\frac{1}{2n^2}$，即

$$\lim_{n\to\infty}n^2\left(1-\cos\frac{1}{n}\right)=\lim_{n\to\infty}\frac{1-\cos\frac{1}{n}}{\frac{1}{2n^2}}\frac{1}{2}=\frac{1}{2}<+\infty,$$

因此级数 $\sum_{n=1}^{\infty}\left(1-\cos\frac{1}{n}\right)$ 收敛.

使用比较判别法需要另外找一个敛散性已知的级数作比较，这种方法较为麻烦. 下面介绍两种可以利用级数本身的特性来判别其敛散性的方法.

定理 8.2.5（比值判别法） 如果正项级数 $\sum_{n=1}^{\infty}u_n$ 满足条件

$$\lim_{n\to\infty}\frac{u_{n+1}}{u_n}=l,$$

那么 (1) 当 $0 \leqslant l < 1$ 时，级数收敛；

(2) 当 $l > 1$ 或 $l = +\infty$ 时，级数发散；

(3) 当 $l = 1$ 时，级数可能收敛，也可能发散.

证 (1) $0 \leqslant l < 1$. 由于 $\lim\limits_{n \to \infty} \frac{u_{n+1}}{u_n} = l$，因此由极限的定义可知，对给定的 $\varepsilon = \frac{1-l}{2} > 0$，存在正整数 N，使当 $n > N$ 时，有 $\left| \frac{u_{n+1}}{u_n} - l \right| < \varepsilon$，即

$$\frac{u_{n+1}}{u_n} < l + \varepsilon = l + \frac{1-l}{2} = \frac{1+l}{2},$$

令 $q = \frac{1+l}{2}$，则 $0 < q < 1$，因此

$$u_{N+1} < q u_N, \quad u_{N+2} < q^2 u_N, \quad u_{N+3} < q^3 u_N, \cdots, \quad u_{N+m} < q^m u_N, \cdots,$$

显然几何级数 $\sum\limits_{n=N+1}^{\infty} u_N q^{n-N}$ 收敛，所以由比较判别法知，级数 $\sum\limits_{n=N+1}^{\infty} u_n$ 收敛，从而由性质 8.1.3 可知，级数 $\sum\limits_{n=1}^{\infty} u_n$ 收敛.

(2) $l > 1$. 由于 $\lim\limits_{n \to \infty} \frac{u_{n+1}}{u_n} = l$，则由极限的定义可知，对 $\varepsilon = \frac{l-1}{2} > 0$，存在正整数 N，使当 $n > N$ 时，有 $\left| \frac{u_{n+1}}{u_n} - l \right| < \varepsilon$，解得不等式

$$\frac{u_{n+1}}{u_n} > l - \varepsilon = l - \frac{l-1}{2} = \frac{1+l}{2} > 1,$$

故得

$$0 < u_N < u_{N+1} < u_{N+2} < \cdots < u_n < u_{n+1} < \cdots,$$

因此当 $n \to \infty$ 时，所给级数的一般项 u_n 不趋于 0，所以级数发散.

当 $l = +\infty$ 时，可以类似地证明结论.

(3) $l = 1$. 级数可能收敛，也可能发散. 例如级数 $\sum\limits_{n=1}^{\infty} \frac{1}{n}$ 和 $\sum\limits_{n=1}^{\infty} \frac{1}{n^2}$ 均满足

$$l = \lim_{n \to \infty} \frac{u_{n+1}}{u_n} = 1,$$

但级数 $\sum\limits_{n=1}^{\infty} \frac{1}{n^2}$ 收敛，而调和级数 $\sum\limits_{n=1}^{\infty} \frac{1}{n}$ 发散.

比值判别法也称为**达朗贝尔**(D'Alembert) 判别法，在实际应用中，该方法非常方便简捷.

例 8.2.5 判别级数 $\sum\limits_{n=1}^{\infty}\dfrac{n^3}{3^n}$ 的敛散性.

解 由 $u_n=\dfrac{n^3}{3^n}$，$u_{n+1}=\dfrac{(n+1)^3}{3^{n+1}}$，得

$$\lim_{n\to\infty}\frac{u_{n+1}}{u_n}=\lim_{n\to\infty}\frac{\dfrac{(n+1)^3}{3^{n+1}}}{\dfrac{n^3}{3^n}}=\frac{1}{3}\lim_{n\to\infty}\left(\frac{n+1}{n}\right)^3=\frac{1}{3}<1,$$

由比值判别法可知，级数 $\sum\limits_{n=1}^{\infty}\dfrac{n^3}{3^n}$ 收敛.

例 8.2.6 判别级数 $\sum\limits_{n=1}^{\infty}\dfrac{n^n}{n!}$ 的敛散性.

解 由 $u_n=\dfrac{n^n}{n!}$，$u_{n+1}=\dfrac{(n+1)^{n+1}}{(n+1)!}$，得到

$$\lim_{n\to\infty}\frac{u_{n+1}}{u_n}=\lim_{n\to\infty}\frac{\dfrac{(n+1)^{n+1}}{(n+1)!}}{\dfrac{n^n}{n!}}=\lim_{n\to\infty}\frac{(n+1)^n}{n!}\frac{n!}{n^n}=\lim_{n\to\infty}\left(1+\frac{1}{n}\right)^n=\mathrm{e}>1,$$

由比值判别法可知，级数 $\sum\limits_{n=1}^{\infty}\dfrac{n^n}{n!}$ 发散.

例 8.2.7 判别级数 $\sum\limits_{n=1}^{\infty}\dfrac{n\sin^2\dfrac{n}{3}\pi}{2^n}$ 的敛散性.

解 因为 $\sin^2\dfrac{n}{3}\pi\leqslant 1$，所以

$$\frac{n\sin^2\dfrac{n}{3}\pi}{2^n}\leqslant\frac{n}{2^n}.$$

由于级数 $\sum\limits_{n=1}^{\infty}\dfrac{n}{2^n}$ 满足

$$\lim_{n\to\infty}\frac{u_{n+1}}{u_n}=\lim_{n\to\infty}\frac{\dfrac{n+1}{2^{n+1}}}{\dfrac{n}{2^n}}=\lim_{n\to\infty}\frac{1}{2}\cdot\frac{n+1}{n}=\frac{1}{2}<1,$$

因此级数 $\sum\limits_{n=1}^{\infty}\dfrac{n}{2^n}$ 收敛. 故由比较判别法知，级数 $\sum\limits_{n=1}^{\infty}\dfrac{n\sin^2\dfrac{n}{3}\pi}{2^n}$ 也收敛.

定理 8.2.6（根值判别法） 如果正项级数 $\sum\limits_{n=1}^{\infty}u_n$ 满足

$$\lim_{n\to\infty}\sqrt[n]{u_n}=l,$$

则

(1) 当 $0 \leqslant l < 1$ 时，级数收敛；

(2) 当 $l > 1$ 或 $l = +\infty$ 时，级数发散；

(3) 当 $l = 1$ 时，级数可能收敛，也可能发散.

*证 (1) $0 \leqslant l < 1$. 由于 $\lim\limits_{n \to \infty} \sqrt[n]{u_n} = l$，因此根据极限的定义，对于给定的 $\varepsilon = \frac{1-l}{2} > 0$，存在正整数 N，使当 $n > N$ 时，有 $\left| \sqrt[n]{u_n} - l \right| < \varepsilon$，解得

$$\sqrt[n]{u_n} \leqslant l + \varepsilon = l + \frac{1-l}{2} = \frac{1+l}{2},$$

令 $q = \frac{1+l}{2}$，则 $0 < q < 1$，且有

$$u_n < q^n.$$

由于几何级数 $\sum\limits_{n=N+1}^{\infty} q^n$ 收敛，所以由比较判别法可知，级数 $\sum\limits_{n=N+1}^{\infty} u_n$ 收敛，从而由级数的性质 8.1.3 可知，级数 $\sum\limits_{n=1}^{\infty} u_n$ 收敛.

(2) $l > 1$. 由于 $\lim\limits_{n \to \infty} \sqrt[n]{u_n} = l$，因此由极限的定义可知，对于给定的 $\varepsilon = \frac{l-1}{2} > 0$，存在正整数 N，使当 $n > N$ 时，有 $\left| \sqrt[n]{u_n} - l \right| < \varepsilon$，解得

$$\sqrt[n]{u_n} > l - \varepsilon = l - \frac{l-1}{2} = \frac{1+l}{2},$$

令 $q = \frac{1+l}{2}$，则 $q > 1$，因此

$$u_n > q^n > 1.$$

显然当 $n \to \infty$ 时，所给级数的一般项 u_n 不趋于 0，所以级数发散.

当 $l = +\infty$ 时，可以类似地证得结论.

根值判别法也称为**柯西判别法**. 当级数的一般项中含有 n 次幂因子时，可考虑使用根值判别法.

例 8.2.8 判别级数 $\sum\limits_{n=1}^{\infty} \left(\frac{n}{2n+1} \right)^n$ 的敛散性.

解 因为

$$\lim_{n \to \infty} \sqrt[n]{u_n} = \lim_{n \to \infty} \frac{n}{2n+1} = \frac{1}{2} < 1,$$

由根值判别法知，级数 $\sum\limits_{n=1}^{\infty} \left(\frac{n}{2n+1} \right)^n$ 收敛.

***例 8.2.9** 判断三个级数 (1) $\sum_{n=2}^{\infty}\frac{1}{n\ln n}$，(2) $\sum_{n=2}^{\infty}\frac{1}{n\sqrt{\ln n}}$，(3) $\sum_{n=2}^{\infty}\frac{1}{n\ln^2 n}$ 的敛散性.

解 (1) 设通项 $u_n=\frac{1}{n\ln n}$，由通项可以构造一个连续函数 $f(x)=\frac{1}{x\ln x}$，且有 $f(n)=\frac{1}{n\ln n}=u_n$，由定理 8.2.3 可知

例 8.2.9

$$\int_2^{+\infty}f(x)\mathrm{d}x=\int_2^{+\infty}\frac{1}{x\ln x}\mathrm{d}x=\int_2^{+\infty}\frac{1}{\ln x}\mathrm{d}\ln x=[\ln(\ln x)]_2^{+\infty}$$
$$=\lim_{x\to+\infty}\ln(\ln x)-\ln(\ln 2)=+\infty,$$

从而 $\sum_{n=2}^{\infty}\frac{1}{n\ln n}$ 是发散的.

(2) 设通项 $v_n=\frac{1}{n\sqrt{\ln n}}$，由通项可以构造一个连续函数 $g(x)=\frac{1}{x\sqrt{\ln x}}$，且有 $g(n)=\frac{1}{n\sqrt{\ln n}}=v_n$，由定理 8.2.3 可知

$$\int_2^{+\infty}g(x)\mathrm{d}x=\int_2^{+\infty}\frac{1}{x\sqrt{\ln x}}\mathrm{d}x=\int_2^{+\infty}\frac{1}{\sqrt{\ln x}}\mathrm{d}\ln x$$
$$=\left[2\sqrt{\ln x}\right]_2^{+\infty}=\lim_{x\to+\infty}2\sqrt{\ln x}-2\sqrt{\ln 2}=+\infty,$$

从而 $\sum_{n=2}^{\infty}\frac{1}{n\sqrt{\ln n}}$ 是发散的.

(3) 设通项 $w_n=\frac{1}{n\ln^2 n}$，由通项可以构造一个连续函数 $h(x)=\frac{1}{x\ln^2 x}$，且有 $h(n)=\frac{1}{n\ln^2 n}=w_n$，由定理 8.2.3 可知

$$\int_2^{+\infty}h(x)\mathrm{d}x=\int_2^{+\infty}\frac{1}{x\ln^2 x}\mathrm{d}x=\int_2^{+\infty}\frac{1}{\ln^2 x}\mathrm{d}\ln x$$
$$=\left[-\frac{1}{\ln x}\right]_2^{+\infty}=\lim_{x\to+\infty}\left[-\frac{1}{\ln x}\right]+\frac{1}{\ln 2}=\frac{1}{\ln 2},$$

从而 $\sum_{n=2}^{\infty}\frac{1}{n\ln^2 n}$ 是收敛的.

根据例 8.2.9 可以得到级数 $\sum_{n=2}^{\infty}\frac{1}{n\ln^p n}(p>0)$ 与 $\sum_{n=1}^{\infty}\frac{1}{n^p}(p>0$，$p$ 级数) 有相同的结论，即当 $p\leqslant 1$ 时级数发散，当 $p>1$ 时级数收敛.

习题 8.2

1. 用比较判别法判别下列级数的敛散性：

(1) $\frac{1}{3}+\frac{1}{5}+\frac{1}{7}+\frac{1}{9}+\frac{1}{11}+\cdots$；

(2) $\sum_{n=1}^{\infty}\frac{1}{n^2+n}$；

(3) $\sum_{n=2}^{\infty}\frac{n}{\sqrt{n^3+2n-1}}$；

(4) $\sum_{n=1}^{\infty}\frac{n}{\sqrt{n^5+1}}$；

(5) $\sum_{n=1}^{\infty}\frac{1}{\ln(1+n)}$；

(6) $\frac{3}{2\cdot 4}+\frac{3^2}{3\cdot 4^2}+\frac{3^3}{4\cdot 4^3}+\frac{3^4}{5\cdot 4^4}+\cdots$；

(7) $1+\frac{2}{3}+\frac{2^2}{3\cdot 5}+\frac{2^3}{3\cdot 5\cdot 7}+\frac{2^4}{3\cdot 5\cdot 7\cdot 9}+\cdots+\frac{2^{n-1}}{3\cdot 5\cdot 7\cdot 9\cdot\cdots\cdot(2n-1)}+\cdots$；

(8) $\sum_{n=1}^{\infty}2^n\sin\frac{\pi}{3^n}$；

(9) $\sum_{n=1}^{\infty}\sin\frac{\pi}{2n}$；

(10) $\sum_{n=1}^{\infty}\tan\frac{1}{n^2}$；

(11) $\sum_{n=1}^{\infty}\tan\frac{1}{n}$；

(12) $\sum_{n=1}^{\infty}\left(1-\cos\frac{1}{n}\right)$；

(13) $\sum_{n=1}^{\infty}\left(1-\cos\frac{1}{\sqrt{n}}\right)$；

(14) $\sum_{n=1}^{\infty}\ln\left(1+\frac{1}{n}\right)$；

(15) $\sum_{n=1}^{\infty}\ln\left(1+\frac{1}{n^2}\right)$；

(16) $\sum_{n=1}^{\infty}(e^{\frac{1}{n}}-1)$；

(17) $\sum_{n=1}^{\infty}(e^{\frac{1}{n^2}}-1)$.

2. 用比值判别法判别下列级数的敛散性：

(1) $\sum_{n=1}^{\infty}\frac{n+2}{2^n}$；

(2) $\sum_{n=1}^{\infty}\frac{3^n}{n\cdot 2^n}$；

(3) $\sum_{n=1}^{\infty}\frac{3^n n!}{n^n}$；

(4) $\sum_{n=1}^{\infty}\frac{2^n n!}{n^n}$；

(5) $\sum_{n=1}^{\infty}\frac{3^n}{n!}$；

(6) $\sum_{n=1}^{\infty}\frac{2^n}{10\,000\cdot n}$；

(7) $\sum_{n=1}^{\infty}\frac{(n!)^2}{(2n)!}$；

(8) $\sum_{n=1}^{\infty}n\tan\frac{1}{2^{n+1}}$；

(9) $\sum_{n=1}^{\infty}\frac{3^n}{5^n-2^n}$.

3. 用根值判别法判别下列级数的敛散性：

(1) $\sum_{n=1}^{\infty}\left(\frac{n+2}{3n+1}\right)^n$；

(2) $\sum_{n=1}^{\infty}\frac{2^n}{(\arctan n)^n}$；

(3) $\sum_{n=1}^{\infty}\frac{1}{[\ln(1+n)]^n}$；

(4) $\sum_{n=1}^{\infty}\frac{n^2}{\left(1+\frac{1}{n}\right)^{n^2}}$.

4. 若级数 $\sum_{n=1}^{\infty} a_n^2$ 与 $\sum_{n=1}^{\infty} b_n^2$ 都收敛，证明下列级数也收敛：

(1) $\sum_{n=1}^{\infty} |a_n b_n|$；　　(2) $\sum_{n=1}^{\infty} (a_n+b_n)^2$；　　(3) $\sum_{n=1}^{\infty} \frac{|a_n|}{n}$.

5. 判断下列级数的敛散性：

(1) $\sum_{n=1}^{\infty} \frac{1}{1+a^n}$　$(a>0)$；　　(2) $\sum_{n=1}^{\infty} \frac{1}{an+b}$　$(a>0,\ b>0)$；

(3) $\sum_{n=1}^{\infty} \frac{a^n}{n^k}$　$(a>0,\ k>0)$.

§8.3 任意项级数

8.2 节讨论了正项级数的敛散性，本节讨论任意项级数的敛散性，这里任意项级数是指其通项为任意实数的级数.

设有级数

$$\sum_{n=1}^{\infty} u_n = u_1 + u_2 + \cdots + u_n + \cdots,$$

其中通项 u_n（$n=1,2,3,\cdots$）为任意实数，称这样的级数为**任意项级数**.

8.3.1 交错级数及其判别法

首先考察任意项级数的一种特殊情形，即交错级数.

定义 8.3.1 如果级数的各项是正、负交错的，即

$$\sum_{n=1}^{\infty} (-1)^{n-1} u_n = u_1 - u_2 + u_3 - u_4 + \cdots,$$

或

$$\sum_{n=1}^{\infty} (-1)^{n} u_n = -u_1 + u_2 - u_3 + u_4 - \cdots,$$

其中 $u_n>0$（$n=1,2,\cdots$），称这样的级数为**交错级数**.

定理 8.3.1（莱布尼茨判别法）　如果交错级数 $\sum_{n=1}^{\infty} (-1)^{n-1} u_n$ 满足条件：

(1) $u_n \geqslant u_{n+1}$（$n=1,2,3,\cdots$），

(2) $\lim_{n\to\infty} u_n = 0$，

则交错级数 $\sum_{n=1}^{\infty} (-1)^{n-1} u_n$ 收敛，且其和 $S \leqslant u_1$.

证　记交错级数的前 $2n$ 项的和为 S_{2n}，将 S_{2n} 写成如下形式：

$$S_{2n}=(u_1-u_2)+(u_3-u_4)+\cdots+(u_{2n-1}-u_{2n}),$$

由条件（1），所有括号中的差都是非负的，因此 $\{S_{2n}\}$ 是单调增加数列. 同时

$$S_{2n}=u_1-(u_2-u_3)-(u_4-u_5)-\cdots-(u_{2n-2}-u_{2n-1})-u_{2n},$$

其中所有括号中的差也是非负的，因此 $S_{2n}\leqslant u_1$，从而 $\{S_{2n}\}$ 是单调有界数列，故数列 $\{S_{2n}\}$ 的极限存在，不妨设其极限值为 S，则

$$\lim_{n\to\infty}S_{2n}=S\leqslant u_1.$$

由于

$$S_{2n+1}=S_{2n}+u_{2n+1},$$

根据条件（2），得

$$\lim_{n\to\infty}S_{2n+1}=\lim_{n\to\infty}(S_{2n}+u_{2n+1})=S+0=S,$$

所以由数列与子数列的关系可知，极限 $\lim\limits_{n\to\infty}S_n=S$，且 $S\leqslant u_1$，故交错级数 $\sum\limits_{n=1}^{\infty}(-1)^{n-1}u_n$ 收敛. 又因为

$$|R_n|=|S-S_n|=u_{n+1}-u_{n+2}+u_{n+3}-\cdots$$

也是一个交错级数，而且满足条件（1）和（2），所以该级数必收敛，且其和不大于级数的首项，因而

$$|R_n|\leqslant u_{n+1}.$$

例 8.3.1 判别级数

$$\sum_{n=1}^{\infty}(-1)^{n-1}\frac{1}{n}=1-\frac{1}{2}+\frac{1}{3}-\frac{1}{4}+\cdots$$

的敛散性.

解 因为

$$u_n=\frac{1}{n}>\frac{1}{n+1}=u_{n+1},$$

并且

$$\lim_{n\to\infty}u_n=\lim_{n\to\infty}\frac{1}{n}=0,$$

根据莱布尼茨判别法，级数 $\sum\limits_{n=1}^{\infty}(-1)^{n-1}\frac{1}{n}$ 收敛.

8.3.2 绝对收敛和条件收敛

对于任意项级数 $\sum\limits_{n=1}^{\infty}u_n$，为了判定其敛散性，通常先考察其各项取绝对值后构成的正

项级数 $\sum\limits_{n=1}^{\infty}|u_n|$ 的敛散性.

定理 8.3.2 对于任意项级数 $\sum\limits_{n=1}^{\infty}u_n$，如果 $\sum\limits_{n=1}^{\infty}|u_n|$ 收敛，则级数 $\sum\limits_{n=1}^{\infty}u_n$ 一定收敛.

证 构造一个新的级数 $\sum\limits_{n=1}^{\infty}v_n$，其中

$$v_n=\frac{1}{2}(|u_n|+u_n),$$

则 v_n 满足

$$0\leqslant v_n\leqslant|u_n|.$$

因为 $\sum\limits_{n=1}^{\infty}|u_n|$ 收敛，由正项级数的比较判别法可知，正项级数 $\sum\limits_{n=1}^{\infty}v_n$ 收敛. 又因为

$$u_n=2v_n-|u_n|,$$

且级数 $\sum\limits_{n=1}^{\infty}|u_n|$ 与 $\sum\limits_{n=1}^{\infty}v_n$ 均收敛，由级数的性质可知，级数 $\sum\limits_{n=1}^{\infty}u_n$ 收敛.

值得注意的是，若级数 $\sum\limits_{n=1}^{\infty}u_n$ 收敛，则 $\sum\limits_{n=1}^{\infty}|u_n|$ 不一定收敛. 例如交错级数 $\sum\limits_{n=1}^{\infty}(-1)^{n-1}\frac{1}{n}$ 收敛，但 $\sum\limits_{n=1}^{\infty}\left|(-1)^{n-1}\frac{1}{n}\right|=\sum\limits_{n=1}^{\infty}\frac{1}{n}$ 为调和级数，是发散的. 由此引出了条件收敛和绝对收敛的概念.

定义 8.3.2 对于任意项级数 $\sum\limits_{n=1}^{\infty}u_n$，如果 $\sum\limits_{n=1}^{\infty}|u_n|$ 收敛，则称级数 $\sum\limits_{n=1}^{\infty}u_n$ **绝对收敛**；如果 $\sum\limits_{n=1}^{\infty}|u_n|$ 发散，而 $\sum\limits_{n=1}^{\infty}u_n$ 收敛，则称 $\sum\limits_{n=1}^{\infty}u_n$ **条件收敛**.

由于任意项级数中各项的绝对值构成的级数是正项级数，所以，一切判别正项级数敛散性的方法均可用来判别任意项级数是否绝对收敛. 但是，当级数 $\sum\limits_{n=1}^{\infty}|u_n|$ 发散时，一般不能由此推出级数 $\sum\limits_{n=1}^{\infty}u_n$ 发散的结论.

定理 8.3.3 设级数 $\sum\limits_{n=1}^{\infty}u_n$ 为任意项级数，且满足

$$\lim_{n\to\infty}\left|\frac{u_{n+1}}{u_n}\right|=l,$$

则

(1) 当 $0\leqslant l<1$ 时，级数绝对收敛；

(2) 当 $l>1$ 或 $l=+\infty$ 时，级数发散；

(3) 当 $l=1$ 时，级数可能收敛，也可能发散.

***定理 8.3.4** 设级数 $\sum_{n=1}^{\infty} u_n$ 为任意项级数，且满足

$$\lim_{n\to\infty}\sqrt[n]{|u_n|}=l,$$

则

(1) 当 $0\leqslant l<1$ 时，级数绝对收敛；

(2) 当 $l>1$ 或 $l=+\infty$ 时，级数发散；

(3) 当 $l=1$ 时，级数可能收敛，也可能发散.

例 8.3.2 判别级数

$$\sum_{n=1}^{\infty}(-1)^{n-1}\frac{n}{2^n}=\frac{1}{2}-\frac{2}{2^2}+\frac{3}{2^3}-\frac{4}{2^4}+\cdots+(-1)^{n-1}\frac{n}{2^n}+\cdots$$

的敛散性. 如果收敛，指出是绝对收敛还是条件收敛.

解 因为

$$\lim_{n\to\infty}\left|\frac{u_{n+1}}{u_n}\right|=\lim_{n\to\infty}\frac{n+1}{2^{n+1}}\cdot\frac{2^n}{n}=\frac{1}{2}<1,$$

因此级数 $\sum_{n=1}^{\infty}(-1)^{n-1}\frac{n}{2^n}$ 绝对收敛.

例 8.3.3 判别级数 $\sum_{n=1}^{\infty}(-1)^{n-1}\frac{1}{n-\ln n}$ 的敛散性. 如果收敛，指出是绝对收敛还是条件收敛.

例 8.3.3

解 因为级数的一般项的绝对值为

$$\left|(-1)^{n-1}\frac{1}{n-\ln n}\right|=\frac{1}{n-\ln n},$$

由于 $\frac{1}{n-\ln n}>\frac{1}{n}$，而 $\sum_{n=1}^{\infty}\frac{1}{n}$ 为调和级数，是发散的，所以由比较判别法可知，$\sum_{n=1}^{\infty}\frac{1}{n-\ln n}$ 发散，故原级数不是绝对收敛的.

注意到原级数为交错级数，记 $u_n=\frac{1}{n-\ln n}$，因为

$$\frac{1}{u_{n+1}}-\frac{1}{u_n}=[(n+1)-\ln(n+1)]-(n-\ln n)=1+\ln\frac{n}{n+1}>0,$$

所以 $\frac{1}{u_{n+1}}>\frac{1}{u_n}$，即 $u_n>u_{n+1}$，又因为

$$\lim_{n\to\infty}u_n=\lim_{n\to\infty}\frac{1}{n-\ln n}=0,$$

由莱布尼茨判别法可知，级数 $\sum_{n=1}^{\infty}(-1)^{n-1}\frac{1}{n-\ln n}$ 收敛，从而 $\sum_{n=1}^{\infty}(-1)^{n-1}\frac{1}{n-\ln n}$ 条件收敛.

例 8.3.4 讨论级数 $\sum_{n=1}^{\infty}(-1)^{n-1}\frac{x^n}{n}$ 的敛散性. 如果收敛，指出是绝对收敛还是条件收敛.

解 当 $x=0$ 时，原级数显然收敛，且绝对收敛. 当 $x\neq 0$ 时，由于

$$\lim_{n\to\infty}\left|\frac{u_{n+1}}{u_n}\right|=\lim_{n\to\infty}\frac{|x|^{n+1}}{n+1}\frac{n}{|x|^n}=\lim_{n\to\infty}\frac{n}{n+1}\cdot|x|=|x|,$$

由定理 8.3.3 可知，当 $|x|<1$ 时，级数 $\sum_{n=1}^{\infty}(-1)^{n-1}\frac{x^n}{n}$ 绝对收敛；当 $|x|>1$ 时，级数 $\sum_{n=1}^{\infty}(-1)^{n-1}\frac{x^n}{n}$ 发散；当 $x=1$ 时，原级数化为 $\sum_{n=1}^{\infty}(-1)^{n-1}\frac{1}{n}$，显然级数条件收敛；当 $x=-1$ 时，原级数化为 $\sum_{n=1}^{\infty}\frac{-1}{n}$，由性质 8.1.1 以及调和级数 $\sum_{n=1}^{\infty}\frac{1}{n}$ 发散可知，级数 $\sum_{n=1}^{\infty}\frac{-1}{n}$ 发散.

综上所述，当 $|x|<1$ 时级数 $\sum_{n=1}^{\infty}(-1)^{n-1}\frac{x^n}{n}$ 绝对收敛，当 $x=1$ 时级数条件收敛，当 $x>1$ 或 $x\leqslant -1$ 时级数发散.

习题 8.3

1. 判别下列级数是否收敛. 如果收敛，指出是绝对收敛还是条件收敛.

(1) $\sum_{n=1}^{\infty}(-1)^n\frac{n}{5n^2+1}$；

(2) $\sum_{n=1}^{\infty}(-1)^n\frac{n^2+2n}{5n^2+1}$；

(3) $\sum_{n=1}^{\infty}(-1)^n\frac{3}{n^2+1}$；

(4) $\sum_{n=1}^{\infty}(-1)^n\frac{\sqrt{n^3}}{2n^2+1}$；

(5) $\sum_{n=1}^{\infty}(-1)^n\frac{1}{an+b}\quad(a>0,\ b>0)$；

(6) $\sum_{n=1}^{\infty}(-1)^n\frac{\sqrt{n}}{n^2-3}$；

(7) $\sum_{n=1}^{\infty}(-1)^{n-1}\ln\left(\frac{n+1}{n}\right)$；

(8) $\sum_{n=1}^{\infty}\frac{(-1)^n}{\ln(1+n)}$；

(9) $\sum_{n=1}^{\infty}(-1)^n\frac{n^5}{5^n}$；

(10) $\sum_{n=1}^{\infty}(-2)^n\sin\frac{1}{5^n}$；

(11) $\sum_{n=1}^{\infty}\frac{(-1)^n}{n^p}\ (p>0)$.

2. 若级数 $\sum_{n=1}^{\infty}a_n$ 与 $\sum_{n=1}^{\infty}b_n$ 绝对收敛，证明下列级数也绝对收敛：

(1) $\sum_{n=1}^{\infty}(a_n+b_n)$；　(2) $\sum_{n=1}^{\infty}(a_n-b_n)$；　(3) $\sum_{n=1}^{\infty}ka_n$（k 为任意常数）.

§8.4 幂级数

8.4.1 函数项级数的概念

前面讨论的级数绝大多数都是常数项级数，即级数的每一项都为常数. 现在考虑级数的通项为函数的级数. 首先给定区间 I 上的函数数列

$$f_1(x), f_2(x), \cdots, f_n(x), \cdots,$$

那么由这些函数数列构成的表达式

$$f_1(x)+f_2(x)+\cdots+f_n(x)+\cdots$$

称为定义在区间 I 上的**函数项无穷级数**，记作 $\sum\limits_{n=1}^{\infty} f_n(x)$，即

$$\sum_{n=1}^{\infty} f_n(x)=f_1(x)+f_2(x)+\cdots+f_n(x)+\cdots. \tag{8.4.1}$$

任取一点 $x_0\in I$，将其代入式（8.4.1），便得到一个常数项级数

$$\sum_{n=1}^{\infty} f_n(x_0)=f_1(x_0)+f_2(x_0)+\cdots+f_n(x_0)+\cdots. \tag{8.4.2}$$

若数项级数 $\sum\limits_{n=1}^{\infty} f_n(x_0)$ 收敛，则 x_0 称为函数项级数 $\sum\limits_{n=1}^{\infty} f_n(x)$ 的一个**收敛点**. 函数项级数 $\sum\limits_{n=1}^{\infty} f_n(x)$ 的所有收敛点组成的集合称为它的**收敛域**. 反之，若数项级数 $\sum\limits_{n=1}^{\infty} f_n(x_0)$ 发散，则称 x_0 为函数项级数 $\sum\limits_{n=1}^{\infty} f_n(x)$ 的一个**发散点**. 函数项级数 $\sum\limits_{n=1}^{\infty} f_n(x)$ 的所有发散点组成的集合称为它的**发散域**.

对于函数项级数 $\sum\limits_{n=1}^{\infty} f_n(x)$ 收敛域内的每一点 x，函数项级数都有唯一确定的和 S 与之对应，由此得到一个关于 x 的函数，将其记为 $S(x)$. $S(x)$ 称为函数项级数 $\sum\limits_{n=1}^{\infty} f_n(x)$ 的**和函数**，即当 x 属于收敛域时，有

$$\sum_{n=1}^{\infty} f_n(x)=S(x).$$

称

$$S_n(x)=f_1(x)+f_2(x)+\cdots+f_n(x)$$

为函数项级数 $\sum\limits_{n=1}^{\infty} f_n(x)$ 的**前 n 项部分和函数**，当 x 属于收敛域时，有

$$\lim_{n\to\infty}S_n(x)=S(x).$$

记

$$R_n(x)=S(x)-S_n(x),$$

称 $R_n(x)$ 为函数项级数的**余项**，显然，当 x 属于收敛域时，有

$$\lim_{n\to\infty}R_n(x)=0.$$

例如，设有函数项级数

$$\sum_{n=0}^{\infty}x^n=1+x+x^2+\cdots+x^n+\cdots,$$

由几何级数的性质可知，当 $|x|<1$ 时，函数项级数 $\sum\limits_{n=0}^{\infty}x^n$ 收敛，且其和函数 $S(x)=\frac{1}{1-x}$；当 $|x|\geqslant1$ 时，函数项级数 $\sum\limits_{n=0}^{\infty}x^n$ 发散. 因此，函数项级数 $\sum\limits_{n=0}^{\infty}x^n$ 的收敛域为 $(-1,1)$，发散域为 $(-\infty,-1]\cup[1,+\infty)$，和函数为

$$S(x)=\frac{1}{1-x},\quad x\in(-1,1).$$

8.4.2 幂级数及敛散性

一般来说，由于函数项级数的形式往往比较复杂，要确定它的收敛域比较困难，这里主要讨论一类形式比较简单而应用又很广泛的函数项级数——幂级数.

定义 8.4.1 形如

$$\sum_{n=0}^{\infty}a_nx^n=a_0+a_1x+a_2x^2+\cdots+a_nx^n+\cdots \tag{8.4.3}$$

的函数项级数，称为**关于 x 的幂级数**，其中 a_0，a_1，a_2，…，a_n，…都是常数，并称其为幂级数的**系数**. 式（8.4.3）通常称为幂级数的**标准形式**. 幂级数的**一般形式**为

$$\sum_{n=0}^{\infty}a_n(x-x_0)^n=a_0+a_1(x-x_0)+a_2(x-x_0)^2+\cdots+a_n(x-x_0)^n+\cdots, \tag{8.4.4}$$

式（8.4.4）称为**关于 $x-x_0$ 的幂级数**，这里的 x_0 为常数.

作代换 $t=x-x_0$，则式（8.4.4）转化为标准形式

$$a_0+a_1t+a_2t^2+\cdots+a_nt^n+\cdots,$$

因此，本章重点讨论关于 x 的幂级数的敛散性，即 $\sum\limits_{n=0}^{\infty}a_nx^n$ 的敛散性.

下面讨论幂级数的收敛域问题. 由于幂级数 $\sum\limits_{n=0}^{\infty}a_nx^n$ 在点 $x=0$ 处总是收敛的，因此

只需要讨论当 $x\neq 0$ 时幂级数的收敛性即可. 由前面的讨论可知，幂级数 $\sum_{n=0}^{\infty}x^n$ 的收敛域为 $(-1,1)$，即幂级数的收敛域是一个区间的形式，事实上，这个结论对于一般的幂级数也是成立的.

定理 8.4.1（阿贝尔（Abel）定理） 如果 x_0 是幂级数 $\sum_{n=0}^{\infty}a_nx^n$ 的一个收敛点，且 $x_0\neq 0$，则对满足 $|x|<|x_0|$ 的一切点 x，幂级数 $\sum_{n=0}^{\infty}a_nx^n$ 绝对收敛；如果 x_0 是幂级数 $\sum_{n=0}^{\infty}a_nx^n$ 的一个发散点，则对满足 $|x|>|x_0|$ 的一切点 x，幂级数 $\sum_{n=0}^{\infty}a_nx^n$ 发散.

证 设数项级数 $\sum_{n=0}^{\infty}a_nx_0^n$ 收敛，则由级数收敛的必要条件可知其通项趋于零，即

$$\lim_{n\to\infty}a_nx_0^n=0.$$

于是存在一个正数 M，使得

$$|a_nx_0^n|\leqslant M,\quad n=0,1,2,\cdots.$$

对满足 $|x|<|x_0|$ 的一切点 x，有

$$|a_nx^n|=\left|a_nx_0^n\frac{x^n}{x_0^n}\right|\leqslant M\left|\frac{x}{x_0}\right|^n=Mq^n,\ n=0,1,2,\cdots,$$

其中 $q=\left|\frac{x}{x_0}\right|<1$，由于几何级数 $\sum_{n=1}^{\infty}Mq^n$ 收敛，由正项级数的比较判别法可知，级数 $\sum_{n=0}^{\infty}|a_nx^n|$ 收敛，从而级数 $\sum_{n=0}^{\infty}a_nx^n$ 绝对收敛.

设级数 $\sum_{n=0}^{\infty}a_nx_0^n$ 发散，且 $|x|>|x_0|$，用反证法证明 $\sum_{n=0}^{\infty}a_nx^n$ 发散.

假设幂级数 $\sum_{n=0}^{\infty}a_nx^n$ 收敛，由于 $|x_0|<|x|$，那么由上面的讨论可知，$\sum_{n=0}^{\infty}a_nx_0^n$ 收敛，这与假设矛盾，从而得到 $\sum_{n=0}^{\infty}a_nx^n$ 发散.

阿贝尔定理表明，若幂级数 $\sum_{n=0}^{\infty}a_nx^n$ 在点 $x_0\neq 0$ 处收敛，则幂级数在区间 $(-|x_0|,|x_0|)$ 内绝对收敛；若幂级数 $\sum_{n=0}^{\infty}a_nx^n$ 在点 x_0 处发散，那么幂级数在区间 $[-|x_0|,|x_0|]$ 之外的任意 x 处均发散.

由阿贝尔定理可知，如果幂级数 $\sum_{n=0}^{\infty}a_nx^n$ 在正半实轴上同时存在一个收敛点 x_0 和一个发散点 x_1，显然 $x_0<x_1$，且存在一个正数 R，$x_0\leqslant R\leqslant x_1$，使得对于满足 $|x|<R$ 的一切点 x，幂级数 $\sum_{n=0}^{\infty}a_nx^n$ 绝对收敛，对于满足 $|x|>R$ 的一切点 x，幂级数 $\sum_{n=0}^{\infty}a_nx^n$ 发

散. 区间 $(-R, R)$ 称为幂级数 $\sum\limits_{n=0}^{\infty} a_n x^n$ 的**收敛区间**，R 称为**收敛半径**.

特别地，当幂级数在 $(-\infty, +\infty)$ 内收敛时，规定 $R=+\infty$，如果幂级数仅在 $x=0$ 处收敛，规定 $R=0$.

根据幂级数 $\sum\limits_{n=0}^{\infty} a_n x^n$ 在 $x=\pm R$ 处是否收敛，幂级数的收敛域为下列四个区间之一：

$$(-R, R),\quad [-R, R),\quad (-R, R],\quad [-R, R].$$

定理 8.4.2 对于幂级数 $\sum\limits_{n=0}^{\infty} a_n x^n (a_n \neq 0)$，如果 $\lim\limits_{n\to\infty}\left|\dfrac{a_{n+1}}{a_n}\right|$ 存在或为无穷大，且记

$$\lim_{n\to\infty}\left|\frac{a_{n+1}}{a_n}\right|=\rho,$$

则有

（1）当 $0<\rho<+\infty$ 时，收敛半径 $R=\dfrac{1}{\rho}$；

（2）当 $\rho=0$ 时，收敛半径 $R=+\infty$；

（3）当 $\rho=+\infty$ 时，收敛半径 $R=0$.

证 用比值判别法讨论 $\sum\limits_{n=0}^{\infty} |a_n x^n|$ 的敛散性. 由题意知

$$\lim_{n\to\infty}\left|\frac{a_{n+1}x^{n+1}}{a_n x^n}\right|=\lim_{n\to\infty}\left|\frac{a_{n+1}}{a_n}\right|\cdot|x|=\rho|x|.$$

（1）如果 $0<\rho<+\infty$，由定理 8.3.3 可知，当 $\rho|x|<1$，即 $|x|<\dfrac{1}{\rho}$ 时，$\sum\limits_{n=0}^{\infty}|a_n x^n|$ 收敛；当 $\rho|x|>1$，即 $|x|>\dfrac{1}{\rho}$ 时，幂级数 $\sum\limits_{n=0}^{\infty} a_n x^n$ 发散. 因此幂级数的收敛半径 $R=\dfrac{1}{\rho}$.

（2）如果 $\rho=0$，则对任意的 x，有 $\rho|x|=0<1$，从而幂级数 $\sum\limits_{n=0}^{\infty} a_n x^n$ 收敛，因此幂级数的收敛半径 $R=+\infty$.

（3）如果 $\rho=+\infty$，则由比值判别法知，对于任意的 $x\neq 0$，幂级数 $\sum\limits_{n=0}^{\infty} a_n x^n$ 均发散，因此幂级数只在点 $x=0$ 处收敛，因此幂级数的收敛半径 $R=0$.

求出幂级数的收敛半径 R 后，便知道幂级数 $\sum\limits_{n=0}^{\infty} a_n x^n$ 在 $|x|<R$ 处绝对收敛，而在 $|x|>R$ 处发散. 然而幂级数在 $x=R$ 和 $x=-R$ 处是否收敛还需要进一步讨论.

例 8.4.1 求幂级数 $\sum\limits_{n=1}^{\infty} \dfrac{n}{2^n} x^n$ 的收敛域.

解 因为

$$\rho=\lim_{n\to\infty}\left|\frac{a_{n+1}}{a_n}\right|=\lim_{n\to\infty}\frac{n+1}{2^{n+1}}\cdot\frac{2^n}{n}=\frac{1}{2},$$

所以幂级数的收敛半径 $R=2$.

当 $x=-2$ 时，幂级数变为 $\sum\limits_{n=1}^{\infty}(-1)^n n$，通项不趋向于零，由收敛的必要条件可知，级数发散.

当 $x=2$ 时，幂级数变为 $\sum\limits_{n=1}^{\infty}n$，通项不趋向于零，由收敛的必要条件可知，级数发散.

因此幂级数 $\sum\limits_{n=1}^{\infty}\frac{n}{2^n}x^n$ 的收敛域为 $(-2,\ 2)$.

例 8.4.2 求幂级数 $\sum\limits_{n=1}^{\infty}\frac{1}{n}x^n$ 的收敛域.

解 因为

$$\rho=\lim_{n\to\infty}\left|\frac{a_{n+1}}{a_n}\right|=\lim_{n\to\infty}\frac{n}{n+1}=1,$$

所以幂级数的收敛半径 $R=1$.

当 $x=1$ 时，幂级数变为 $\sum\limits_{n=1}^{\infty}\frac{1}{n}$，这是调和级数，所以是发散的.

当 $x=-1$ 时，幂级数变为 $\sum\limits_{n=1}^{\infty}(-1)^n\frac{1}{n}$，这是交错级数，由莱布尼茨判别法知，$\sum\limits_{n=1}^{\infty}(-1)^n\frac{1}{n}$ 收敛.

综上所述，幂级数 $\sum\limits_{n=1}^{\infty}\frac{1}{n}x^n$ 的收敛域为 $[-1,\ 1)$.

例 8.4.3 求幂级数 $\sum\limits_{n=1}^{\infty}\frac{1}{\sqrt{n}}(x-2)^n$ 的收敛域.

解 作变换 $x-2=t$，所给级数变为 t 的幂级数 $\sum\limits_{n=1}^{\infty}\frac{1}{\sqrt{n}}t^n$. 因为

$$\rho=\lim_{n\to\infty}\left|\frac{a_{n+1}}{a_n}\right|=\lim_{n\to\infty}\frac{\frac{1}{\sqrt{n+1}}}{\frac{1}{\sqrt{n}}}=\lim_{n\to\infty}\frac{\sqrt{n}}{\sqrt{n+1}}=1,$$

所以关于 t 的幂级数的收敛半径 $R=\frac{1}{\rho}=1$.

当 $t=1$ 时，级数变为 $\sum\limits_{n=1}^{\infty}\frac{1}{\sqrt{n}}$，这是 $p=\frac{1}{2}<1$ 的 p 级数，由 p 级数的性质可知，$\sum\limits_{n=1}^{\infty}\frac{1}{\sqrt{n}}$ 发散.

当 $t=-1$ 时，级数变为 $\sum\limits_{n=1}^{\infty}\frac{(-1)^n}{\sqrt{n}}$，这是一个交错级数，由莱布尼茨判别法知，$\sum\limits_{n=1}^{\infty}\frac{(-1)^n}{\sqrt{n}}$ 收敛.

从而关于 t 的幂级数的收敛域为 $-1\leqslant t<1$. 将 $x-2=t$ 回代，得到原级数的收敛域为 $[1, 3)$.

例 8.4.4 求幂级数 $\sum\limits_{n=1}^{\infty}\frac{1}{3^n}x^{2n-1}$ 的收敛域.

解 由于级数缺少偶数项，因此不能使用定理 8.4.2 的方法求收敛半径，这时可直接使用正项级数的比值判别法进行计算. 由于

$$\lim_{n\to\infty}\left|\frac{u_{n+1}}{u_n}\right|=\lim_{n\to\infty}\left|\frac{x^{2n+1}}{3^{n+1}}\frac{3^n}{x^{2n-1}}\right|=\frac{1}{3}|x|^2,$$

当 $\frac{1}{3}|x|^2<1$，即 $|x|<\sqrt{3}$ 时，级数收敛；当 $\frac{1}{3}|x|^2>1$，即 $|x|>\sqrt{3}$ 时，级数发散. 故级数的收敛半径为 $R=\sqrt{3}$.

当 $x=\sqrt{3}$ 时，级数化为 $\sum\limits_{n=1}^{\infty}\frac{1}{\sqrt{3}}$，级数发散；当 $x=-\sqrt{3}$ 时，级数化为 $\sum\limits_{n=1}^{\infty}\left(-\frac{1}{\sqrt{3}}\right)$，级数发散.

综上所述，幂级数 $\sum\limits_{n=1}^{\infty}\frac{1}{3^n}x^{2n-1}$ 的收敛域为 $(-\sqrt{3}, \sqrt{3})$.

***例 8.4.5** 求幂级数 $\sum\limits_{n=1}^{\infty}\frac{1}{3^n+(-2)^n}\frac{x^n}{n}$ 的收敛域.

例 8.4.5

解 因为

$$\rho=\lim_{n\to\infty}\left|\frac{a_{n+1}}{a_n}\right|=\lim_{n\to\infty}\frac{[3^n+(-2)^n]n}{[3^{n+1}+(-2)^{n+1}](n+1)}$$

$$=\lim_{n\to\infty}\frac{1+\left(-\frac{2}{3}\right)^n}{1+\left(-\frac{2}{3}\right)^{n+1}}\cdot\frac{n}{3(n+1)}=\frac{1}{3},$$

所以幂级数的收敛半径 $R=\frac{1}{\rho}=3$，故收敛区间为 $(-3, 3)$.

当 $x=3$ 时，因为原级数为 $\sum\limits_{n=1}^{\infty}\frac{1}{3^n+(-2)^n}\frac{3^n}{n}$，注意到

$$\frac{1}{3^n+(-2)^n}\frac{3^n}{n}>\frac{1}{3^n+3^n}\frac{3^n}{n}=\frac{1}{2n},$$

而级数 $\sum\limits_{n=1}^{\infty}\frac{1}{n}$ 发散，由正项级数的比较判别法知，原级数在 $x=3$ 处发散.

当 $x=-3$ 时，因为原级数为 $\sum_{n=1}^{\infty}\frac{1}{3^n+(-2)^n}\frac{(-3)^n}{n}$，注意到

$$\frac{1}{3^n+(-2)^n}\frac{(-3)^n}{n}=\frac{(-3)^n+2^n-2^n}{3^n+(-2)^n}\frac{1}{n}=(-1)^n\frac{1}{n}-\frac{2^n}{3^n+(-2)^n}\frac{1}{n},$$

而 $\sum_{n=1}^{\infty}(-1)^n\frac{1}{n}$ 与 $\sum_{n=1}^{\infty}\frac{2^n}{3^n+(-2)^n}\frac{1}{n}$ 都收敛，所以由级数的性质，原级数在 $x=-3$ 处收敛.

综上所述，幂级数 $\sum_{n=1}^{\infty}\frac{1}{3^n+(-2)^n}\frac{x^n}{n}$ 的收敛域为 $[-3, 3)$.

8.4.3 幂级数的运算与性质

前面讨论到，幂级数在其收敛域内可以表示为一个和函数，下面讨论幂级数与和函数在收敛域内的一些运算规律与性质.

（1）幂级数的加、减法.

设幂级数 $\sum_{n=0}^{\infty}a_nx^n$ 和 $\sum_{n=0}^{\infty}b_nx^n$ 的和函数分别为 $S_1(x)$ 和 $S_2(x)$，收敛半径分别为 R_1 和 R_2. 令 $R=\min\{R_1, R_2\}$，则在 $(-R, R)$ 内

$$\sum_{n=0}^{\infty}a_nx^n\pm\sum_{n=0}^{\infty}b_nx^n=\sum_{n=0}^{\infty}(a_n\pm b_n)x^n=S_1(x)\pm S_2(x),$$

即两个幂级数的和（或差）还是幂级数，其系数为原幂级数的系数的和（或差），其和函数为原两幂级数的和函数的和（或差）.

（2）和函数的连续性.

设幂级数 $\sum_{n=0}^{\infty}a_nx^n$ 的收敛半径为 R，和函数为 $S(x)$，则在收敛区间 $(-R, R)$ 内，和函数 $S(x)$ 连续. 若幂级数在 $x=R$（或 $x=-R$）处收敛，则 $S(x)$ 在 $x=R$（或 $x=-R$）处单侧连续.

（3）和函数的导数.

设幂级数 $\sum_{n=0}^{\infty}a_nx^n$ 的收敛半径为 R，和函数为 $S(x)$，则在收敛区间 $(-R, R)$ 内，有

$$S'(x)=\left(\sum_{n=0}^{\infty}a_nx^n\right)'=\sum_{n=0}^{\infty}(a_nx^n)'=\sum_{n=1}^{\infty}na_nx^{n-1},$$

即在收敛区间内幂级数可以逐项求导，得到的还是幂级数，且其收敛半径不变，其和函数为原级数的和函数的导数.

（4）和函数的积分.

设幂级数 $\sum_{n=0}^{\infty}a_nx^n$ 的收敛半径为 R，和函数为 $S(x)$，则在收敛区间 $(-R, R)$

内，有

$$\int_0^x S(x)\mathrm{d}x=\int_0^x\left(\sum_{n=0}^{\infty}a_nx^n\right)\mathrm{d}x=\sum_{n=0}^{\infty}\int_0^x a_nx^n\mathrm{d}x=\sum_{n=0}^{\infty}\frac{a_n}{n+1}x^{n+1},$$

即在收敛区间内幂级数可以逐项积分，得到的还是幂级数，且其收敛半径不变，和函数为原级数的和函数在相应区间上的积分.

例 8.4.6 求幂级数 $\sum\limits_{n=0}^{\infty}(n+1)x^n$ 的和函数.

解 由于

$$\rho=\lim_{n\to\infty}\left|\frac{a_{n+1}}{a_n}\right|=\lim_{n\to\infty}\frac{n+2}{n+1}=1,$$

因此幂级数的收敛半径 $R=1$. 容易验证，当 $x=\pm1$ 时，级数均发散，因此幂级数的收敛域为 $(-1,\ 1)$.

设

$$S(x)=\sum_{n=0}^{\infty}(n+1)x^n,\quad x\in(-1,\ 1).$$

结合幂级数的性质，对上式两端从 0 到 x 进行积分，得

$$\int_0^x S(x)\mathrm{d}x=\sum_{n=0}^{\infty}\int_0^x(n+1)x^n\mathrm{d}x=\sum_{n=0}^{\infty}x^{n+1}=\frac{x}{1-x},$$

再对上式两端求导，得

$$S(x)=\left[\int_0^x S(x)\mathrm{d}x\right]'=\left(\frac{x}{1-x}\right)'=\frac{1}{(1-x)^2},$$

因此幂级数的和函数为

$$S(x)=\frac{1}{(1-x)^2},\ x\in(-1,\ 1).$$

例 8.4.7 求幂级数 $\sum\limits_{n=1}^{\infty}(-1)^{n-1}\dfrac{x^{2n-1}}{2n-1}$ 的收敛域及和函数.

解 注意级数缺偶数项，故采用比值判别法进行求解，由于

$$\lim_{n\to\infty}\left|\frac{u_{n+1}}{u_n}\right|=\lim_{n\to\infty}\left|\frac{(-1)^n\dfrac{x^{2n+1}}{2n+1}}{(-1)^{n-1}\dfrac{x^{2n-1}}{2n-1}}\right|=\lim_{n\to\infty}\frac{2n-1}{2n+1}x^2=|x|^2,$$

因此当 $|x|<1$，即 $-1<x<1$ 时，幂级数绝对收敛，当 $|x|>1$ 时，幂级数发散，故级数的收敛半径 $R=1$.

当 $x=-1$ 时，幂级数变为 $\sum\limits_{n=1}^{\infty}(-1)^n\dfrac{1}{2n-1}$，由莱布尼茨判别法知，它是收敛的.

当 $x=1$ 时，幂级数变为 $\sum\limits_{n=1}^{\infty}(-1)^{n-1}\frac{1}{2n-1}$，由莱布尼茨判别法知，它是收敛的. 综上所述，幂级数的收敛域为 $[-1,1]$.

设幂级数的和函数为 $S(x)$，即

$$S(x)=\sum_{n=1}^{\infty}(-1)^{n-1}\frac{x^{2n-1}}{2n-1}.$$

当 $x\in(-1,1)$ 时，由幂级数的性质有

$$S'(x)=\sum_{n=1}^{\infty}\left[(-1)^{n-1}\frac{x^{2n-1}}{2n-1}\right]'=\sum_{n=1}^{\infty}(-1)^{n-1}x^{2n-2}=\sum_{n=1}^{\infty}(-x^2)^{n-1}=\frac{1}{1+x^2},$$

再对上式两端从 0 到 x 积分，得

$$S(x)-S(0)=\int_0^x\frac{1}{1+x^2}\mathrm{d}x=\arctan x\Big|_0^x=\arctan x,$$

注意到 $S(0)=0$，于是

$$S(x)=\arctan x,\quad x\in(-1,1).$$

又因为 $\sum\limits_{n=1}^{\infty}(-1)^{n-1}\frac{x^{2n-1}}{2n-1}$ 在点 $x=\pm1$ 处收敛，故幂级数的和函数 $S(x)$ 在 $x=\pm1$ 处单侧连续，从而

$$\sum_{n=1}^{\infty}(-1)^{n-1}\frac{x^{2n-1}}{2n-1}=\arctan x,\quad x\in[-1,1].$$

例 8.4.8 求幂级数 $1+\sum\limits_{n=1}^{\infty}(-1)^n\frac{x^{2n}}{2n}$ （$|x|<1$）的和函数及其极值.

解 设

$$S(x)=1+\sum_{n=1}^{\infty}(-1)^n\frac{x^{2n}}{2n},\quad x\in(-1,1).$$

两边求导，得

$$S'(x)=\sum_{n=1}^{\infty}(-1)^n x^{2n-1}=(-x)\sum_{n=1}^{\infty}(-x^2)^{n-1}=-\frac{x}{1+x^2},$$

两边从 0 到 x 积分，得

$$S(x)-S(0)=\int_0^x\left(-\frac{x}{1+x^2}\right)\mathrm{d}x=-\frac{1}{2}\ln(1+x^2),$$

由于 $S(0)=1$，故有

$$S(x)=1-\frac{1}{2}\ln(1+x^2),\quad |x|<1.$$

令 $S'(x)=0$，求得唯一驻点 $x=0$，而

$$S''(x)=-\frac{1-x^2}{(1+x^2)^2},\qquad S''(0)=-1<0,$$

可见 $S(x)$ 在 $x=0$ 处取得极大值，且极大值为 $S(0)=1$.

习题 8.4

1. 求下列幂级数的收敛半径和收敛域：

(1) $\sum\limits_{n=1}^{\infty}(n+1)x^n$；　　(2) $\sum\limits_{n=1}^{\infty}(-1)^{n-1}\frac{x^n}{n}$；

(3) $\sum\limits_{n=1}^{\infty}\frac{x^n}{n(n+1)}$；　　(4) $\sum\limits_{n=1}^{\infty}\frac{x^n}{n!}$；

(5) $\sum\limits_{n=1}^{\infty}\frac{3^n}{(n+1)2^n}(x+1)^n$；　　(6) $\sum\limits_{n=1}^{\infty}n(3x-2)^n$；

(7) $\sum\limits_{n=1}^{\infty}\left(\frac{n+1}{5^n}\right)x^{2n+1}$；　　(8) $\sum\limits_{n=1}^{\infty}(\sqrt{n+1}-\sqrt{n})\,3^n x^{2n}$；

(9) $\sum\limits_{n=1}^{\infty}\left(\frac{3^n-5^n}{n}\right)x^n$；　　(10) $\sum\limits_{n=1}^{\infty}\left[3^n+(-1)^n\frac{1}{3^n}\right]x^n$.

2. 求下列幂级数的收敛域，并求和函数：

(1) $\sum\limits_{n=1}^{\infty}\frac{x^{2n-1}}{2n-1}$；　　(2) $\sum\limits_{n=1}^{\infty}\frac{x^{4n+1}}{4n+1}$；

(3) $\sum\limits_{n=1}^{\infty}(n+2)x^{n+3}$；　　(4) $\sum\limits_{n=1}^{\infty}(2n-1)(x-2)^{2n-2}$.

§8.5 函数的幂级数展开

在 8.4 节的最后两个例题中，通过求幂级数的和函数而将幂级数表示成了一个初等函数. 现在考虑相反的问题：对于一个给定的函数，可否将其表示成幂级数？无论给定的函数怎样复杂，如果能表示成幂级数，那么它的每一项都是幂函数，而幂函数是数学中较为简单的一类函数，因此，将函数用幂级数来表示（或说将函数展开成幂级数）体现了一种将复杂问题简单化的思想. 这种表示方法的一个重要应用就是函数的近似计算. 此外，由于幂级数在它的收敛区间内可以逐项微分或逐项积分，那么一旦将某个函数展开成幂级数，便可以很容易地得到这个函数的导函数或原函数的幂级数表达式.

8.5.1 任意阶可导函数的泰勒级数

在 4.3 节介绍泰勒公式时已经知道，若函数 $f(x)$ 在某一区间 (a,b) 内有 $n+1$ 阶导数，且 $x_0\in(a,b)$，则对任意的 $x\in(a,b)$，有

$$f(x)=f(x_0)+f'(x_0)(x-x_0)+\frac{f''(x_0)}{2!}(x-x_0)^2+\cdots+\frac{f^{(n)}(x_0)}{n!}(x-x_0)^n+R_n(x),$$

其中

$$R_n(x)=\frac{f^{(n+1)}(\xi)}{(n+1)!}(x-x_0)^{n+1},$$

这里 ξ 介于 x 与 x_0 之间. 如果 $f(x)$ 在 (a, b) 内存在任意阶导数，则可以得到一个幂级数

$$f(x_0)+f'(x_0)(x-x_0)+\frac{f''(x_0)}{2!}(x-x_0)^2+\cdots+\frac{f^{(n)}(x_0)}{n!}(x-x_0)^n+\cdots,$$

简记为 $\sum\limits_{n=0}^{\infty}\frac{f^{(n)}(x_0)}{n!}(x-x_0)^n$，该级数称为函数 $f(x)$ 在点 x_0 处的**泰勒级数**.

特别地，当 $x_0=0$ 时，幂级数

$$\sum_{n=0}^{\infty}\frac{f^{(n)}(0)}{n!}x^n=f(0)+f'(0)x+\frac{f''(0)}{2!}x^2+\cdots+\frac{f^{(n)}(0)}{n!}x^n+\cdots$$

称为函数 $f(x)$ 的**麦克劳林级数**.

函数 $f(x)$ 的泰勒级数或麦克劳林级数的收敛区间可以用 8.4 节介绍的方法来求. 下面的问题是：函数 $f(x)$ 的泰勒级数在收敛区间内是否以 $f(x)$ 为其和函数?

定理 8.5.1 设函数 $f(x)$ 在 x_0 的邻域 $(x_0-\delta, x_0+\delta)$ 内有任意阶导数，则 $f(x)$ 在点 x_0 处的泰勒级数在该邻域内**收敛于 $f(x)$**（即泰勒级数的和函数为 $f(x)$）的充分必要条件是

$$\lim_{n\to\infty}R_n(x)=0,$$

其中 $R_n(x)$ 是 $f(x)$ 在 x_0 处的泰勒余项

$$R_n(x)=\frac{f^{(n+1)}(\xi)}{(n+1)!}(x-x_0)^{n+1},$$

这里 ξ 介于 x 与 x_0 之间.

证 设 $f(x)$ 在 x_0 处的泰勒级数的部分和为 $S_n(x)$，即

$$S_n(x)=f(x_0)+\frac{f'(x_0)}{1!}(x-x_0)+\frac{f''(x_0)}{2!}(x-x_0)^2+\cdots+\frac{f^{(n)}(x_0)}{n!}(x-x_0)^n,$$

则由泰勒公式可知

$$f(x)=S_n(x)+R_n(x). \tag{8.5.1}$$

由于 $f(x)$ 在 x_0 的邻域 $(x_0-\delta, x_0+\delta)$ 内有任意阶导数，故当 $x\in(x_0-\delta, x_0+\delta)$ 时，对任意的自然数 n，式 (8.5.1) 都成立，从而

$$\lim_{n\to\infty}R_n(x)=0 \quad \Leftrightarrow \quad \lim_{n\to\infty}S_n(x)=f(x),$$

于是定理 8.5.1 得证.

上面的讨论解决了函数 $f(x)$ 在什么条件下可以表示成幂级数的问题，那么剩下的一个问题是：函数 $f(x)$ 的幂级数展开式是否唯一？这个结论是肯定的，也就是说，如果 $f(x)$ 能够表示成一个幂级数 $\sum\limits_{n=0}^{\infty}a_n(x-x_0)^n$，那么

$$a_n=\frac{f^{(n)}(x_0)}{n!}, \quad n=0,1,2,\cdots,$$

即这个幂级数一定是如下形式：

$$f(x_0)+f'(x_0)(x-x_0)+\frac{f''(x_0)}{2!}(x-x_0)^2+\cdots+\frac{f^{(n)}(x_0)}{n!}(x-x_0)^n+\cdots.$$

事实上，如果将 $f(x)$ 在点 $x=x_0$ 的某邻域内表示成幂级数

$$f(x)=\sum_{n=0}^{\infty}a_n(x-x_0)^n=a_0+a_1(x-x_0)+a_2(x-x_0)^2+\cdots+a_n(x-x_0)^n+\cdots,$$

两边分别对 x 求各阶导数，依次得到

$$f'(x)=a_1+2a_2(x-x_0)+3a_3(x-x_0)^2+\cdots,$$
$$f''(x)=2a_2+3\cdot 2a_3(x-x_0)+4\cdot 3a_4(x-x_0)^2+\cdots,$$
$$f'''(x)=3\cdot 2a_3+4\cdot 3\cdot 2a_4(x-x_0)+5\cdot 4\cdot 3a_5(x-x_0)^2+\cdots,$$
$$\cdots\cdots$$

将 $x=x_0$ 代入以上各式，得到

$$f(x_0)=a_0,$$
$$f'(x_0)=a_1,$$
$$f''(x_0)=2!\,a_2,$$
$$f'''(x_0)=3!\,a_3,$$
$$\cdots\cdots$$

一般地，对任意的自然数 n，有 $f^{(n)}(x_0)=n!\,a_n$，于是得到幂级数的系数

$$a_n=\frac{f^{(n)}(x_0)}{n!}, \quad n=0,1,2,\cdots.$$

这就证明了函数 $f(x)$ 若展开成 $(x-x_0)$ 的幂级数，则其幂级数展开式的表示结果是唯一的，即为 $f(x)$ 的泰勒级数

$$f(x)=\sum_{n=0}^{\infty}\frac{f^{(n)}(x_0)}{n!}(x-x_0)^n, \quad x\in(x_0-\delta, x_0+\delta).$$

8.5.2 函数的麦克劳林级数展开

将函数展开成幂级数的方法有两种，即直接展开法和间接展开法.

一、直接展开法

将函数 $f(x)$ 展开成 $(x-x_0)$ 的幂级数的一般步骤为：

(1) 求出 $f(x)$ 的各阶导数 $f^{(k)}(x)$，$k=1, 2, \cdots$.

(2) 求函数及各阶导数在 x_0 处的值：

$$f(x_0),\quad f'(x_0),\quad f''(x_0), \cdots,\quad f^{(n)}(x_0), \cdots.$$

(3) 写出相应的泰勒级数

$$\sum_{n=0}^{\infty}\frac{f^{(n)}(x_0)}{n!}(x-x_0)^n,$$

并求出其收敛半径 R.

(4) 验证当 $x\in(x_0-R, x_0+R)$ 时，

$$\lim_{n\to\infty}R_n(x)=\lim_{n\to\infty}\frac{f^{(n+1)}(\xi)}{(n+1)!}(x-x_0)^{n+1}\quad(\xi \text{ 介于 } x \text{ 与 } x_0 \text{ 之间})$$

是否为零. 若为零，则函数 $f(x)$ 在区间 (x_0-R, x_0+R) 内的幂级数展开式为

$$f(x)=\sum_{n=0}^{\infty}\frac{f^{(n)}(x_0)}{n!}(x-x_0)^n,\quad x\in(x_0-R, x_0+R).$$

在上述过程中，若取 $x_0=0$，则为 $f(x)$ 展开成麦克劳林级数的步骤.

例 8.5.1 将指数函数 $f(x)=\mathrm{e}^x$ 展开成麦克劳林级数.

解 函数 $f(x)=\mathrm{e}^x$ 在 $(-\infty, +\infty)$ 内有任意阶导数

$$f'(x)=\mathrm{e}^x,\quad f''(x)=\mathrm{e}^x, \cdots,\quad f^{(n)}(x)=\mathrm{e}^x,\quad f^{(n+1)}(x)=\mathrm{e}^x, \cdots,$$

将 $x=0$ 代入各阶导数，得 $f^{(n)}(0)=1$，$n=1, 2, \cdots$，故得级数

$$1+x+\frac{x^2}{2!}+\cdots+\frac{x^n}{n!}+\cdots,$$

该级数的收敛半径 $R=+\infty$. 对任意的 $x\in(-\infty, +\infty)$，余项满足

$$|R_n(x)|=\left|\frac{\mathrm{e}^{\xi}}{(n+1)!}x^{n+1}\right|\leqslant \mathrm{e}^{|x|}\frac{|x|^{n+1}}{(n+1)!},$$

这里 ξ 介于 0 与 x 之间，对于任意固定的 $x\in(-\infty, +\infty)$，$\mathrm{e}^{|x|}$ 是一个有限数，而 $\frac{|x|^{n+1}}{(n+1)!}$ 是收敛级数 $\sum_{n=0}^{\infty}\frac{|x|^{n+1}}{(n+1)!}$ 的通项，故

$$\lim_{n\to\infty}\frac{|x|^{n+1}}{(n+1)!}=0,$$

所以有

$$\lim_{n\to\infty} R_n(x)=0,$$

于是 $f(x)=\mathrm{e}^x$ 的麦克劳林级数为

$$\mathrm{e}^x=\sum_{n=0}^{\infty}\frac{1}{n!}x^n=1+x+\frac{x^2}{2!}+\cdots+\frac{x^n}{n!}+\cdots,\ x\in(-\infty,+\infty).$$

例 8.5.2 将正弦函数 $f(x)=\sin x$ 展开成麦克劳林级数.

解 函数 $\sin x$ 在 $(-\infty,+\infty)$ 内有任意阶导数

$$f^{(n)}(x)=\sin\left(x+\frac{n\pi}{2}\right),\quad n=0,1,2,\cdots,$$

将 $x=0$ 代入各阶导数，可得 $f^{(n)}(0)$ 按顺序依次为 0，1，0，-1，…，于是得级数为

$$x-\frac{1}{3!}x^3+\frac{1}{5!}x^5-\frac{1}{7!}x^7+\cdots+\frac{(-1)^n}{(2n+1)!}x^{2n+1}+\cdots,$$

该级数的收敛半径 $R=+\infty$. 对任意的 $x\in(-\infty,+\infty)$，余项满足

$$|R_n(x)|=\left|\frac{\sin\left(\xi+\frac{n+1}{2}\pi\right)}{(n+1)!}\cdot x^{n+1}\right|\leqslant\frac{|x|^{n+1}}{(n+1)!},$$

对于任意固定的 $x\in(-\infty,+\infty)$，$\frac{|x|^{n+1}}{(n+1)!}$ 是收敛级数 $\sum_{n=0}^{\infty}\frac{|x|^{n+1}}{(n+1)!}$ 的通项，因此

$$\lim_{n\to\infty}\frac{|x|^{n+1}}{(n+1)!}=0,$$

从而

$$\lim_{n\to\infty}R_n(x)=0,\quad x\in(-\infty,+\infty).$$

$f(x)=\sin x$ 的麦克劳林级数为

$$\begin{aligned}\sin x&=\sum_{n=0}^{\infty}\frac{(-1)^n}{(2n+1)!}x^{2n+1}\\&=x-\frac{1}{3!}x^3+\frac{1}{5!}x^5-\cdots+\frac{(-1)^n}{(2n+1)!}x^{2n+1}+\cdots,\ x\in(-\infty,+\infty).\end{aligned}$$

例 8.5.3 将二项式函数 $f(x)=(1+x)^\alpha$ 展开成麦克劳林级数.

解 由于 $f(x)=(1+x)^\alpha$，因此

$$f'(x)=\alpha(1+x)^{\alpha-1},$$
$$f''(x)=\alpha(\alpha-1)(1+x)^{\alpha-2},$$
……

$$f^{(n)}(x)=\alpha(\alpha-1)\cdots(\alpha-n+1)(1+x)^{\alpha-n},$$
$$\cdots\cdots$$

从而 $f(x)$ 以及各阶导数在 $x=0$ 处的值分别为

$$f(0)=1,\quad f'(0)=\alpha,\quad f''(0)=\alpha(\alpha-1),\cdots,\quad f^{(n)}(0)=\alpha(\alpha-1)\cdots(\alpha-n+1),\cdots,$$

故函数 $(1+x)^\alpha$ 的麦克劳林展开式为

$$\begin{aligned}&1+\sum_{n=1}^{\infty}\frac{\alpha(\alpha-1)\cdots(\alpha-n+1)}{n!}x^n\\=&1+\alpha x+\frac{\alpha(\alpha-1)}{2!}x^2+\cdots+\frac{\alpha(\alpha-1)\cdots(\alpha-n+1)}{n!}x^n+\cdots,\end{aligned}$$

由于上述级数相邻两项的系数之比满足

$$\lim_{n\to\infty}\left|\frac{a_{n+1}}{a_n}\right|=\lim_{n\to\infty}\left|\frac{\alpha-n}{n+1}\right|=1,$$

因此上述级数在 $x\in(-1,1)$ 内一定收敛. 可以证明该级数在 $(-1,1)$ 内收敛到函数 $(1+x)^\alpha$，因此得到 $f(x)=(1+x)^\alpha$ 的麦克劳林展开式为

$$(1+x)^\alpha=1+\sum_{n=1}^{\infty}\frac{\alpha(\alpha-1)\cdots(\alpha-n+1)}{n!}x^n,\ x\in(-1,1).$$

当 $x=\pm1$ 时上式能否成立，还需根据 α 的值而定.

特别地

$$\frac{1}{1+x}=\sum_{n=0}^{\infty}(-1)^nx^n=1-x+x^2-\cdots+(-1)^nx^n+\cdots,\quad x\in(-1,1);$$

$$\frac{1}{1-x}=\sum_{n=0}^{\infty}x^n=1+x+x^2+\cdots+x^n+\cdots,\ x\in(-1,1).$$

二、间接展开法

一般而言，利用直接展开法求函数的幂级数展开式往往比较复杂，有时甚至无法进行. 间接展开法是利用某些已知函数的幂级数展开式以及幂级数的性质将另外的函数展开成幂级数，展开过程往往相对简单.

例 8.5.4 将余弦函数 $f(x)=\cos x$ 展开成麦克劳林级数.

解 当 $x\in(-\infty,+\infty)$ 时，对正弦函数的麦克劳林级数的展开式逐项求导数，有

$$(\sin x)'=\sum_{n=0}^{\infty}\left[\frac{(-1)^n}{(2n+1)!}x^{2n+1}\right]'=\sum_{n=0}^{\infty}\frac{(-1)^n}{(2n)!}x^{2n},$$

由于逐项求导后的幂级数的收敛半径不变，所以 $f(x)=\cos x$ 的麦克劳林级数为

$$\cos x=\sum_{n=0}^{\infty}\frac{(-1)^n}{(2n)!}x^{2n}=1-\frac{x^2}{2!}+\frac{x^4}{4!}-\cdots+\frac{(-1)^n}{(2n)!}x^{2n}+\cdots,\ x\in(-\infty,+\infty).$$

例 8.5.5 将对数函数 $f(x)=\ln(1+x)$ 展开成麦克劳林级数.

解 由于

例 8.5.5

$$f'(x)=\frac{1}{1+x}=\sum_{n=0}^{\infty}(-1)^n x^n,\ x\in(-1,1),$$

将上式从 0 到 x 积分，得

$$\int_0^x \frac{1}{1+x}\mathrm{d}x=\sum_{n=0}^{\infty}\int_0^x(-1)^n x^n\mathrm{d}x=\sum_{n=0}^{\infty}(-1)^n\frac{x^{n+1}}{n+1},$$

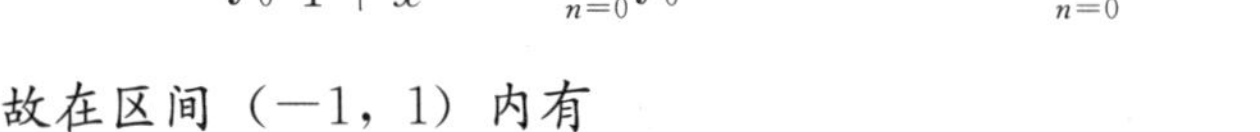

故在区间 $(-1,1)$ 内有

$$\ln(1+x)=\sum_{n=0}^{\infty}(-1)^n\frac{x^{n+1}}{n+1}.$$

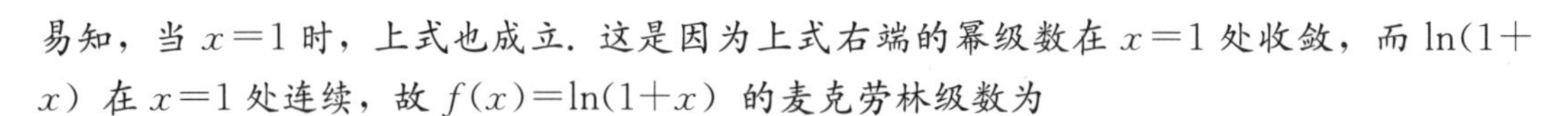

易知，当 $x=1$ 时，上式也成立. 这是因为上式右端的幂级数在 $x=1$ 处收敛，而 $\ln(1+x)$ 在 $x=1$ 处连续，故 $f(x)=\ln(1+x)$ 的麦克劳林级数为

$$\ln(1+x)=\sum_{n=0}^{\infty}(-1)^n\frac{x^{n+1}}{n+1},\ x\in(-1,1].$$

例 8.5.6 将函数 $\frac{1}{x-2}$ 展开成 x 的幂级数.

解 因为

$$\frac{1}{x-2}=-\frac{1}{2-x}=-\frac{1}{2}\frac{1}{1-\frac{x}{2}}=-\frac{1}{2}\sum_{n=0}^{\infty}\left(\frac{x}{2}\right)^n=\sum_{n=0}^{\infty}\left(-\frac{1}{2^{n+1}}\right)x^n,$$

收敛区间为 $\left|\frac{x}{2}\right|<1$，即 $x\in(-2,2)$.

例 8.5.7 将函数 e^{-x^2} 展开成 x 的幂级数.

解 由于

$$e^x=\sum_{n=0}^{\infty}\frac{x^n}{n!},\ x\in(-\infty,+\infty),$$

将 x 换成 $-x^2$，得

$$e^{-x^2}=\sum_{n=0}^{\infty}\frac{(-x^2)^n}{n!}=\sum_{n=0}^{\infty}\frac{(-1)^n}{n!}x^{2n},\ x\in(-\infty,+\infty).$$

例 8.5.8 将 $f(x)=(1+x)e^x$ 展开成 x 的幂级数.

解法 1 由于 $f(x)=e^x+xe^x$，而

$$e^x=\sum_{n=0}^{\infty}\frac{x^n}{n!},\quad x\in(-\infty,+\infty),$$

所以

$$\begin{aligned}f(x)&=\sum_{n=0}^{\infty}\frac{x^n}{n!}+x\sum_{n=0}^{\infty}\frac{x^n}{n!}\\&=\left(1+\frac{x}{1!}+\frac{x^2}{2!}+\frac{x^3}{3!}+\cdots\right)+x\left(1+\frac{x}{1!}+\frac{x^2}{2!}+\frac{x^3}{3!}+\cdots\right)\\&=1+\left(\frac{1}{1!}+1\right)x+\left(\frac{1}{2!}+\frac{1}{1!}\right)x^2+\left(\frac{1}{3!}+\frac{1}{2!}\right)x^3+\cdots\\&=\sum_{n=0}^{\infty}\frac{n+1}{n!}x^n,\quad x\in(-\infty,+\infty).\end{aligned}$$

解法 2 注意到

$$(xe^x)'=(1+x)e^x,$$

而

$$xe^x=x\sum_{n=0}^{\infty}\frac{x^n}{n!}=\sum_{n=0}^{\infty}\frac{x^{n+1}}{n!},$$

两端求导数，得

$$f(x)=e^x+xe^x=\sum_{n=0}^{\infty}\frac{n+1}{n!}x^n,\ x\in(-\infty,+\infty).$$

例 8.5.9 将函数 $f(x)=\sin x$ 在 $x=\frac{\pi}{4}$ 处展开成泰勒级数.

解 因为

$$\begin{aligned}\sin x&=\sin\left[\frac{\pi}{4}+\left(x-\frac{\pi}{4}\right)\right]=\sin\frac{\pi}{4}\cos\left(x-\frac{\pi}{4}\right)+\cos\frac{\pi}{4}\sin\left(x-\frac{\pi}{4}\right)\\&=\frac{\sqrt{2}}{2}\left[\cos\left(x-\frac{\pi}{4}\right)+\sin\left(x-\frac{\pi}{4}\right)\right],\end{aligned}$$

而当 $x\in(-\infty,+\infty)$ 时，有

$$\cos\left(x-\frac{\pi}{4}\right)=\sum_{n=0}^{\infty}\frac{(-1)^n}{(2n)!}\left(x-\frac{\pi}{4}\right)^{2n}=1-\frac{1}{2!}\left(x-\frac{\pi}{4}\right)^2+\frac{1}{4!}\left(x-\frac{\pi}{4}\right)^4-\cdots,$$

$$\begin{aligned}\sin\left(x-\frac{\pi}{4}\right)&=\sum_{n=0}^{\infty}\frac{(-1)^n}{(2n+1)!}\left(x-\frac{\pi}{4}\right)^{2n+1}\\&=\left(x-\frac{\pi}{4}\right)-\frac{1}{3!}\left(x-\frac{\pi}{4}\right)^3+\frac{1}{5!}\left(x-\frac{\pi}{4}\right)^5-\cdots,\end{aligned}$$

所以

$$\sin x=\frac{\sqrt{2}}{2}\left[1+\left(x-\frac{\pi}{4}\right)-\frac{1}{2!}\left(x-\frac{\pi}{4}\right)^2-\frac{1}{3!}\left(x-\frac{\pi}{4}\right)^3+\frac{1}{4!}\left(x-\frac{\pi}{4}\right)^4\right.$$

$$+\frac{1}{5!}\left(x-\frac{\pi}{4}\right)^5-\cdots\Big]$$

$$=\frac{\sqrt{2}}{2}+\frac{\sqrt{2}}{2}\left(x-\frac{\pi}{4}\right)-\frac{\sqrt{2}}{2\times 2!}\left(x-\frac{\pi}{4}\right)^2-\frac{\sqrt{2}}{2\times 3!}\left(x-\frac{\pi}{4}\right)^3+\frac{\sqrt{2}}{2\times 4!}\left(x-\frac{\pi}{4}\right)^4$$

$$+\frac{\sqrt{2}}{2\times 5!}\left(x-\frac{\pi}{4}\right)^5-\cdots,\quad x\in(-\infty,+\infty).$$

*8.5.3 幂级数在近似计算中的应用

利用级数解决近似计算的基本思想是：某个收敛级数 $\sum_{n=0}^{\infty}a_n$ 的和 S 可用该级数的前 N 项部分和 $S_N=\sum_{k=0}^{N}a_k$ 来近似代替，即 $S\approx S_N$，它们之间的误差的绝对值为

$$|S-S_N|=\left|\sum_{n=N+1}^{\infty}a_n\right|.$$

由于级数 $\sum_{n=0}^{\infty}a_n$ 收敛，所以

$$\lim_{N\to\infty}\left|\sum_{n=N+1}^{\infty}a_n\right|=0.$$

对任意一个给定的精确度 ε（$\varepsilon>0$），必然可以找到正整数 N，使得 $|S-S_N|<\varepsilon$ 成立. 也就是说，近似计算展开式的误差可小于预先给定的精确度 ε.

利用函数的幂级数表达式，可以进行各种近似计算.

例 8.5.10 近似计算 $\int_0^1 e^{-x^2}dx$，精确到小数点后 4 位.

解 例 8.5.7 中已经将 e^{-x^2} 展开成幂级数为

$$e^{-x^2}=\sum_{n=0}^{\infty}\frac{(-1)^n}{n!}x^{2n},\quad x\in(-\infty,+\infty),$$

由幂级数可逐项积分的性质，得

$$\int_0^1 e^{-x^2}dx=\int_0^1\sum_{n=0}^{\infty}\frac{(-1)^n}{n!}x^{2n}dx=\sum_{n=0}^{\infty}\int_0^1\frac{(-1)^n}{n!}x^{2n}dx=\sum_{n=0}^{\infty}\frac{(-1)^n}{n!(2n+1)},$$

由于

$$\left|\int_0^1 e^{-x^2}dx-\sum_{k=0}^{n}\frac{(-1)^k}{k!(2k+1)}\right|<\left|\frac{(-1)^{n+1}}{(n+1)!(2n+3)}\right|=\frac{1}{(n+1)!(2n+3)},$$

令

$$\frac{1}{(n+1)!(2n+3)}<\frac{1}{10^4},$$

得 $n\geqslant 6$，即有

$$\left|\int_0^1 e^{-x^2}dx-\sum_{k=0}^{6}\frac{(-1)^k}{k!(2k+1)}\right|<\frac{1}{10^4},$$

从而得

$$\int_0^1 e^{-x^2}dx\approx 1-\frac{1}{3}+\frac{1}{10}-\frac{1}{42}+\frac{1}{216}-\frac{1}{1\,320}+\frac{1}{9\,360}\approx 0.746\,8.$$

例 8.5.11 近似计算 ln2 的值.

解 由于 $\ln(1+x)$ 的麦克劳林级数为

$$\begin{aligned}\ln(1+x)&=\sum_{n=1}^{\infty}(-1)^{n-1}\frac{x^n}{n}\\&=x-\frac{x^2}{2}+\frac{x^3}{3}-\frac{x^4}{4}+\cdots+(-1)^{n-1}\frac{x^n}{n}+\cdots,\quad x\in(-1,1],\end{aligned}$$

取 $x=1$，得

$$\ln 2=1-\frac{1}{2}+\frac{1}{3}-\frac{1}{4}+\cdots+(-1)^{n-1}\frac{1}{n}+\cdots.$$

上式可以用来求 ln2 的近似值，然而上式右边的级数收敛得非常慢. 例如要使误差小于 10^{-2}，需计算级数的前 100 项之和. 如果要使误差小于10^{-5}，就需要计算前 100 000 项之和，这在实际中是不可行的. 因此，需要找一个收敛得较快的级数来作近似计算. 由级数展开式

$$\ln(1+x)=x-\frac{x^2}{2}+\frac{x^3}{3}-\frac{x^4}{4}+\cdots+(-1)^{n-1}\frac{x^n}{n}+\cdots,\quad x\in(-1,1],$$

$$\ln(1-x)=-x-\frac{x^2}{2}-\frac{x^3}{3}-\frac{x^4}{4}-\cdots-\frac{x^n}{n}-\cdots,\quad x\in[-1,1),$$

有

$$\ln\frac{1+x}{1-x}=\ln(1+x)-\ln(1-x)=2\left(x+\frac{x^3}{3}+\frac{x^5}{5}+\cdots+\frac{x^{2n-1}}{2n-1}+\cdots\right),\quad x\in(-1,1).$$

令$\frac{1+x}{1-x}=2$，得 $x=\frac{1}{3}$，从而

$$\ln 2=2\left[\frac{1}{3}+\frac{1}{3}\left(\frac{1}{3}\right)^3+\frac{1}{5}\left(\frac{1}{3}\right)^5+\cdots+\frac{1}{2n-1}\left(\frac{1}{3}\right)^{2n-1}+\cdots\right],$$

这个级数收敛得很快，只要少数几项就可得到相当好的近似值. 例如取前 9 项：

$$\ln 2\approx 2\left[\frac{1}{3}+\frac{1}{3}\left(\frac{1}{3}\right)^3+\frac{1}{5}\left(\frac{1}{3}\right)^5+\cdots+\frac{1}{17}\left(\frac{1}{3}\right)^{17}\right]\approx 0.693\,147\,180\,5,$$

其误差为

$$R_9=2\left[\frac{1}{19}\left(\frac{1}{3}\right)^{19}+\frac{1}{21}\left(\frac{1}{3}\right)^{21}+\cdots\right]$$
$$<2\cdot\frac{1}{19}\cdot\frac{1}{3^{19}}\left(1+\frac{1}{3^2}+\frac{1}{3^4}+\cdots\right)$$
$$=2\cdot\frac{1}{19}\cdot\frac{1}{3^{19}}\cdot\frac{9}{8}=\frac{1}{4\cdot 19\cdot 3^{17}}$$
$$<\frac{2}{10^{10}}<\frac{1}{10^9},$$

即精确到小数点第 9 位.

需要注意的是，在将所求的近似值表示成十进制小数时，实际上有两种误差需要处理：一种是 $|S-S_n|$，通常将这种误差称为**截断误差**；另一种是当计算 S_n 时，S_n 中的每一项都可能产生误差，称它为**舍入误差**. 这里只考虑前一种误差.

由此可见，利用幂级数可以近似计算出函数值. 相对于泰勒公式，幂级数方法更为简捷.

习题 8.5

1. 将下列函数展开成 x 的幂级数：

(1) $f(x)=\dfrac{e^x+e^{-x}}{2}$；　　(2) $f(x)=a^x$ $(a>0,\ a\neq 1)$；

(3) $f(x)=\cos^2 x$；　　(4) $f(x)=\ln(2+x)$；

(5) $f(x)=\ln(x^2+3x+2)$.

2. 将下列函数展开成 $(x-1)$ 的幂级数：

(1) $f(x)=\ln x$；　　(2) $f(x)=\dfrac{1}{3-x}$；

(3) $f(x)=e^x$；　　(4) $f(x)=\ln\dfrac{1}{6-5x+x^2}$.

本章小结

无穷级数是高等数学的一个重要组成部分，本章介绍了常数项级数和函数项级数的概念与性质，给出了函数项级数的收敛域、发散域、和函数等概念，给出了判别常数项级数敛散性的一般方法，即判别级数的前 n 项部分和的极限是否存在.

正项级数是常数项级数中的一种重要类型. 本章给出了判别正项级数收敛的几种常用方法，例如部分和有上界、比较判别法及其极限形式、比值判别法以及根值判别法等.

对于任意项级数，需要读者掌握绝对收敛与条件收敛的概念与判别方法. 交错级数是任意项级数的一种重要类型，利用莱布尼茨判别法可以判别交错级数的敛散性.

幂级数是函数项级数的一种重要类型. 本章给出了收敛半径和收敛区间的概念，讨论了幂级数的性质、幂级数收敛域的求法以及利用幂级数的性质求幂级数的和函数.

函数的幂级数展开是将函数表示为一个幂级数. 其展开方法有两种：直接展开法和间接展开法. 其中直接展开法是利用泰勒级数的定义将函数展开成幂级数，其展开过程往往比较复杂；间接展开法是利用幂级数的性质以及某些已知函数的展开式将另外的函数展开成幂级数，展开过程相对简单.

总复习题8

1. 填空题

(1) 若正项级数 $\sum_{n=1}^{\infty} a_n$ 的部分和数列 $\{S_n\}$ 有上界，则 $\sum_{n=1}^{\infty} a_n$ 必____（收敛或发散）.

(2) 若级数 $\sum_{n=1}^{\infty} (-1)^n \frac{1}{n^p}$ 收敛，则 p 的范围为__________.

(3) 数项级数 $\sum_{n=1}^{\infty} \frac{1}{3^n} =$__________.

(4) 数项级数 $\sum_{n=1}^{\infty} \left(\frac{1}{2^n} + \frac{1}{\sqrt{n}}\right)$ 是__________级数（收敛或发散）.

(5) 若数项级数 $\sum_{n=1}^{\infty} u_n$ 绝对收敛，则 $\lim_{n\to\infty} u_n =$__________.

(6) 若正项级数 $\sum_{n=1}^{\infty} u_n$ 的通项满足条件 $u_n \leqslant n^{-1.1}$，则 $\sum_{n=1}^{\infty} u_n$ 是__________级数（收敛或发散）.

(7) 幂级数 $\sum_{n=1}^{\infty} (-1)^n x^n$ 的和函数是__________.

(8) 幂级数 $\sum_{n=1}^{\infty} \frac{1}{n} x^{n+1}$ 的收敛区间是__________.

(9) 若幂级数 $\sum_{n=0}^{\infty} a_n y^n$ 的收敛区间为 $(-9, 9)$，则 $\sum_{n=0}^{\infty} a_n (x-3)^{2n}$ 的收敛区间为____.

2. 单项选择题

(1) 级数 $\sum_{n=1}^{\infty} u_n$ 收敛的充要条件是（　　）.

(A) $\lim_{n\to\infty} u_n = 0$；　　(B) $\lim_{n\to\infty} \frac{u_{n+1}}{u_n} = r < 1$；

(C) $\lim_{n\to\infty} S_n$ 存在（其中 $S_n = \sum_{k=1}^{n} u_k$）；　　(D) $u_n \leqslant \frac{1}{n^2}$.

(2) 下列级数中发散的是（　　）.

(A) $\sum\limits_{n=1}^{\infty}\dfrac{1}{\sqrt{n^3}}$；　　(B) $\dfrac{1}{2}+\dfrac{1}{4}+\dfrac{1}{8}+\dfrac{1}{16}+\dfrac{1}{32}+\cdots$；

(C) $0.001+\sqrt{0.001}+\sqrt[3]{0.001}+\cdots$；　　(D) $\dfrac{3}{5}-\dfrac{3^2}{5^2}+\dfrac{3^3}{5^3}-\dfrac{3^4}{5^4}+\dfrac{3^5}{5^5}-\cdots$.

(3) 利用级数收敛时其一般项必趋于零的性质，下列级数中发散的是（　　）.

(A) $\sum\limits_{n=1}^{\infty}\sin\dfrac{\pi}{3^n}$；　　(B) $\sum\limits_{n=1}^{\infty}\dfrac{n\cdot 2^n}{3^n}$；

(C) $\sum\limits_{n=1}^{\infty}\arctan\dfrac{1}{n^2}$；　　(D) $1-\dfrac{3}{2}+\dfrac{4}{3}-\cdots+(-1)^{n+1}\dfrac{n+1}{n}+\cdots$.

(4) 下列级数中收敛的是（　　）.

(A) $\sum\limits_{n=1}^{\infty}\dfrac{1}{\sqrt{2n+1}}$；　　(B) $\sum\limits_{n=1}^{\infty}\dfrac{n}{3n+1}$；

(C) $\sum\limits_{n=1}^{\infty}\dfrac{100}{q^n}\ (|q|<1)$；　　(D) $\sum\limits_{n=1}^{\infty}\dfrac{2^{n-1}}{3^n}$.

(5) 下列级数中条件收敛的是（　　）.

(A) $\sum\limits_{n=1}^{\infty}(-1)^n\dfrac{n}{n+1}$；　　(B) $\sum\limits_{n=1}^{\infty}(-1)^n\dfrac{1}{\sqrt{n}}$；

(C) $\sum\limits_{n=1}^{\infty}(-1)^n\dfrac{1}{n^2}$；　　(D) $\sum\limits_{n=1}^{\infty}(-1)^n\dfrac{1}{n(n+1)}$.

(6) 下列级数中绝对收敛的是（　　）.

(A) $\sum\limits_{n=1}^{\infty}\dfrac{1}{\sqrt{2n+1}}$；　　(B) $\sum\limits_{n=1}^{\infty}(-1)^n\left(\dfrac{3}{2}\right)^n$；

(C) $\sum\limits_{n=1}^{\infty}(-1)^n\dfrac{1}{\sqrt{n^3}}$；　　(D) $\sum\limits_{n=1}^{\infty}(-1)^n\dfrac{n-1}{n}$.

(7) 下列级数中收敛的是（　　）.

(A) $\sum\limits_{n=1}^{\infty}\dfrac{2^n-1}{5^n}$；　　(B) $\sum\limits_{n=1}^{\infty}\sin\dfrac{1}{n}$；

(C) $\sum\limits_{n=0}^{\infty}\sin\dfrac{1}{\sqrt{n}}$；　　(D) $\sum\limits_{n=1}^{\infty}\left(\dfrac{5}{3}\right)^n$.

(8) 下列级数中发散的是（　　）.

(A) $\sum\limits_{n=1}^{\infty}\sin\dfrac{n\pi}{2}$；　　(B) $\sum\limits_{n=1}^{\infty}(-1)^n\dfrac{1}{n}$；

(C) $\sum\limits_{n=1}^{\infty}\left(\dfrac{4}{5}\right)^n$；　　(D) $\sum\limits_{n=1}^{\infty}\dfrac{1}{n^3}$.

(9) 若级数 $\sum\limits_{n=1}^{\infty}\dfrac{1}{n^{p+1}}$ 发散，则常数 p 的取值范围为（　　）.

(A) $p\leqslant 0$；　　(B) $p>0$；

(C) $p\leqslant 1$； (D) $p<1$.

(10) 当条件（　　）成立时，级数 $\sum_{n=1}^{\infty}(a_n+b_n)$ 一定发散.

(A) $\sum_{n=1}^{\infty}a_n$ 发散且 $\sum_{n=1}^{\infty}b_n$ 收敛； (B) $\sum_{n=1}^{\infty}a_n$ 发散；

(C) $\sum_{n=1}^{\infty}b_n$ 发散； (D) $\sum_{n=1}^{\infty}a_n$ 和 $\sum_{n=1}^{\infty}b_n$ 都发散.

(11) 若正项级数 $\sum_{n=1}^{\infty}a_n$ 收敛，$c\neq 0$ 为常数，则下列级数收敛的是（　　）.

(A) $\sum_{n=1}^{\infty}\sqrt{1+a_n}$； (B) $\sum_{n=1}^{\infty}a_n^2$；

(C) $\sum_{n=1}^{\infty}(a_n+c)^2$； (D) $\sum_{n=1}^{\infty}(a_n+c)$.

(12) 下列级数中绝对收敛的是（　　）.

(A) $\sum_{n=1}^{\infty}(-1)^n\frac{1}{\sqrt{2n+1}}$； (B) $\sum_{n=1}^{\infty}(-1)^n\left(\frac{3}{2}\right)^n$；

(C) $\sum_{n=1}^{\infty}(-1)^n\frac{1}{\sqrt{n^3}}$； (D) $\sum_{n=1}^{\infty}(-1)^n\frac{n-1}{n}$.

(13) 级数 $\sum_{n=1}^{\infty}\frac{3^n}{n+3}x^n$ 的收敛区间是（　　）.

(A) $\left(-\frac{1}{3},\frac{1}{3}\right)$； (B) $\left[-\frac{1}{3},\frac{1}{3}\right)$；

(C) $\left(-\frac{1}{3},\frac{1}{3}\right]$； (D) $\left[-\frac{1}{3},\frac{1}{3}\right]$.

3. 求级数 $\sum_{n=1}^{\infty}\frac{1}{\sqrt{n(n+1)}(\sqrt{n+1}+\sqrt{n})}$ 的和.

4. 求级数 $\sum_{n=1}^{\infty}\frac{2n-1}{3^n}$ 的和.

5. 判别下列级数的敛散性：

(1) $\sum_{n=1}^{\infty}\frac{4^n}{n!}$； (2) $\sum_{n=1}^{\infty}\frac{1}{3^n-n^2}$； (3) $\sum_{n=1}^{\infty}\frac{n!}{n^n}$； (4) $\sum_{n=1}^{\infty}\frac{[(n+1)!]^n}{2!4!\cdots(2n)!}$.

6. 证明：$\lim_{n\to\infty}\frac{n^n}{(n!)^2}=0$.

7. 判断下列级数的敛散性. 若收敛，是条件收敛还是绝对收敛？

(1) $\sum_{n=2}^{\infty}\frac{(-1)^n}{\ln n}$； (2) $\sum_{n=2}^{\infty}\sin\left(n\pi+\frac{1}{\ln n}\right)$； (3) $\sum_{n=1}^{\infty}(-1)^n\frac{(n+1)^n}{2n^{n+1}}$.

8. 求下列幂级数的收敛区间：

(1) $\sum_{n=1}^{\infty}\frac{(x+3)^n}{n^2 5^n}$； (2) $\sum_{n=1}^{\infty}\frac{x^{2n-1}}{n4^n}$.

9. 求下列幂级数的和函数：

(1) $\sum_{n=1}^{\infty}\frac{2n-1}{2^n}(x-2)^{2n-2}$，并求$\sum_{n=1}^{\infty}\frac{2n-1}{2^n}$的和； (2) $\sum_{n=0}^{\infty}\frac{n^2+1}{n!2^n}x^n$.

10. 将函数 $f(x)=x\sin x\cos x$ 展开成 x 的幂级数.

11. 将函数 $f(x)=\frac{x}{x^2-2x-3}$展开成 x 的幂级数.

12. 将函数 $f(x)=\ln\frac{1}{2+2x+x^2}$展开成（$x+1$）的幂级数.

第9章 微分方程

微积分的产生和发展与求解微分方程有着密切联系. 所谓微分方程，就是联系着自变量、未知函数及其导数在内的方程. 对经济、管理等社会科学以及物理学、化学、生物学、工程技术等自然科学中的大量问题一旦加以精确的数学描述，往往会出现微分方程的问题，那么问题的解决就依赖于对微分方程的研究. 本章主要介绍微分方程的一些基本概念、几种常用的微分方程的求解方法以及线性微分方程的理论.

§9.1 微分方程的基本概念

下面通过两个具体的例子来引入微分方程的概念.

例 9.1.1 设一物体只受重力的作用开始自由垂直降落，这里只考虑重力对物体的作用，而忽略空气阻力等外力的影响. 若取物体降落的铅垂线为 y 轴，其正向朝下，设开始下落的时间为 $t=0$，物体下落的距离 y 与时间 t 的函数关系为 $y=y(t)$，则可建立起函数 $y(t)$ 满足的微分方程

$$\frac{\mathrm{d}^2 y}{\mathrm{d}t^2}=g, \tag{9.1.1}$$

其中 g 为重力加速度常数，这是经典的**自由落体运动的数学模型**.

然而，众所周知，在同一初始时刻从不同的高度或以不同的初始速度自由下落的物体将表现为不同的运动. 因此，为了确定相应的运动，$y=y(t)$ 还需要满足**初始条件**:

$$y(0)=y_0, \quad \left.\frac{\mathrm{d}y}{\mathrm{d}t}\right|_{t=0}=y_1. \tag{9.1.2}$$

例 9.1.2 设某商品在时刻 t 的售价为 P，社会对该商品的需求量和供给量分别是 P 的函数 $Q(P)$，$S(P)$，则在时刻 t 的价格 P 对于时间 t 的变化率可认为与该商品在同时刻的超额需求量 $Q(P)-S(P)$ 成正比，即有微分方程

$$\frac{\mathrm{d}P}{\mathrm{d}t}=k[Q(P)-S(P)],\ k>0, \tag{9.1.3}$$

在 $Q(P)$，$S(P)$ 确定的情况下，可解出价格 P 和时间 t 的函数关系 $P(t)$，这是经济学中的**商品的价格调整模型**.

上述两个例子中均出现了含有未知函数导数的方程，此类问题在数学研究和实际问题中不胜枚举.

定义 9.1.1 把含有未知函数和未知函数的导数或微分的方程叫作**微分方程**，简称为**方程**. 方程中未知函数的最高阶导数的阶数 n 称为**方程的阶**.

定义 9.1.2 称未知函数只含有一个自变量的微分方程为**常微分方程**，称未知函数含有多个自变量的微分方程为**偏微分方程**.

如例 9.1.2 中的微分方程（9.1.3）为一阶常微分方程，例 9.1.1 中的微分方程（9.1.1）为二阶常微分方程. 方程

$$\cos y\frac{\partial z}{\partial x}+\sin x\frac{\partial z}{\partial y}=xy,\qquad \frac{\partial^2 u}{\partial x^2}+\frac{\partial^2 u}{\partial y^2}=0,$$

分别为一阶和二阶偏微分方程.

本章只讨论常微分方程. n 阶常微分方程的一般形式为

$$F(x, y, y', y'', \cdots, y^{(n)})=0, \tag{9.1.4}$$

其中 x 为自变量，$y=y(x)$ 为未知函数，且 $y^{(n)}$ 必须出现在式（9.1.4）中. 特别地，如果方程（9.1.4）可表示为如下形式：

$$y^{(n)}+a_1(x)y^{(n-1)}+\cdots+a_{n-1}(x)y'+a_n(x)y=f(x), \tag{9.1.5}$$

其中 $a_1(x)$，$\cdots$，$a_{n-1}(x)$，$a_n(x)$和 $f(x)$ 均为自变量 x 的已知函数，则称方程（9.1.5）为 ***n* 阶线性微分方程**，不能表示为形如方程（9.1.5）的微分方程称为**非线性微分方程**.

例 9.1.3 试指出下列微分方程是什么方程，并指出微分方程的阶数：

(1) $\mathrm{d}y=4x^3\mathrm{d}x$；　　(2) $\left(\frac{\mathrm{d}y}{\mathrm{d}x}\right)^2+4\frac{\mathrm{d}y}{\mathrm{d}x}-7=0$；

(3) $\frac{\mathrm{d}^2u}{\mathrm{d}x^2}+u=0$；　　(4) $\sin t''+\ln\cos t=s+1$.

解 方程（1）是一阶线性微分方程；方程（2）是一阶非线性微分方程，因方程中含有$\frac{\mathrm{d}y}{\mathrm{d}x}$的平方项；方程（3）是二阶线性微分方程；方程（4）是二阶非线性微分方程，因方程中含有非线性函数 $\sin t''$，$\ln\cos t$.

下面引入微分方程的解的概念.

定义 9.1.3 设函数 $y=\varphi(x)$ 在区间 I 上有 n 阶连续导数，若将 $y=\varphi(x)$ 及其相应的各阶导数代入式（9.1.4），有

$$F(x, \varphi, \varphi', \varphi'', \cdots, \varphi^{(n)})\equiv 0,$$

则称 $y=\varphi(x)$ 为该微分方程（9.1.4）的**解**. 特别地，若方程的解中含有相互独立的任意

常数，且任意常数的个数与微分方程的阶数相等，则称该解为方程的**通解**. 若不含有任意常数，则称该解为方程的**特解**. 对于一阶微分方程来说，其通解的图形是坐标平面上的一族曲线，故又称为微分方程的**积分曲线族**.

从微分方程的形式可以看出，方程的求解与积分运算相联系，因此常把求解的过程也叫作积分过程. 由于每进行一次不定积分运算，就会产生一个任意常数，因此就微分方程本身的积分（不考虑初值条件）而言，n 阶微分方程的解应该包含 n 个任意常数. 如方程(9.1.3)，它的解中含有一个任意常数.

带有初始条件的微分方程称为微分方程的**初值问题**. 如例 9.1.1，在给定**初始条件**式(9.1.2) 的情况下求解微分方程 (9.1.1) 的问题，即为自由落体运动的初值问题.

例 9.1.4 求曲线族 $x^3+y^2=Cx$ 满足的微分方程，其中 C 为任意常数.

解 求曲线族所满足的方程，就是求一个微分方程，使所给的曲线族正好是该微分方程的解. 因此，所求的微分方程的阶数应与已知曲线族中任意常数的个数相等. 这里，我们通过消去任意常数的方法得到所求的微分方程.

在等式 $x^3+y^2=Cx$ 两端对 x 求导，得

$$3x^2+2yy'=C,$$

再从 $x^3+y^2=Cx$ 解出 $C=\dfrac{y^2+x^3}{x}$，代入上式，得

$$3x^2+2yy'=\frac{y^2+x^3}{x},$$

化简即得到所求的微分方程

$$2x^3-y^2+2xyy'=0.$$

例 9.1.5 设 C_1，C_2 为任意常数，验证函数 $y=C_1\sin x+C_2\cos x$ 是方程

微课

例 9.1.5

$$\frac{\mathrm{d}^2 y}{\mathrm{d}x^2}+y=0$$

的通解，并求满足初始条件 $y|_{x=\frac{\pi}{2}}=0$，$y'|_{x=\frac{\pi}{2}}=1$ 的特解.

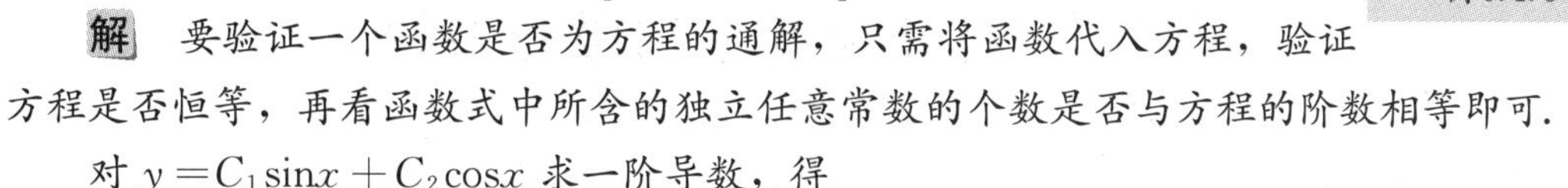

解 要验证一个函数是否为方程的通解，只需将函数代入方程，验证方程是否恒等，再看函数式中所含的独立任意常数的个数是否与方程的阶数相等即可.

对 $y=C_1\sin x+C_2\cos x$ 求一阶导数，得

$$\frac{\mathrm{d}y}{\mathrm{d}x}=C_1\cos x-C_2\sin x,$$

再求一次导数，得

$$\frac{\mathrm{d}^2 y}{\mathrm{d}x^2}=-C_1\sin x-C_2\cos x,$$

从而有

$$\frac{d^2y}{dx^2}+y=0,$$

因方程两边恒等，且 y 中含有两个任意常数，故 $y=C_1\sin x+C_2\cos x$ 是题设方程的通解.

将初始条件 $y|_{x=\frac{\pi}{2}}=0$，$y'|_{x=\frac{\pi}{2}}=1$ 代入通解 $y=C_1\sin x+C_2\cos x$，解得 $C_1=0$，$C_2=-1$，从而所求特解为 $y=-\cos x$.

习题 9.1

1. 指出下列微分方程的阶数：

(1) $(y')^3-8yy'+3xy=0$；

(2) $x^2y''+12y'+y=0$；

(3) $(yy')^2=x^2-\ln y$；

(4) $xy'''+2y=0$；

(5) $(x^2-y)dx+(x-y)dy=0$；

(6) $y^{(4)}-2y'+2y=x^2$.

2. 指出下列函数是否为所给微分方程的通解，其中 C_1，C_2，C_3 为任意常数：

(1) $y=C_1x+C_2$，$y''+2y'+y=0$；

(2) $x=\cos 2t+C_1\cos 3t+C_2\sin 3t$，$x''+9x=5\cos 2t$；

(3) $y=(C_1+C_2\ln x)\sqrt{x}+C_3$，$4x^2y'''+8xy''+y'=0$；

(4) $y=C_1x+C_2x^2$，$x^2y''+(xy'-y)^2=0$.

3. 已知 $y=(C_1+C_2x)e^{-x}$ 是方程 $y''+2y'+y=0$ 的通解，其中 C_1，C_2 为任意常数，求满足初始条件 $y|_{x=0}=2$，$y'|_{x=0}=-2$ 的特解.

4. 设函数 $y=(1+x)^2u(x)$ 是方程 $y'-\frac{2}{1+x}y=(1+x)^3$ 的通解，求 $u(x)$.

5. 设曲线上点 $P(x,y)$ 处的法线与 x 轴的交点为 Q，且线段 PQ 被 y 轴平分，试写出该曲线所满足的微分方程.

6. 设可微函数 $f(x)$ 满足 $\int_0^1 f(tx)dt=2f(x)$，求 $f(x)$ 满足的微分方程.

§9.2 可分离变量的微分方程

微分方程的类型多种多样，它们的解法也各不相同，绝大部分都是通过积分来求解的. 本节将介绍可分离变量的微分方程以及一些可以化为这类方程的微分方程（如齐次方程)，以及此类方程的解法.

9.2.1 可分离变量的微分方程

定义 9.2.1 设有一阶微分方程

$$\frac{\mathrm{d}y}{\mathrm{d}x}=f(x, y),$$

如果 $f(x, y)$恰能分解成关于 x 的函数与关于 y 的函数的乘积$P(x)Q(y)$，即有

$$\frac{\mathrm{d}y}{\mathrm{d}x}=P(x)Q(y), \tag{9.2.1}$$

则称方程（9.2.1）为**可分离变量的微分方程**，其中 $P(x)$，$Q(y)$ 都是连续函数. 对于此类方程，可以通过分离变量并积分来求解.

当 $Q(y)\neq 0$ 时，在方程两端同时除以 $Q(y)$，并用 $\mathrm{d}x$ 乘以方程的两端，使得未知函数与自变量置于等号的两边，得

$$\frac{\mathrm{d}y}{Q(y)}=P(x)\mathrm{d}x,$$

再对上述等式两边积分，得

$$\int\frac{\mathrm{d}y}{Q(y)}=\int P(x)\mathrm{d}x,$$

当 $Q(y)=0$ 时，满足 $Q(y)=0$ 的解 $y=y_0$ 也是方程（9.2.1）的解.

上述求解可分离变量的微分方程的方法称为**分离变量法**.

例 9.2.1 求微分方程 $\mathrm{e}^y\frac{\mathrm{d}y}{\mathrm{d}x}-x-x^3=0$ 的通解.

解 原方程可变形为

$$\mathrm{e}^y\mathrm{d}y=(x+x^3)\mathrm{d}x,$$

两端积分

$$\int\mathrm{e}^y\mathrm{d}y=\int(x+x^3)\mathrm{d}x,$$

得原方程的通解为

$$\mathrm{e}^y=\frac{x^2}{2}+\frac{x^4}{4}+C,$$

其中 C 为任意常数.

例 9.2.2 求微分方程$\frac{\mathrm{d}y}{\mathrm{d}x}=3x^2y$ 的通解.

解 题设方程是可分离变量的，当 $y\neq 0$ 时，分离变量，得

$$\frac{\mathrm{d}y}{y}=3x^2\mathrm{d}x,$$

两端积分

$$\int \frac{\mathrm{d}y}{y}=\int 3x^2\mathrm{d}x,$$

解得

$$\ln|y|=x^3+C_1,$$

从而

$$y=\pm \mathrm{e}^{x^3+C_1},$$

记 $C=\pm \mathrm{e}^{C_1}$，则得到题设方程的通解为

$$y=C\mathrm{e}^{x^3},$$

其中 C 为不等于 0 的任意常数. 又注意到 $y=0$ 也是原方程的解，因此原方程的通解为

$$y=C\mathrm{e}^{x^3},$$

其中 C 为任意常数.

在使用分离变量法求解可分离变量的微分方程时，首先假定 $Q(y)\neq 0$，这样得到的通解不包含使 $Q(y)=0$ 的解，但是，有时候如果扩大任意常数 C 的取值范围，则失去的解可以被纳入通解中. 如在例 9.2.2 中，首先得到的通解为 $y=C\mathrm{e}^{x^3}$，其中 C 为不等于 0 的任意常数，而 $y=0$ 也是原方程的解，如果允许 $C=0$，那么 $y=0$ 也被纳入通解 $y=C\mathrm{e}^{x^3}$ 中，因此题设方程的通解为：$y=C\mathrm{e}^{x^3}$，其中 C 为任意常数.

例 9.2.3 求微分方程 $(x^2+1)(y^2-1)\mathrm{d}x+xy\mathrm{d}y=0$ 的通解.

解 当 $x(y^2-1)\neq 0$ 时，分离变量，得

$$\frac{y}{y^2-1}\mathrm{d}y=-\frac{x^2+1}{x}\mathrm{d}x,$$

两端积分

$$\int \frac{y}{y^2-1}\mathrm{d}y=-\int \frac{x^2+1}{x}\mathrm{d}x,$$

得

$$\ln|y^2-1|=-x^2-\ln x^2+C_1,$$

于是

$$x^2\mathrm{e}^{x^2}|y^2-1|=\mathrm{e}^{C_1},$$

亦即

$$x^2\mathrm{e}^{x^2}(y^2-1)=C,$$

其中 $C=\pm \mathrm{e}^{C_1}$ 为不等于 0 的任意常数. 此外，注意到当 $x=0$，$y=\pm 1$ 时，原方程也成立，因此，得到题设方程的通解为

$$x^2 e^{x^2}(y^2-1)=C,$$

其中 C 为任意常数.

例 9.2.4 已知某地区在 t 时刻的总人口数为 $N=N(t)$，人口增长率 $\lambda\left(1-\frac{N}{N_m}\right)$ 为总人口数 N 的减函数，其中 λ 为一系数，N_m 为该地区的人口最大容纳量，在 0 时刻人口总数 $N(0)=N_0$. 因此，该地区人口增长满足的微分方程为

微课

例 9.2.4

$$\frac{\mathrm{d}N(t)}{\mathrm{d}t}=\lambda\left(1-\frac{N(t)}{N_m}\right)N(t).$$

求上述微分方程满足初始条件的特解.

解 微分方程简写为

$$\frac{\mathrm{d}N}{\mathrm{d}t}=\lambda\left(1-\frac{N}{N_m}\right)N.$$

对方程分离变量并对分式分解，化为

$$\lambda\,\mathrm{d}t=\frac{N_m\mathrm{d}N}{N(N_m-N)}=\frac{\mathrm{d}N}{N_m-N}+\frac{\mathrm{d}N}{N}.$$

两边积分，得

$$-\ln(N_m-N)+\ln N=\lambda t+C_1.$$

整理，得

$$\ln\frac{N}{N_m-N}=\lambda t+C_1,$$

其中 C_1 为任意常数. 进一步整理可得通解满足的方程为

$$\frac{N}{N_m-N}=\mathrm{e}^{C_1}\mathrm{e}^{\lambda t}=C\mathrm{e}^{\lambda t},$$

其中 $C=\mathrm{e}^{C_1}$，因此 C 为任意正常数. 将初始条件 $N(0)=N_0$ 代入上述通解方程，得

$$C=\frac{N_0}{N_m-N_0}.$$

将 C 代入通解方程，得

$$\frac{N}{N_m-N}=\frac{N_0}{N_m-N_0}\mathrm{e}^{\lambda t}.$$

整理，得题设微分方程满足初始条件的特解为

$$N(t)=N=\frac{N_m}{1+\left(\frac{N_m}{N_0}-1\right)\mathrm{e}^{-\lambda t}}.$$

例 9.2.4 中的微分方程称为**逻辑斯蒂（Logistic）增长模型**，也称为**自我抑制性方程**，微分方程的解 $N(t)$ 的图像称为**逻辑斯蒂曲线**. 在现实世界中，许多变量按照逻辑斯蒂曲线的形状增长，其特点是开始增长缓慢，而后一段时间迅速增长，达到某限度后，增速又放缓，总体走势为"S"形状. 例如，人口在初期增长缓慢，而后迅速增长，后期由于环境和资源等限制，增长速度再度放缓.

在例 9.2.4 中，如果令 $N_m=100$，$\lambda=0.2$，$N_0=1$，则

$$N(t)=\frac{100}{1+\left(\frac{100}{1}-1\right)\mathrm{e}^{-0.2t}}=\frac{100}{1+99\mathrm{e}^{-0.2t}}.$$

其图像如图 9－1 所示.

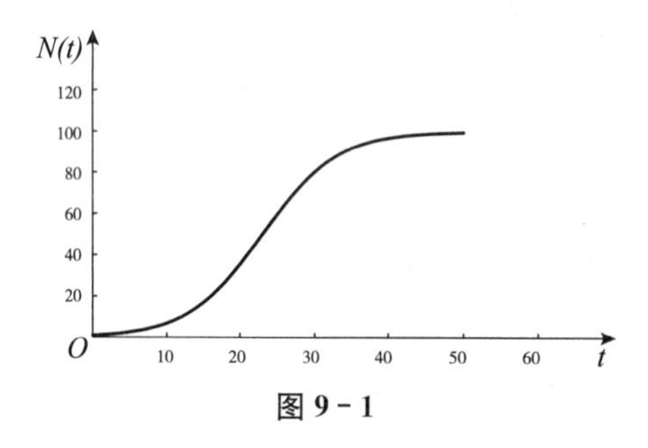

图 9－1

9.2.2 齐次方程

定义 9.2.2 形如

$$\frac{\mathrm{d}y}{\mathrm{d}x}=f\left(\frac{y}{x}\right) \tag{9.2.2}$$

的一阶微分方程称为**齐次微分方程**，简称**齐次方程**.

齐次方程（9.2.2）通过变量替换，可化为可分离变量的方程来求解. 令

$$u=\frac{y}{x},$$

其中 $u=u(x)$ 是新的未知函数，则 $y=ux$ 两边同时对 x 求导，得

$$\frac{\mathrm{d}y}{\mathrm{d}x}=u+x\frac{\mathrm{d}u}{\mathrm{d}x}, \tag{9.2.3}$$

将其代入式（9.2.2），得

$$u+x\frac{\mathrm{d}u}{\mathrm{d}x}=f(u).$$

当 $f(u)-u\neq0$ 时，分离变量，得

$$\frac{\mathrm{d}u}{f(u)-u}=\frac{\mathrm{d}x}{x},$$

两边积分

$$\int \frac{\mathrm{d}u}{f(u)-u}=\int \frac{\mathrm{d}x}{x},$$

求出积分后，再将 $u=\frac{y}{x}$ 代回，便得到方程（9.2.2）的通解.

当 $f(u)-u=0$ 时，满足 $f(u)-u=0$ 的解 $u=u_0$ 也是方程（9.2.3）的解，从而 $y=u_0x$ 也是方程（9.2.2）的解.

此类求解微分方程的方法统称为**变量替换法**.

例 9.2.5 求微分方程 $\frac{\mathrm{d}y}{\mathrm{d}x}=\frac{y}{x}+\cot\frac{y}{x}$ 的通解.

解 令 $y=ux$，得

$$\frac{\mathrm{d}y}{\mathrm{d}x}=u+x\frac{\mathrm{d}u}{\mathrm{d}x}=u+\cot u,$$

即

$$x\frac{\mathrm{d}u}{\mathrm{d}x}=\cot u,$$

当 $\cot u\neq 0$ 时，分离变量，得

$$\tan u\,\mathrm{d}u=\frac{\mathrm{d}x}{x},$$

积分，得

$$-\ln|\cos u|=\ln|x|-\ln|C|,$$

即

$$x\cos u=C,$$

其中 C 为不等于 0 的任意常数. 注意到当 $\cot u=0$ 时，$u=k\pi+\frac{\pi}{2}$，即 $y=\left(k\pi+\frac{\pi}{2}\right)x$ 也是方程的解，此时原方程也成立，从而将 $u=\frac{y}{x}$ 代入上式，得通解

$$x\cos\frac{y}{x}=C,$$

其中 C 为任意常数.

例 9.2.6 求微分方程 $\frac{\mathrm{d}y}{\mathrm{d}x}=\frac{y}{x+y}$ 的通解.

解 原方程可变形为

$$\frac{dy}{dx}=\frac{\frac{y}{x}}{1+\frac{y}{x}},$$

作变量替换 $u=\frac{y}{x}$，并代入原方程，得

$$u+x\frac{du}{dx}=\frac{u}{1+u}.$$

当 $u\neq 0$ 时，分离变量，得

$$\frac{1+u}{u^2}du=-\frac{1}{x}dx,$$

两边积分，得

$$-\frac{1}{u}+\ln|u|=-\ln|x|+C_1,$$

即 $ux=Ce^{\frac{1}{u}}$，其中 $C=\pm e^{C_1}$. 将 $u=\frac{y}{x}$ 代回，则得到题设方程的通解为

$$y=Ce^{\frac{x}{y}},$$

其中 C 为不等于 0 的任意常数，当 $u=0$ 时，$y=0$，易知 $y=0$ 也是方程的解.

例 9.2.7 已知生成某种产品的总成本 $C(x)$（单位：万元）由可变成本与固定成本两部分构成. 假设可变成本 y（单位：万元）是产量 x（单位：件）的函数，且 y 关于 x 的变化率等于 $\frac{x^2+y^2}{2xy}$；设固定成本为 10 万元，且当 $x=1$ 时，$y=3$. 求总成本函数 $C(x)$.

解 依题设有

$$\frac{dy}{dx}=\frac{x^2+y^2}{2xy}=\frac{1+\left(\frac{y}{x}\right)^2}{2\frac{y}{x}},$$

这是齐次方程. 令 $u=\frac{y}{x}$，则有

$$u+x\frac{du}{dx}=\frac{1+u^2}{2u},$$

当 $1-u^2\neq 0$，即 $u\neq\pm 1$ 时，分离变量，得

$$\frac{dx}{x}=\frac{2u}{1-u^2}du=\left(\frac{1}{1-u}-\frac{1}{1+u}\right)du,$$

积分，得

$$\ln|x|=\ln|C|-\ln|1-u|-\ln|1+u|,$$

由此可得

$$x(1-u^2)=C,$$

其中 C 为不等于 0 的任意常数，注意到 $u=\pm1$，即 $y=\pm x$ 也是原方程的解，此时 $C=0$，原方程也成立，故将 $u=\frac{y}{x}$ 代入上式，得通解

$$y=\sqrt{x^2-Cx},$$

因成本 $y\geqslant0$，故上式根号前取正号. 由当 $x=1$ 时，$y=3$，可得 $C=-8$. 于是，可变成本为

$$y=\sqrt{x^2+8x},$$

总成本函数为

$$C(x)=10+\sqrt{x^2+8x}.$$

*9.2.3 可化为齐次方程的微分方程

有些方程本身虽然不是齐次的，但通过变量替换法，可将其转化为齐次方程进行求解. 例如方程：

$$\frac{\mathrm{d}y}{\mathrm{d}x}=f\left(\frac{a_1x+b_1y+c_1}{a_2x+b_2y+c_2}\right),$$

分两种情况来讨论：

(1) $\frac{a_1}{a_2}=\frac{b_1}{b_2}=k\neq\frac{c_1}{c_2}$ 的情形.

作变换 $u=a_2x+b_2y$，此时有

$$\frac{\mathrm{d}u}{\mathrm{d}x}=a_2+b_2\frac{\mathrm{d}y}{\mathrm{d}x}=a_2+b_2f\left(\frac{ku+c_1}{u+c_2}\right),$$

即

$$\frac{\mathrm{d}u}{\mathrm{d}x}=a_2+b_2f\left(\frac{ku+c_1}{u+c_2}\right).$$

于是原方程化为可分离变量的方程.

(2) $\frac{a_1}{a_2}\neq\frac{b_1}{b_2}$ 的情形.

若 c_1，c_2 不全为零，可先求出两条直线

$$a_1x+b_1y+c_1=0,\ a_2x+b_2y+c_2=0$$

的交点（x_0，y_0），然后作平移变换

$$X=x-x_0,\quad Y=y-y_0,$$

这时，$\frac{\mathrm{d}y}{\mathrm{d}x}=\frac{\mathrm{d}Y}{\mathrm{d}X}$，于是原方程就化为齐次方程

$$\frac{\mathrm{d}Y}{\mathrm{d}X}=f\left(\frac{a_1X+b_1Y}{a_2X+b_2Y}\right).$$

例 9.2.8 求微分方程$\frac{\mathrm{d}y}{\mathrm{d}x}=\frac{7x-3y-7}{-3x+7y+3}$的通解.

解 直线 $7x-3y-7=0$ 和直线 $-3x+7y+3=0$ 的交点是（1，0），因此作变换

$$X=x-1,\ Y=y,$$

代入题设方程，得

$$\frac{\mathrm{d}Y}{\mathrm{d}X}=\frac{7X-3Y}{-3X+7Y}=\frac{7-3\,\dfrac{Y}{X}}{-3+7\,\dfrac{Y}{X}}.$$

令 $u=\frac{Y}{X}$，则

$$u+X\,\frac{\mathrm{d}u}{\mathrm{d}X}=\frac{7-3u}{-3+7u},$$

当 $1-u^2\neq0$ 时，分离变量，得

$$\frac{-3+7u}{1-u^2}\mathrm{d}u=\frac{7\mathrm{d}X}{X},$$

两边积分，得

$$\ln|C|-2\ln|1-u|-5\ln|1+u|=7\ln|X|,$$

即

$$X^7(1-u)^2(1+u)^5=C,$$

其中 C 为不等于 0 的任意常数. 注意到当 $1-u^2=0$ 即 $y=\pm(x-1)$ 时原方程也成立，此时 $C=0$，从而将 $u=\frac{Y}{X}$代回，再将 $X=x-1$，$Y=y$ 代回，并整理得所求题设方程的通解

$$(x-y-1)^2(x+y-1)^5=C,$$

其中 C 为任意常数.

此外，对具体问题应具体分析，根据所给方程的特点作变量替换，将方程化为齐次方程或可分离变量的方程.

例 9.2.9 利用变量替换法求微分方程$\frac{\mathrm{d}y}{\mathrm{d}x}=(y-x)^2$的通解.

解 令$u=y-x$，则$\frac{\mathrm{d}y}{\mathrm{d}x}=\frac{\mathrm{d}u}{\mathrm{d}x}+1$，代入题设方程，得

$$\frac{\mathrm{d}u}{\mathrm{d}x}=u^2-1,$$

当$1-u^2\neq 0$时，分离变量，得

$$\frac{1}{u^2-1}\mathrm{d}u=\mathrm{d}x,$$

两边积分，得

$$\frac{1}{2}\ln\left|\frac{1-u}{1+u}\right|=x+C_1,$$

即

$$1-y+x=C\mathrm{e}^{2x}(1+y-x),$$

其中$C=\pm\mathrm{e}^{2C_1}$为不等于0的任意常数. 又注意到当$1-u^2=0$即$y=x\pm 1$时原方程也成立，此时$C=0$，将$u=y-x$代回，得原方程的通解为

$$1-y+x=C\mathrm{e}^{2x}(1+y-x),$$

其中C为任意常数.

习题 9.2

1. 求下列微分方程的通解：

(1) $3xy'-y\ln y=0$；

(2) $2y^2\mathrm{d}x+(x-1)\mathrm{d}y=0$；

(3) $\sin x\cos^2 y\mathrm{d}x+\cos^2 x\mathrm{d}y=0$；

(4) $x\mathrm{d}y+\mathrm{d}x=\mathrm{e}^y\mathrm{d}x$；

(5) $\tan x\frac{\mathrm{d}y}{\mathrm{d}x}=1+y$；

(6) $\frac{\mathrm{d}y}{\mathrm{d}x}=7^{3x+y}$；

(7) $3\mathrm{e}^x\tan y\mathrm{d}x+\sec^2 y\mathrm{d}y=0$；

(8) $y'+\sin\frac{x+y}{2}=\sin\frac{x-y}{2}$.

2. 求下列齐次方程的通解：

(1) $(x^2+y^2)\mathrm{d}x-2xy\mathrm{d}y=0$；

(2) $x\frac{\mathrm{d}y}{\mathrm{d}x}=y\ln\frac{y}{x}$；

(3) $xy'=y+\sqrt{x^2+y^2}$，$x>0$；

(4) $(x\mathrm{e}^{\frac{y}{x}}+y)\mathrm{d}x=x\mathrm{d}y$.

3. 求下列各初值问题的解：

(1) $\cot y\mathrm{d}x+\cot x\mathrm{d}y=0$，$y(0)=0$；

(2) $\frac{dy}{dx}=\left(\frac{y}{x}\right)^2+\frac{y}{x}+4$，$y(1)=2$.

*4. 化下列方程为齐次方程，并求出通解：

(1) $\frac{dy}{dx}=\frac{2y-x+5}{2x-y-4}$；　　(2) $(x-y-1)dx+(4y+x-1)dy=0$.

5. 设有曲线通过点（1，1）且曲线上任一点处的法线垂直于此点与原点的连线，求此曲线的方程.

6. 某林区现有木材 15 万立方米，假设在每一时刻木材的变化率与当时的木材数 p（单位：万立方米）成正比，若经过 20 年该林区共有木材 40 万立方米，试确定木材数 p 与时间 t（单位：年）的关系.

7. 已知某产品的成本函数为 $C=C(x)$，其中 x 为产量，边际成本为

$$C'(x)=\frac{3+2x}{1+x},$$

且固定成本 $C(0)=C_0>0$，求该产品的成本函数 $C(x)$.

8. 某商品的需求量 x(单位：万件）对价格 p（单位：万元）的弹性为 $\eta=-3p^3$，市场对该商品的最大需求量为 1 万件，求需求函数.

§9.3 一阶线性微分方程

9.3.1 一阶线性微分方程

定义 9.3.1 形如

$$\frac{dy}{dx}+P(x)y=Q(x) \tag{9.3.1}$$

的方程称为**一阶线性微分方程**，其中函数 $P(x)$，$Q(x)$ 是定义在某一区间 I 上的连续函数. 当 $Q(x)\neq0$ 时，方程（9.3.1）称为**一阶非齐次线性微分方程**；相应地，当 $Q(x)\equiv0$ 时，方程（9.3.1）变为

$$\frac{dy}{dx}+P(x)y=0, \tag{9.3.2}$$

方程（9.3.2）称为方程（9.3.1）对应的**一阶齐次线性微分方程**.

首先讨论一阶齐次线性微分方程（9.3.2）的解法. 注意到方程是可分离变量的方程，当 $y\neq0$ 时，分离变量，得

$$\frac{dy}{y}=-P(x)dx,$$

两边积分，得

$$\ln|y|=-\int P(x)\mathrm{d}x+C_1,$$

因此方程（9.3.2）的通解为

$$y=C\mathrm{e}^{-\int P(x)\mathrm{d}x}, \tag{9.3.3}$$

其中 $C=\pm\mathrm{e}^{C_1}$ 为不等于 0 的任意常数. 注意到当 $y=0$ 时，原方程也成立，因此，方程的通解表达式（9.3.3）中 C 可为任意常数.

现在求解一阶非齐次线性微分方程（9.3.1）. 将方程（9.3.1）变形为

$$\frac{\mathrm{d}y}{y}=\left[\frac{Q(x)}{y}-P(x)\right]\mathrm{d}x,$$

两边积分，得

$$\ln|y|=\int\left[\frac{Q(x)}{y}-P(x)\right]\mathrm{d}x+C_1,$$

若记 $\int\frac{Q(x)}{y}\mathrm{d}x=v(x)$，则

$$\ln|y|=v(x)-\int P(x)\mathrm{d}x+C_1,$$

即

$$y=\pm\mathrm{e}^{v(x)+C_1}\mathrm{e}^{-\int P(x)\mathrm{d}x},$$

记 $u(x)=\pm\mathrm{e}^{v(x)+C_1}$，则得非齐次方程（9.3.1）的解为

$$y=u(x)\mathrm{e}^{-\int P(x)\mathrm{d}x}. \tag{9.3.4}$$

将此解与齐次方程的通解式（9.3.3）相比较，易见其表达形式类似，只是将式（9.3.3）中的常数 C 换为函数 $u(x)$. 由此引入求解一阶非齐次线性微分方程的**常数变易法**，即在求出对应的齐次方程的通解式（9.3.3）后，将通解式中的常数 C 变易为待定函数 $u(x)$，并代回原方程以确定该待定函数. 如此，可设一阶非齐次线性微分方程的通解为

$$y=u(x)\mathrm{e}^{-\int P(x)\mathrm{d}x},$$

求导，得

$$y'=u'(x)\mathrm{e}^{-\int P(x)\mathrm{d}x}-P(x)u(x)\mathrm{e}^{-\int P(x)\mathrm{d}x},$$

将 y，y' 代入方程（9.3.1），得

$$u'(x)\mathrm{e}^{-\int P(x)\mathrm{d}x}=Q(x),$$

整理并两边同时积分，得

$$u(x)=\int Q(x)\mathrm{e}^{\int P(x)\mathrm{d}x}\mathrm{d}x+C,$$

从而一阶非齐次线性微分方程（9.3.1）的通解为

$$y=\left[\int Q(x)\mathrm{e}^{\int P(x)\mathrm{d}x}\mathrm{d}x+C\right]\mathrm{e}^{-\int P(x)\mathrm{d}x},\tag{9.3.5}$$

其中的不定积分均表示为一个原函数．式（9.3.5）也可以写成

$$y=\mathrm{e}^{-\int P(x)\mathrm{d}x}\int Q(x)\mathrm{e}^{\int P(x)\mathrm{d}x}\mathrm{d}x+C\mathrm{e}^{-\int P(x)\mathrm{d}x},$$

可以看出，一阶非齐次线性微分方程的通解是对应的齐次线性微分方程的通解与其本身的一个特解之和．在随后的章节中还可以看到，该结论对高阶非齐次线性微分方程亦成立．

例 9.3.1　求微分方程 $y'+\frac{1}{x}y=x^3$ 的通解．

解　题设方程是一阶非齐次线性微分方程，这里

$$P(x)=\frac{1}{x},\quad Q(x)=x^3,$$

于是，所求通解为

$$y=\left(\int x^3\mathrm{e}^{\int\frac{1}{x}\mathrm{d}x}\mathrm{d}x+C\right)\mathrm{e}^{-\int\frac{1}{x}\mathrm{d}x}=\left(\int x^4\mathrm{d}x+C\right)\frac{1}{x}=\frac{x^4}{5}+\frac{C}{x},$$

其中 C 为任意常数．

例 9.3.2　求微分方程 $y^3\mathrm{d}x+(2xy^2-1)\mathrm{d}y=0$ 的通解．

例 9.3.2

解　如果将 y 看作 x 的函数，则方程变为

$$\frac{\mathrm{d}y}{\mathrm{d}x}=\frac{y^3}{1-2xy^2},$$

此方程不是一阶线性微分方程，不便求解．但如果将 x 看作 y 的函数，则当 $y\neq0$ 时方程可改写为

$$\frac{\mathrm{d}x}{\mathrm{d}y}+\frac{2}{y}x=\frac{1}{y^3},$$

这里

$$P(y)=\frac{2}{y},\qquad Q(y)=\frac{1}{y^3},$$

于是，原方程的通解为

$$x=\left(\int\frac{1}{y^3}\mathrm{e}^{\int\frac{2}{y}\mathrm{d}y}\mathrm{d}y+C\right)\mathrm{e}^{-\int\frac{2}{y}\mathrm{d}y}=\frac{1}{y^2}(\ln|y|+C),$$

其中 C 为任意常数．易知，$y=0$ 也是方程的解，但是 $y=0$ 无法纳入上述通解 $x=$

$\frac{1}{y^2}(\ln|y|+C)$ 中.

例 9.3.3 某工厂根据经验得知，其设备的运行和维修成本 V 与设备的大修间隔时间 t 的关系可用如下的方程描述：

$$\frac{\mathrm{d}V}{\mathrm{d}t}=\frac{b-1}{t}V+\frac{ab}{t^2},$$

其中 $a>0$，$b>1$ 为常数. 已知 $V(t_0)=V_0$，求 $V(t)$.

解 方程是关于成本 $V(t)$ 的线性方程，根据一阶线性微分方程通解的表达式，得

$$V=\left(\int\frac{ab}{t^2}\mathrm{e}^{-\int\frac{b-1}{t}\mathrm{d}t}\mathrm{d}t+C\right)\mathrm{e}^{\int\frac{b-1}{t}\mathrm{d}t}=-\frac{a}{t}+Ct^{b-1},$$

其中 C 为任意常数. 将初始条件 $V(t_0)=V_0$ 代入通解，可得

$$C=(V_0t_0+a)t_0^{-b},$$

于是，所求成本函数为

$$V(t)=-\frac{a}{t}+\left(V_0+\frac{a}{t_0}\right)\left(\frac{t}{t_0}\right)^{b-1}.$$

*9.3.2 伯努利方程

定义 9.3.2 形如

$$\frac{\mathrm{d}y}{\mathrm{d}x}+P(x)y=Q(x)y^n \tag{9.3.6}$$

的方程称为**伯努利方程**，其中 n 为常数且 $n\neq0$，1.

当 $n=0$，1 时，方程（9.3.6）化为线性方程，可通过线性方程的通解公式求解.

伯努利方程是一类非线性方程，但是通过适当的变量替换，可将其化为线性微分方程进行求解. 事实上，在方程（9.3.6）两端除以 y^n，得

$$y^{-n}\frac{\mathrm{d}y}{\mathrm{d}x}+P(x)y^{1-n}=Q(x),$$

即

$$\frac{1}{1-n}\frac{\mathrm{d}(y^{1-n})}{\mathrm{d}x}+P(x)y^{1-n}=Q(x),$$

于是，令 $z=y^{1-n}$，就得到关于变量 z 的一阶线性微分方程

$$\frac{\mathrm{d}z}{\mathrm{d}x}+(1-n)P(x)z=(1-n)Q(x).$$

利用一阶线性微分方程的求解公式（9.3.5）求出上述方程的通解后，再代回原变量，便可得到伯努利方程（9.3.6）的通解.

例 9.3.4 求微分方程$\frac{dy}{dx}+\frac{y}{x}=-2xy^2$的通解.

解 方程的两端同时除以 y^2，得

$$-\frac{d(y^{-1})}{dx}+\frac{1}{x}y^{-1}=-2x,$$

当 $y\neq 0$ 时，令 $z=y^{-1}$，则上述方程化为

$$\frac{dz}{dx}-\frac{1}{x}z=2x,$$

解此线性微分方程，得

$$z=(2x+C)x,$$

其中 C 为任意常数. 将 $z=y^{-1}$代入，得所求通解为

$$2x^2y+Cxy=1.$$

此外，易知 $y=0$ 也是原方程的解，且不包含在通解中.

利用变量替换把一个微分方程化为可分离变量的微分方程或一阶线性微分方程等已知可解的方程，这是解微分方程最常用的方法.

例 9.3.5 求微分方程$\frac{dy}{dx}=\frac{1}{x\sin^2(xy)}-\frac{y}{x}$的通解.

解 令 $z=xy$，则有

$$\frac{dz}{dx}=y+x\frac{dy}{dx},$$

所以

$$\frac{dz}{dx}=y+x\left[\frac{1}{x\sin^2(xy)}-\frac{y}{x}\right]=\frac{1}{\sin^2 z},$$

分离变量，得

$$\sin^2 z\,dz=dx,$$

两端积分，得

$$2z-\sin 2z=4x+C,$$

代回原变量，即得到原微分方程的通解为

$$2xy-\sin 2xy=4x+C,$$

其中 C 为任意常数.

习题 9.3

1. 求下列微分方程的通解：

(1) $y'-y=\sin x$；　　(2) $\frac{dy}{dx}-\frac{y}{x}=2x^2$；

(3) $y'+y\sin x=\frac{1}{2}\sin 2x$；　　(4) $(x^2-1)y'+2xy=4x^2$；

(5) $y'-y\cot x=2x\sin x$；　　(6) $(x-2xy-y^2)\frac{dy}{dx}+y^2=0$.

2. 求下列微分方程满足初始条件的特解：

(1) $y'+3y=8$，$y|_{x=0}=2$；

(2) $y'-y\tan x=\sec x$，$y|_{x=0}=0$；

(3) $y'+\frac{x}{2(1-x^2)}y=\frac{x}{2}$，$y|_{x=0}=\frac{2}{3}$；

(4) $y'-\frac{2}{x+1}y=(x+1)^2e^x$，$y|_{x=0}=1$.

3. 求下列伯努利方程的通解：

(1) $y'-3xy=xy^2$；　　(2) $3xy'-y-3xy^4\ln x=0$；

(3) $\frac{dy}{dx}+\frac{y}{3}=\frac{1}{3}(1-2x)y^4$；　　(4) $\frac{dy}{dx}=\frac{\ln x}{x}y^2-\frac{1}{x}y$.

4. 设曲线通过原点，并且它在点 (x, y) 处的切线斜率等于 $2x+y$，求该曲线的方程.

5. 设函数 $y=y(x)$ 满足方程 $y(x)=\int_0^x y(t)\,dt+x^2$，求 y 的表达式.

*6. 做适当的变换求下列方程的通解：

(1) $[x+\sin(x+y)]dx+x\,dy=0$；　　(2) $\frac{dy}{dx}=\frac{1}{x-y}+1$.

7. 已知某产品的利润 P 与广告支出 x 有如下关系：

$$P'=b-a(x+P),$$

其中，$a>0$，$b>0$ 为常数，且 $P(0)=P_0\geqslant 0$，求 $P(x)$.

*§9.4 可降阶的二阶线性微分方程

对一般的二阶微分方程没有通用的解的表达式，本节讨论三种特殊形式的二阶微分方程，有的可以通过直接积分求得通解，有的经过适当的变量替换可降为一阶微分方程，求解一阶微分方程后，再将变量代回，从而求得所给二阶微分方程的通解.

9.4.1 $y''=f(x)$ 型微分方程

这是最简单的二阶微分方程，求解方法是逐次积分.

方程 $y''=f(x)$ 两端同时积分，得

$$y'=\int f(x)\mathrm{d}x+C_1,$$

再次积分，得

$$y=\int\left(\int f(x)\mathrm{d}x\right)\mathrm{d}x+C_1x+C_2,$$

其中 C_1，C_2 为任意常数.

注 这种类型的方程的解法可推广到 n 阶微分方程 $y^{(n)}=f(x)$，只要连续积分 n 次，就可得此方程含有 n 个任意常数的通解.

例 9.4.1 求微分方程 $y''=\mathrm{e}^x-\sin x$ 满足 $y(0)=0$，$y'(0)=1$ 的特解.

解 对所给方程连续积分两次，得

$$y'=\mathrm{e}^x+\cos x+C_1, \tag{9.4.1}$$
$$y=\mathrm{e}^x+\sin x+C_1x+C_2, \tag{9.4.2}$$

其中 C_1，C_2 为任意常数. 在式（9.4.1）中代入条件 $y'(0)=1$，得 $C_1=-1$，在式（9.4.2）中代入条件 $y(0)=0$，得 $C_2=-1$，从而所求题设方程的特解为

$$y=\mathrm{e}^x+\sin x-x-1.$$

例 9.4.2 求微分方程 $y''=x\mathrm{e}^x$ 的通解.

解 方程两边同时积分，得

$$y'=(x-1)\mathrm{e}^x+C_1,$$

再次积分，得通解

$$y=(x-2)\mathrm{e}^x+C_1x+C_2,$$

其中 C_1，C_2 为任意常数.

9.4.2 $y''=f(x,\ y')$ 型微分方程

这类方程的特点是不显含未知函数 y，求解过程如下.

令 $y'=p(x)$，则 $y''=p'(x)$，原方程化为以 $p(x)$ 为未知函数的一阶微分方程

$$p'=f(x,\ p),$$

设其通解为

$$p=\varphi(x,\ C_1),$$

然后根据关系式 $y'=p(x)$，得到一阶微分方程

$$y'=\varphi(x,\ C_1),$$

对它进行积分，便得原方程的通解

$$y=\int\varphi(x, C_1)\mathrm{d}x+C_2,$$

其中 C_1，C_2 为任意常数.

例 9.4.3 求微分方程 $(3+2x^2)y''-4xy'=0$ 的通解.

解 令 $y'=p(x)$，则 $y''=p'(x)$，于是题设方程降阶为

$$(3+2x^2)p'-4xp=0,$$

当 $p\neq0$ 时，分离变量，得

$$\frac{\mathrm{d}p}{p}=\frac{4x}{3+2x^2}\mathrm{d}x,$$

两边积分，得

$$\ln|p|=\ln(3+2x^2)+\ln|C_1|,$$

即

$$y'=p=C_1(3+2x^2),$$

其中 C_1 为不等于 0 的任意常数. 事实上，当 $p=0$ 时原方程也成立，故 C_1 可取任意常数. 对上式两端再积分一次，得原方程的通解为

$$y=C_1\left(3x+\frac{2x^3}{3}\right)+C_2,$$

其中 C_1，C_2 为任意常数.

例 9.4.4 求微分方程 $xy''+3y'=0$ 满足 $y'(1)=-2$，$y(1)=2$ 的特解.

微课

例 9.4.4

解 令 $y'=p(x)$，则 $y''=p'(x)$，于是题设方程降阶为

$$xp'+3p=0,$$

这是一阶可分离变量的方程，其通解为

$$p=C_1x^{-3},$$

再次积分得原方程的通解为

$$y=-\frac{C_1}{2}x^{-2}+C_2,$$

其中 C_1，C_2 为任意常数. 由于 $y'(1)=-2$，$y(1)=2$，解得 $C_1=-2$，$C_2=1$，故所求的特解为

$$y=x^{-2}+1.$$

9.4.3 $y''=f(y, y')$ 型微分方程

这类方程的特点是不显含自变量 x. 求解方法为：把 y 暂时看作自变量，并作变换 $y'=p(y)$，于是，由复合函数的求导法则，得

$$y''=\frac{dp}{dx}=\frac{dp}{dy}\cdot\frac{dy}{dx}=p\frac{dp}{dy},$$

这样，原方程就化为

$$p\frac{dp}{dy}=f(y, p),$$

这是一个关于变量 y，p 的一阶微分方程. 设它的通解为

$$y'=\varphi(y, C_1),$$

这是可分离变量的方程，对其求积分即得到原方程的通解

$$\int\frac{dy}{\varphi(y, C_1)}=x+C_2,$$

其中 C_1，C_2 为任意常数.

例 9.4.5 求微分方程 $yy''+(y')^2=0$ 的通解.

解 设 $y'=p(y)$，则 $y''=p\frac{dp}{dy}$，代入题设方程，得

$$yp\frac{dp}{dy}+p^2=0,$$

当 $y\neq 0$，$p\neq 0$ 时，约去 p 并分离变量，得

$$\frac{dp}{p}=-\frac{dy}{y},$$

两端积分，得

$$\ln|p|=-\ln|y|+\ln|C_1|,$$

即

$$y'=p=\frac{C_1}{y},$$

其中 C_1 为不等于 0 的任意常数. 事实上，当 $p=0$ 时原方程也成立，故 C_1 可取任意常数. 再分离变量并两端同时积分，就可得所给方程的通解

$$y^2=C_1'x+C_2,$$

其中 C_1'，C_2 为任意常数.

习题 9.4

1. 求下列微分方程的通解：

(1) $y''=e^{x}-\cos x$；　　(2) $y''=\ln x$；

(3) $y''=-\frac{1}{x}y'+x$；　　(4) $y^{3}y''+1=0$.

2. 求微分方程 $y''=y$ 满足初始条件 $y(0)=y'(0)=1$ 的特解.

3. 试求 $y''=6x$ 的经过点 $M(0, 1)$ 且在此点处与直线 $y=4x+1$ 相切的积分曲线.

*§9.5 高阶线性微分方程

在实际问题中出现的微分方程往往包含若干个未知函数，以及它们的一些高阶导数或微分. 方程的阶数反映了求解微分方程的难度. 从 9.4 节可以看到，如果能把一个高阶方程降低阶数，就使求解微分方程的问题前进了一步. 本节将介绍关于高阶线性微分方程通解的一般理论. 由于阶数 $n>2$ 时的情形与 $n=2$ 时的情形类似，因此以下内容均以二阶线性微分方程为例来说明，高阶情形的相应定义、定理请读者自行补充.

类似于一阶线性微分方程，二阶线性微分方程的一般形式是

$$\frac{d^{2}y}{dx^{2}}+P(x)\frac{dy}{dx}+Q(x)y=f(x), \tag{9.5.1}$$

其中 $P(x)$，$Q(x)$，$f(x)$ 是已知函数，函数 $f(x)$ 称为方程 (9.5.1) 的**自由项**. 当 $f(x)\neq 0$ 时，方程 (9.5.1) 称为**二阶非齐次线性微分方程**. 相应地，当 $f(x)\equiv 0$ 时，方程 (9.5.1) 变为

$$\frac{d^{2}y}{dx^{2}}+P(x)\frac{dy}{dx}+Q(x)y=0, \tag{9.5.2}$$

称方程 (9.5.2) 为方程 (9.5.1) 对应的**二阶齐次线性微分方程**.

为了引入二阶齐次线性微分方程的解的结构，首先给出函数线性相关和线性无关的概念.

定义 9.5.1 设 $y_1(x)$，$y_2(x)$ 是定义在区间 I 上的两个函数. 如果存在两个不全为零的常数 k_1，k_2，使得在区间 I 上恒有

$$k_1y_1(x)+k_2y_2(x)\equiv 0,$$

则称这两个函数在区间 I 上**线性相关**，否则称为**线性无关**.

由定义 9.5.1 可知，在区间 I 上两个函数是否线性相关，只需看它们的比值是否为常数. 如果比值为常数，则它们就线性相关，否则就线性无关.

例如，函数 $y_1(x)=\sin 2x$，$y_2(x)=8\sin x\cos x$ 是两个线性相关的函数，因为

$$\frac{y_1(x)}{y_2(x)}=\frac{\sin 2x}{8\sin x\cos x}=\frac{1}{4},$$

而函数 $y_1(x)=x$，$y_2(x)=x^2$ 是两个线性无关的函数，因为

$$\frac{y_1(x)}{y_2(x)}=\frac{x}{x^2}=\frac{1}{x}.$$

利用线性相关和线性无关的概念，对于二阶齐次线性微分方程，有下述两个定理.

定理 9.5.1 如果函数 $y_1(x)$，$y_2(x)$ 分别是方程（9.5.2）的两个解，则

$$y=C_1y_1(x)+C_2y_2(x) \tag{9.5.3}$$

也是方程（9.5.2）的解，其中 C_1，C_2 是任意常数.

证 将式（9.5.3）代入方程（9.5.2）的左端，有

$$\begin{aligned}&(C_1y_1+C_2y_2)''+P(x)(C_1y_1+C_2y_2)'+Q(x)(C_1y_1+C_2y_2)\\=&C_1[y_1''+P(x)y_1'+Q(x)y_1]+C_2[y_2''+P(x)y_2'+Q(x)y_2]\\=&0,\end{aligned}$$

所以式（9.5.3）是方程（9.5.2）的解.

齐次线性微分方程的这个性质表明它的解符合**叠加原理**，即将齐次线性微分方程（9.5.2）的两个解 $y_1(x)$，$y_2(x)$ 按式（9.5.3）的方式叠加起来（或称为**线性组合**）后仍是该方程的解. 从形式上看，虽然式（9.5.3）中含有两个任意常数 C_1，C_2，但不一定是方程（9.5.2）的通解，这是因为定理的条件中并没有保证 $y_1(x)$，$y_2(x)$ 这两个函数是相互独立的.

定理 9.5.2 若 $y_1(x)$，$y_2(x)$ 是方程（9.5.2）的两个线性无关的特解，则

$$y=C_1y_1(x)+C_2y_2(x)$$

是方程（9.5.2）的通解，其中 C_1，C_2 是任意常数.

证 由定理 9.5.1 可知，$y=C_1y_1(x)+C_2y_2(x)$ 是方程（9.5.2）的解，又因为 $y_1(x)$，$y_2(x)$ 线性无关，所以其中两个任意常数 C_1，C_2 不能合并，即它们是相互独立的，所以 $y=C_1y_1(x)+C_2y_2(x)$ 是方程（9.5.2）的通解.

例如，对于方程 $y''-y=0$，容易验证 $y_1(x)=\mathrm{e}^x$，$y_2(x)=\mathrm{e}^{-x}$ 是它的两个特解，又

$$\frac{y_1(x)}{y_2(x)}=\frac{\mathrm{e}^x}{\mathrm{e}^{-x}}=\mathrm{e}^{2x},$$

所以 $y=C_1\mathrm{e}^x+C_2\mathrm{e}^{-x}$ 就是该方程的通解，其中 C_1，C_2 是任意常数.

由 9.3.1 小节可以看到，一阶非齐次线性微分方程的解恰由对应的一阶齐次线性方程的通解与一个非齐次线性方程的特解构成. 对于二阶非齐次线性微分方程来说，结论是类似的.

定理 9.5.3 设 Y^* 是方程（9.5.1）的一个特解，而 Y 是其对应的齐次方程

(9.5.2) 的通解，则

$$y=Y+Y^* \tag{9.5.4}$$

是二阶非齐次线性微分方程 (9.5.1) 的通解.

证 把式 (9.5.4) 代入式 (9.5.1) 的左端，得

$$\begin{aligned}&(Y+Y^*)''+P(x)(Y+Y^*)'+Q(x)(Y+Y^*)\\=&[Y''+P(x)Y'+Q(x)Y]+[Y^{*}{''}+P(x)Y^{*}{'}+Q(x)Y^*]\\=&f(x),\end{aligned}$$

即 $y=Y+Y^*$ 是方程 (9.5.1) 的解. 由于对应的二阶齐次线性微分方程的通解

$$Y=C_1y_1(x)+C_2y_2(x)$$

含有两个相互独立的任意常数 C_1，C_2，故 $y=Y+Y^*$ 为式 (9.5.1) 的通解.

例如，方程 $y''-y=x^2+1$ 是二阶非齐次线性微分方程，已知其对应的齐次方程 $y''-y=0$ 的通解为 $y=C_1e^x+C_2e^{-x}$. 又容易验证 $y=-x^2-3$ 是该方程的一个特解，所以

$$y=C_1e^x+C_2e^{-x}-x^2-3$$

是所给方程的通解，其中 C_1，C_2 是任意常数.

定理 9.5.4 设 $Y_1{}^*$，$Y_2{}^*$ 分别是方程

$$y''+P(x)y'+Q(x)y=f_1(x)$$

与

$$y''+P(x)y'+Q(x)y=f_2(x)$$

的特解，则 $Y_1{}^*+Y_2{}^*$ 是方程

$$y''+P(x)y'+Q(x)y=f_1(x)+f_2(x)$$

的特解.

定理 9.5.4 通常称为二阶非齐次线性微分方程的解的**叠加原理**.

注 本节所讨论的二阶线性微分方程的解的一些性质还可以推广到 n 阶线性微分方程

$$y^{(n)}+P_{n-1}(x)y^{(n-1)}+\cdots+P_1(x)y'+P_0(x)y=f(x),$$

其中 $P_0(x)$，$P_2(x)$，…，$P_{n-1}(x)$，$f(x)$ 为已知函数. 请读者自行补充相关的定义及定理.

微课

例 9.5.1

例 9.5.1 验证 $y=C_1e^x+C_2e^{2x}+\frac{1}{12}e^{5x}$ 是微分方程 $y''-3y'+2y=e^{5x}$ 的通解，其中 C_1，C_2 是任意常数.

解 记 $y_1(x)=e^x$，$y_2(x)=e^{2x}$，$y^*(x)=\frac{1}{12}e^{5x}$，则

$$y_1''-3y_1'+2y_1=y_2''-3y_2'+2y_2=0,$$

故 $y_1(x)$，$y_2(x)$ 是原方程对应的齐次方程的解，同时易见 $y_1(x)$，$y_2(x)$ 是线性无关的. 又因为

$$y^{*\prime\prime}-3y^{*\prime}+2y^*=e^{5x},$$

故 $y^*(x)$ 是原方程的一个特解，所以

$$y=C_1e^x+C_2e^{2x}+\frac{1}{12}e^{5x}$$

是原方程的通解.

例 9.5.2 验证 $y=C_1\cos 3x+C_2\sin 3x+\frac{1}{32}(4x\cos x+\sin x)$ 是微分方程 $y''+9y=x\cos x$ 的通解，其中 C_1，C_2 是任意常数.

解 记 $y_1(x)=\cos 3x$，$y_2(x)=\sin 3x$，$y^*(x)=\frac{1}{32}(4x\cos x+\sin x)$，因

$$y_1''+9y_1=y_2''+9y_2=0,$$

故 $y_1(x)$，$y_2(x)$ 是原方程对应的齐次方程的解，同时易见 $y_1(x)$，$y_2(x)$ 是线性无关的. 又因为

$$y^{*\prime\prime}+9y^*=x\cos x,$$

故 $y^*(x)$ 是原方程的一个特解，所以

$$y=C_1\cos 3x+C_2\sin 3x+\frac{1}{32}(4x\cos x+\sin x)$$

是原方程的通解.

习题 9.5

1. 判断下列各组函数是否线性相关：

(1) x^2，x^3；　　(2) $\cos 4x$，$\sin 2x$；

(3) $\ln x$，$\ln\frac{1}{x}$；　　(4) e^{ax}，e^{bx}，其中 $a\neq b$.

2. 验证 $y_1=\cos 6x$，$y_2=\sin 6x$ 都是方程 $y''+36y=0$ 的解，并写出该方程的通解.

3. 已知 $y_1=3$，$y_2=3+x^2$，$y_3=3+x^2+e^x$ 都是微分方程

$$(x^2-2x)y''-(x^2-2)y'+(2x-2)y=6x-6$$

的解，求此方程的通解.

*§9.6 常系数齐次线性微分方程

由9.5节中关于线性微分方程解的结构定理可知，求解线性微分方程的关键在于如何求得齐次线性微分方程的通解和非齐次线性微分方程的一个特解. 本节和下一节将讨论线性微分方程的一种特殊类型，即常系数齐次线性微分方程及其解法. 本节先讨论二阶常系数齐次线性微分方程及其解法，随后将解法推广到高阶的情形.

9.6.1 二阶常系数线性微分方程及其解法

设给定的二阶常系数齐次线性微分方程为

$$y''+py'+qy=0, \tag{9.6.1}$$

其中 p，q 是常数. 为求方程 (9.6.1) 的通解，只要求出其任意两个线性无关的特解 $y_1(x)$，$y_2(x)$ 就可以了，下面讨论这两个特解的求法.

先来分析方程 (9.6.1) 可能具有什么形式的特解，从方程的形式上看，它的特点是 y''，y'，y 各乘以常数因子后相加等于零，如果能找到一个函数 y，其 y''，y'，y 之间只相差一个常数，这样的函数就有可能是方程 (9.6.1) 的特解. 易知在初等函数中指数函数 e^{rx} 符合上述要求，于是，令

$$y=e^{rx},$$

其中 r 为待定常数. 将 y''，y'，y 代入方程 (9.6.1)，得

$$(r^2+pr+q)e^{rx}=0,$$

因为 $e^{rx}\neq 0$，故有

$$r^2+pr+q=0, \tag{9.6.2}$$

由此可见，如果 r 是方程 (9.6.2) 的根，则 $y=e^{rx}$ 就是方程 (9.6.1) 的特解. 这样，齐次方程 (9.6.1) 的求解问题就转化为方程 (9.6.2) 的求根问题，称方程 (9.6.2) 为微分方程 (9.6.1) 的**特征方程**，并称特征方程的两个根 r_1，r_2 为**特征根**. 根据一元二次方程的知识，特征根有三种可能的情况，下面分别讨论之.

一、特征方程有两个不相等的实根

设特征方程 (9.6.2) 有两个不相等的实根 r_1，r_2，此时 $y_1=e^{r_1x}$，$y_2=e^{r_2x}$ 是方程 (9.6.1) 的两个特解，同时注意到

$$\frac{y_1}{y_2}=\frac{e^{r_1x}}{e^{r_2x}}=e^{(r_1-r_2)x},$$

所以 y_1，y_2 为两个线性无关的函数，由定理9.5.2知，齐次方程 (9.6.1) 的通解为

$$y=C_1e^{r_1x}+C_2e^{r_2x}, \tag{9.6.3}$$

其中 C_1，C_2 为任意常数.

例 9.6.1 求微分方程 $y''-4y'+3y=0$ 的通解.

解 所给微分方程的特征方程为

$$r^2-4r+3=(r-3)(r-1)=0,$$

它有两个不相等的实根 $r_1=1$，$r_2=3$，故所求通解为

$$y=C_1e^x+C_2e^{3x},$$

其中 C_1，C_2 为任意常数.

二、特征方程有两个相等的实根

设特征方程（9.6.2）有两个相等的实根 r_1，r_2，此时 $r_1=r_2=-\frac{p}{2}$，这样只得到方程（9.6.1）的一个特解 $y_1=e^{r_1x}$. 因此，还要设法找出另一个特解，并使得两个特解的比值不是常数. 为此利用常数变易法，可设

$$y=u(x)e^{r_1x},$$

其中 $u(x)$ 为待定函数. 将 y''，y'，y 的表达式代入方程（9.6.1），得

$$e^{r_1x}(r_1^2u+2r_1u'+u'')+e^{r_1x}(pu'+pr_1u)+e^{r_1x}qu=0,$$

合并整理，并在方程两端消去非零因子 e^{r_1x}，得

$$u''+(2r_1+p)u'+(r_1^2+pr_1+q)u=0, \tag{9.6.4}$$

因 r_1 是特征方程（9.6.2）的根，所以，在式（9.6.4）中有

$$2r_1+p=r_1^2+pr_1+q=0,$$

于是式（9.6.4）变为

$$u''=0,$$

取这个方程最简单的一个解 $u=x$，就得到方程（9.6.1）的另一个特解

$$y_2=xe^{r_1x},$$

且与 $y_1=e^{r_1x}$ 线性无关，从而得到方程（9.6.1）的通解为

$$y=(C_1+C_2x)e^{r_1x}, \tag{9.6.5}$$

其中 C_1，C_2 为任意常数.

例 9.6.2 求微分方程 $y''-6y'+9y=0$ 的通解.

解 所给微分方程的特征方程为

$$r^2-6r+9=(r-3)(r-3)=0,$$

它有两个相等的实根 $r_1=r_2=3$，故所求通解为

$$y=(C_1+C_2x)e^{3x},$$

其中 C_1，C_2 为任意常数.

三、特征方程有一对共轭复根

设特征方程（9.6.2）有一对共轭复根 $\alpha\pm i\beta$，此时，方程（9.6.1）有两个特解

$$y_1=e^{(\alpha+i\beta)x},\quad y_2=e^{(\alpha-i\beta)x},$$

所以，方程（9.6.1）的通解为

$$y=C_1e^{(\alpha+i\beta)x}+C_2e^{(\alpha-i\beta)x}.$$

由于这种复数形式的解在应用上不太方便，故在实际问题中，常常需要实数形式的通解，为此可借助欧拉公式对上述两个特解重新组合得到方程（9.6.1）的另外两个特解 $\overline{y}_1$，$\overline{y}_2$. 实际上，令

$$\overline{y}_1=\frac{1}{2}(y_1+y_2)=e^{\alpha x}\cos\beta x,\qquad \overline{y}_2=\frac{1}{2i}(y_1-y_2)=e^{\alpha x}\sin\beta x,$$

则由定理 9.5.2 知，$\overline{y}_1$，$\overline{y}_2$ 是方程（9.6.1）的两个特解，从而方程（9.6.1）的通解又可表示为

$$y=e^{\alpha x}(C_1\cos\beta x+C_2\sin\beta x),$$

其中 C_1，C_2 为任意常数.

例 9.6.3 求微分方程 $y''-4y'+8y=0$ 的通解.

例 9.6.3

解 所给微分方程的特征方程为

$$r^2-4r+8=(r-2)^2+4=0,$$

它有一对共轭复根 $r_1=2+2i$，$r_2=2-2i$，故所求通解为

$$y=e^{2x}(C_1\cos 2x+C_2\sin 2x),$$

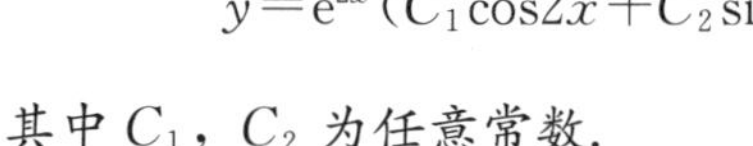

其中 C_1，C_2 为任意常数.

综上所述，求二阶常系数齐次线性微分方程（9.6.1）的通解时只需先求出其特征方程（9.6.2）的根，再根据特征根的情况确定其通解，具体情况如表 9-1 所示.

表 9-1

特征方程 $r^2+pr+q=0$ 的根	微分方程 $y''+py'+qy=0$ 的通解
有两个不相等的实根 r_1，r_2	$y=C_1e^{r_1x}+C_2e^{r_2x}$
有两个相等的实根 $r_1=r_2$	$y=(C_1+C_2x)e^{r_1x}$
有一对共轭复根 $r_1=\alpha+i\beta$，$r_2=\alpha-i\beta$	$y=e^{\alpha x}(C_1\cos\beta x+C_2\sin\beta x)$

这种根据二阶常系数齐次线性方程的特征方程的根直接确定所求通解的方法称为**特征方程法**.

9.6.2 高阶常系数齐次线性微分方程及其解法

上面讨论的关于二阶方程所用的方法以及通解的形式可推广到高阶常系数齐次线性微分方程的情形. 这里，不再详细讨论，只简单叙述如下：

设方程的阶为 n，高阶常系数齐次线性微分方程的一般形式为

$$y^{(n)}+p_{n-1}y^{(n-1)}+\cdots+p_1y'+p_0y=0, \tag{9.6.6}$$

其特征方程为

$$r^n+p_{n-1}r^{n-1}+\cdots+p_1r+p_0=0, \tag{9.6.7}$$

其中 p_0，p_1，p_2，…，p_{n-1} 均为已知常数．根据特征方程（9.6.7）的根，可按表 9-2 直接写出其对应方程的通解.

表 9-2

特征方程的根	通解中的对应项
是 k 重实根 r	$(C_0+C_1x+\cdots+C_{k-1}x^{k-1})e^{rx}$
是 k 重共轭复根 $\alpha\pm i\beta$	$e^{\alpha x}[(C_0+C_1x+\cdots+C_{k-1}x^{k-1})\cos\beta x+(D_0+D_1x+\cdots+D_{k-1}x^{k-1})\sin\beta x]$

注 n 次代数方程有 n 个根，而特征方程的每一个根都对应着通解中的一项，且每一项各含一个任意常数，这样就得到 n 阶常系数齐次线性微分方程的通解为

$$y=C_1y_1+C_2y_2+\cdots+C_ny_n.$$

例 9.6.4 求微分方程 $y'''-2y''+10y'=0$ 的通解.

解 特征方程为

$$r^3-2r^2+10r=r(r^2-2r+10)=0,$$

特征根是 $r_1=0$，$r_2=1+3i$，$r_3=1-3i$. 故所求通解为

$$y=C_1+e^x(C_2\cos 3x+C_3\sin 3x),$$

其中 C_1，C_2，C_3 为任意常数.

例 9.6.5 求微分方程 $y^{(4)}+5y''-36y=0$ 的通解.

解 特征方程为

$$r^4+5r^2-36=(r^2+9)(r^2-4)=0,$$

特征根是 $r_1=2$，$r_2=-2$，$r_3=3i$，$r_4=-3i$. 故所求通解为

$$y=C_1e^{2x}+C_2e^{-2x}+C_3\cos 3x+C_4\sin 3x,$$

其中 C_1，C_2，C_3，C_4 为任意常数.

例 9.6.6 已知一个四阶常系数齐次线性微分方程的 4 个线性无关的特解为

$$y_1=\mathrm{e}^{2x},\quad y_2=x\mathrm{e}^{2x},\quad y_3=\cos 4x,\quad y_4=3\sin 4x,$$

求这个四阶微分方程及其通解.

解 由 y_1，y_2 可知，它们对应的特征根为二重根 $r_1=r_2=2$，由 y_3，y_4 可知，它们对应的特征根为一对共轭复根 $r_3=4\mathrm{i}$，$r_4=-4\mathrm{i}$，所以特征方程为

$$(r^2+16)(r-2)^2=0,$$

即

$$r^4-4r^3+20r^2-64r+64=0,$$

从而它对应的微分方程为

$$y^{(4)}-4y^{(3)}+20y''-64y'+64y=0,$$

其通解为

$$y=(C_1+C_2x)\mathrm{e}^{2x}+C_3\cos 4x+C_4\sin 4x,$$

其中 C_1，C_2，C_3，C_4 为任意常数.

习题 9.6

1. 求下列微分方程的通解：

(1) $y''-7y'+6y=0$；　　(2) $y''-8y'+16y=0$；

(3) $y''+4y=0$；　　(4) $y''-4y'+8y=0$；

(5) $y^{(4)}+12y''-64y=0$；　　(6) $y'''-3y''+9y'-27y=0$.

2. 求微分方程满足所给初始条件的特解：

(1) $y''-10y'+25y=0$，$y(0)=0$，$y'(0)=1$；

(2) $y''-2y'+10y=0$，$y\left(\frac{\pi}{6}\right)=0$，$y'\left(\frac{\pi}{6}\right)=\mathrm{e}^{\frac{\pi}{6}}$.

*§9.7 常系数非齐次线性微分方程

由于高阶常系数非齐次线性微分方程的解法与二阶常系数非齐次线性微分方程的解法类似，故下面以二阶常系数非齐次线性微分方程为例进行讨论．二阶常系数非齐次线性微分方程的一般形式为

$$y''+py'+qy=f(x),\tag{9.7.1}$$

其中 p，q 为常数，$f(x)$ 为已知函数．由线性微分方程的解的结构定理 9.5.3 可知，要求方程 (9.7.1) 的通解，只要求出它的一个特解和其对应的齐次方程的通解，两个解相

加就能得到方程（9.7.1）的通解. 9.6 节已经给出了求对应的二阶常系数齐次线性微分方程的通解的方法，因此，要解决的问题就转化为如何求得方程（9.7.1）的一个特解.

方程（9.7.1）的特解的形式与右端的自由项 $f(x)$ 有关，一般情形下，要求出方程（9.7.1）的特解仍是非常困难的，这里只就 $f(x)$ 的两种常见的情形进行讨论.

（1）$f(x)=P_m(x)e^{\lambda x}$，其中 λ 是常数，$P_m(x)$ 是 m 次多项式

$$P_m(x)=a_mx^m+a_{m-1}x^{m-1}+\cdots+a_1x+a_0,$$

其中 a_0，a_1，…，a_m 为已知常数，且 $a_m\neq0$；

（2）$f(x)=P_m(x)e^{\lambda x}\cos\omega x$ 或 $P_m(x)e^{\lambda x}\sin\omega x$，其中 λ，ω 是常数，$P_m(x)$ 是 m 次多项式.

9.7.1 $f(x)=P_m(x)e^{\lambda x}$ 型微分方程

要求方程（9.7.1）的一个特解就是求一个满足方程（9.7.1）的函数. 在 $f(x)=P_m(x)e^{\lambda x}$ 的情况下，方程（9.7.1）的右端是多项式 $P_m(x)$ 与指数函数 $e^{\lambda x}$ 的乘积，而多项式与指数函数乘积的导数仍是同类型的函数，因此，可以推测方程（9.7.1）具有如下形式的特解

$$y^*=Q(x)e^{\lambda x},$$

其中 $Q(x)$ 是系数待定的多项式. 再进一步考虑如何选取多项式 $Q(x)$，使 $y^*=Q(x)e^{\lambda x}$ 满足方程（9.7.1）. 为此，将 y^*，$y^{*\prime}$，$y^{*\prime\prime}$代入方程（9.7.1)，并消去因子 $e^{\lambda x}$，化简整理，得

$$Q''(x)+(2\lambda+p)Q'(x)+(\lambda^2+p\lambda+q)Q(x)=P_m(x), \tag{9.7.2}$$

于是，根据 λ 是否为方程（9.7.1）的特征方程

$$r^2+pr+q=0 \tag{9.7.3}$$

的特征根，分以下三种情况分别进行讨论.

一、λ 不是特征方程的根

设 λ 不是特征方程（9.7.3）的根，则

$$\lambda^2+p\lambda+q\neq0.$$

由于 $P_m(x)$ 是 m 次多项式，要使方程（9.7.2）两端恒等，就应设 $Q(x)$ 为另一个 m 次多项式：

$$Q_m(x)=b_mx^m+b_{m-1}x^{m-1}+\cdots+b_1x+b_0,$$

其中 b_0，b_1，…，b_{m-1}，b_m 为待定系数. 将 $Q_m(x)$ 代入式（9.7.2），比较等式两端 x 的同次幂的系数，就得到以 b_0，b_1，…，b_{m-1}，b_m 为未知数的 $m+1$ 个方程的联立方程组，从而可确定出这些待定系数 b_0，b_1，…，b_{m-1}，b_m，并得到所求的特解

$$y^*=Q_m(x)e^{\lambda x}.$$

二、λ 是特征方程的单根

设 λ 是特征方程（9.7.3）的单根，则

$$\lambda^2+p\lambda+q=0,\quad 2\lambda+p\neq0,$$

要使方程（9.7.2）两端恒等，则 $Q'(x)$ 必须是 m 次多项式，故可设

$$Q(x)=xQ_m(x),$$

并且可用同样的方法来确定 $Q_m(x)$ 的待定系数 b_0，b_1，…，b_{m-1}，b_m. 于是，所求特解为

$$y^*=xQ_m(x)e^{\lambda x}.$$

三、λ 是特征方程的重根

设 λ 是特征方程（9.7.3）的重根，则

$$\lambda^2+p\lambda+q=0,\quad 2\lambda+p=0,$$

要使方程（9.7.2）两端恒等，可设

$$Q(x)=x^2Q_m(x),$$

并用同样的方法来确定 $Q_m(x)$ 的待定系数 b_0，b_1，…，b_{m-1}，b_m，于是所求特解为

$$y^*=x^2Q_m(x)e^{\lambda x}.$$

综上所述，当 $f(x)=P_m(x)e^{\lambda x}$ 时，二阶常系数非齐次线性微分方程（9.7.1）具有形如

$$y^*=x^kQ_m(x)e^{\lambda x}\tag{9.7.4}$$

的特解，其中 $Q_m(x)$ 是与 $P_m(x)$ 同次的多项式，而 k 按 λ 不是特征方程的根、是特征方程的单根或特征方程的重根依次取值 0，1，2.

上述结论可推广到 n 阶常系数非齐次线性微分方程，但要注意式（9.7.4）中的 k 是特征方程的根 λ 的重数：若 λ 不是特征方程的根，则 k 取 0；若 λ 是特征方程的 s 重根，则 k 取 s.

例 9.7.1 求微分方程 $y''-3y'-4y=2x+1$ 的特解.

解 题设方程右端的自由项为 $f(x)=P_m(x)e^{\lambda x}$ 型，其中

$$P_m(x)=2x+1,\quad \lambda=0,$$

与题设方程对应的齐次方程的特征方程为

$$r^2-3r-4=0,$$

特征根为

$$r_1=4,\qquad r_2=-1.$$

由于这里0不是特征方程的根，所以应设特解为

$$y^*=b_0x+b_1,$$

把它代入题设方程，得

$$-4b_0x-3b_0-4b_1=2x+1,$$

比较系数，得

$$b_0=-\frac{1}{2},\qquad b_1=\frac{1}{8},$$

于是，所求特解为

$$y^*=-\frac{1}{2}x+\frac{1}{8}.$$

例 9.7.2 求微分方程 $y''+3y'+2y=3xe^{-x}$ 的通解.

解 对应的齐次方程的特征方程为

$$r^2+3r+2=0,$$

特征根为

$$r_1=-2,\quad r_2=-1,$$

故对应的齐次方程的通解为

$$Y=C_1e^{-2x}+C_2e^{-x},$$

因-1是特征方程的单根，故可设原方程的一个特解为

$$y^*=x(b_0x+b_1)e^{-x},$$

代入方程并消去 e^{-x}，得

$$2b_0x+(2b_0+b_1)=3x,$$

解得

$$b_0=\frac{3}{2},\quad b_1=-3,$$

故原方程的通解为

$$y=C_1e^{-2x}+C_2e^{-x}+x\left(\frac{3}{2}x-3\right)e^{-x},$$

其中 C_1，C_2 为任意常数.

例 9.7.3 求微分方程 $y''-4y'+4y=e^{2x}$ 的通解.

解 对应的齐次方程的特征方程为

微课

例 9.7.3

$$r^2-4r+4=0,$$

特征根

$$r_1=r_2=2,$$

所求齐次方程的通解为

$$Y=(C_1+C_2x)e^{2x}.$$

由于2是特征方程的重根，因此方程的特解形式可设为

$$y^*=b_0x^2e^{2x},$$

代入题设方程，易解得 $b_0=\frac{1}{2}$，故所求方程的通解为

$$y=(C_1+C_2x)e^{2x}+\frac{1}{2}x^2e^{2x},$$

其中 C_1，C_2 为任意常数.

9.7.2 $f(x)=P_m(x)e^{\lambda x}\cos\omega x$ 或 $P_m(x)e^{\lambda x}\sin\omega x$ 型微分方程

本节介绍如何求得形如

$$y''+py'+qy=P_m(x)e^{\lambda x}\cos\omega x \tag{9.7.5}$$

或

$$y''+py'+qy=P_m(x)e^{\lambda x}\sin\omega x \tag{9.7.6}$$

的二阶常系数非齐次线性微分方程的特解.

由欧拉公式可知，$P_m(x)e^{\lambda x}\cos\omega x$ 和 $P_m(x)e^{\lambda x}\sin\omega x$ 分别是

$$P_m(x)e^{(\lambda+i\omega)x}=P_m(x)e^{\lambda x}(\cos\omega x+i\sin\omega x)$$

的实部和虚部. 首先考虑方程

$$y''+py'+qy=P_m(x)e^{(\lambda+i\omega)x}, \tag{9.7.7}$$

这个方程的特解的求法在前面已经讨论过. 假定已经求出方程（9.7.7）的一个特解，则由定理9.5.4可知，方程（9.7.7）的特解的实部就是方程（9.7.5）的特解，而方程（9.7.7）的特解的虚部就是方程（9.7.6）的特解.

方程（9.7.7）的指数函数 $e^{(\lambda+i\omega)x}$ 中的 $\lambda+i\omega$ 是复数，特征方程是实系数二次方程，故 $\lambda+i\omega$ 只有两种可能的情形：要么不是特征根，要么是特征方程的单根. 因此方程（9.7.7）具有形如

$$y^*=x^kQ_m(x)e^{(\lambda+i\omega)x} \tag{9.7.8}$$

的特解，其中 $Q_m(x)$ 是与 $P_m(x)$ 同次的多项式，而 k 按 $\lambda+i\omega$ 不是特征方程的根或是

特征方程的单根依次取 0 或 1.

上述结论可推广到 n 阶常系数非齐次线性微分方程的情形，但要注意式（9.7.8）中的 k 是特征方程的根 $\lambda+\mathrm{i}\omega$ 的重数.

例 9.7.4 求微分方程 $y''-2y'+5y=\mathrm{e}^x\sin 2x$ 的通解.

解 特征方程为

$$r^2-2r+5=0,$$

特征根为

$$r_1=1+2\mathrm{i},\quad r_2=1-2\mathrm{i},$$

故对应的齐次方程的通解为

$$Y=\mathrm{e}^x(C_1\cos 2x+C_2\sin 2x),$$

因 $1+2\mathrm{i}$ 是特征方程的单根，故可设原方程的一个特解为

$$y^*=x\mathrm{e}^x(a\cos 2x+b\sin 2x),$$

将其代入原方程并消去 e^x，得

$$4b\cos 2x-4a\sin 2x=\sin 2x,$$

比较系数，得

$$a=-\frac{1}{4},\quad b=0,$$

故原方程的通解为

$$y=\mathrm{e}^x(C_1\cos 2x+C_2\sin 2x)-\frac{1}{4}x\mathrm{e}^x\cos 2x,$$

其中 C_1，C_2 为任意常数.

习题 9.7

1. 指出下列微分方程具有何种形式的特解：

（1）$y''+2y'-3y=x$；（2）$y''+9y'=x$；

（3）$y''+y=\mathrm{e}^x$；（4）$y''+y'=x^3\mathrm{e}^x$.

2. 求下列各题所给微分方程的通解：

（1）$y''-2y'+2y=x^2$；（2）$y''+3y'-10y=144x\mathrm{e}^{-2x}$；

（3）$y''-6y'+8y=8x^2+4x-2$；（4）$y''-6y'+25y=2\sin x+3\cos x$.

3. 求微分方程满足所给初始条件的特解：

（1）$y''-4y'+3y=8\mathrm{e}^{5x}$，$y(0)=3$，$y'(0)=9$；

(2) $y''-8y'+16y=e^{4x}$, $y(0)=0$, $y'(0)=1$.

本章小结

微分方程是微积分中的一种重要工具，同时也是数学中的一个独立完整的学科. 本章介绍了微分方程的概念以及常用的几类常微分方程的解法.

对于常用的一阶常微分方程，例如可分离变量的方程、齐次方程、一阶线性方程，本章采用初等积分法、变量替换法、常数变易法等常用方法进行求解. 进一步地，对于复杂方程，如伯努利方程、三类可降阶的高阶方程，采用变量替换法将其化为一阶方程进行求解.

对于高阶线性方程，通过引入叠加原理，将高阶线性方程分解为若干个方程进行求解.

特别地，利用特征方程以及特征根给出二阶常系数齐次线性微分方程的通解表达式. 最后，针对两类特殊的非齐次项分别讨论了二阶常系数非齐次线性微分方程的解法.

总复习题9

1. 求下列微分方程的通解：

(1) $\dfrac{dy}{dx}=1+x+y^2+xy^2$；

(2) $3xy^2dy+(x^3-2y^3)dx=0$；

(3) $x\dfrac{dy}{dx}-y=2\sqrt{xy}$；

(4) $y'+3y\tan 3x=\sin 6x$；

(5) $xy'+y-y\ln x=0$；

(6) $xy''-y'=x^2$；

(7) $y''+4y=x\sin x+3$；

(8) $y''-y'+y=0$；

(9) $y''-3y'+2y=2xe^x$；

(10) $y''+2y'+5y=e^x\cos 2x$；

(11) $y^{(5)}-4y'''=0$；

(12) $y^{(5)}-\dfrac{1}{x}y^{(4)}=0$.

2. 求下列初值问题的解：

(1) $xy'+y=0$，$y(1)=1$；

(2) $y'+y=e^{-x}\cos x$，$y(0)=0$；

(3) $y''-2y'-e^{4x}=0$，$y(0)=0$，$y'(0)=0$；

(4) $y''+y-\cos 3x=0$，$y\left(\dfrac{\pi}{2}\right)=4$，$y'\left(\dfrac{\pi}{2}\right)=-1$.

3. 设有曲线 $y=f(x)$，已知以 $[0, x]$ 为底、以 $f(x)$ 为顶围成的曲边梯形的面积与纵坐标 y 的 4 次幂成正比，且 $f(0)=0$，$f(1)=1$，求此曲线方程.

4. 已知一曲线通过点（e，1），且在曲线上任一点（x，y）处的法线的斜率等于 $\frac{-x\ln x}{x+y\ln x}$，求该曲线方程.

5. 设可导函数 $f(x)$ 满足 $\int_0^x f(t)\,\mathrm{d}t=x+\int_0^x tf(x-t)\,\mathrm{d}t$，求 $f(x)$.

6. 已知某商品的收益 R 随需求量 x 的增加而增加，其增长率为

$$R'=\frac{2(R^3-x^3)}{3xR^2},$$

且 $R(10)=0$，求收益函数 $R(x)$.

7. 设某公司每个月办公用品的费用为 $C=C(x)$，其中 x 为雇员人数，满足如下关系：

$$C'=C^2\mathrm{e}^{-x}-2C,$$

且 $C(0)=1$，求 $C(x)$.

8. 设 $F(x)=f(x)g(x)$，其中函数 $f(x)$，$g(x)$ 在（$-\infty$，$+\infty$）内满足条件：$f'(x)=g(x)$，$g'(x)=f(x)$，且 $f(0)=0$，$f(x)+g(x)=2\mathrm{e}^x$.

（1）求 $F(x)$ 满足的微分方程；

（2）求出 $F(x)$ 的表达式.

第10章 差分方程

第 9 章所讨论的变量属于连续变化的类型，而在经济、金融、管理等实际问题中，许多变量都是以等间隔时间取值的. 例如，银行中的定期存款是按所设定的时间等间隔计息，外贸出口额按月统计，国民收入按年统计，产品的产量按月统计等，通常称这类变量为**离散型变量**. 描述离散型变量之间关系的数学模型称为**离散型模型**. 对于取值是离散化的经济变量，差分方程是研究它们之间变化规律的有效方法之一. 本章主要介绍差分方程的基本概念、解的基本定理及其解法.

§10.1 差分方程的概念

10.1.1 差分的概念与性质

离散型模型研究的对象是定义在整数集 $\mathbf{Z}$ 上的函数，一般记为 $y_t=f(t)$，$t=0$，±1，±2，…，函数 $y_t=f(t)$ 在 t 时刻的**一阶差分**定义为

$$\Delta y_t=y_{t+1}-y_t=f(t+1)-f(t).$$

函数 $y_t=f(t)$ 在 t 时刻的**二阶差分**定义为一阶差分的差分，即

$$\begin{aligned}\Delta^2 y_t&=\Delta(\Delta y_t)=\Delta y_{t+1}-\Delta y_t=(y_{t+2}-y_{t+1})-(y_{t+1}-y_t)\\&=y_{t+2}-2y_{t+1}+y_t.\end{aligned}$$

类似地，可定义三阶差分，**三阶差分**是二阶差分的差分，即

$$\begin{aligned}\Delta^3 y_t&=\Delta(\Delta^2 y_t)=\Delta^2 y_{t+1}-\Delta^2 y_t=\Delta y_{t+2}-2\Delta y_{t+1}+\Delta y_t\\&=y_{t+3}-3y_{t+2}+3y_{t+1}-y_t.\end{aligned}$$

一般地，函数 $y_t=f(t)$ 在 t 时刻的 **n 阶差分**定义为

$$\begin{aligned}\Delta^n y_t&=\Delta(\Delta^{n-1} y_t)=\Delta^{n-1} y_{t+1}-\Delta^{n-1} y_t\\&=\sum_{i=0}^{n}(-1)^i \mathrm{C}_n^i y_{t+n-i},\end{aligned}$$

其中

$$C_n^i=\frac{n!}{i!(n-i)!}.$$

二阶及二阶以上的差分统称为**高阶差分**.

例 10.1.1 设 $y_t=t^2+2t-3$，求 Δy_t，$\Delta^2 y_t$.

例 10.1.1

解 根据差分的定义

$$\Delta y_t=y_{t+1}-y_t=[(t+1)^2+2(t+1)-3]-(t^2+2t-3)=2t+3;$$

$$\begin{aligned}\Delta^2 y_t&=\Delta(\Delta y_t)=y_{t+2}-2y_{t+1}+y_t\\&=[(t+2)^2+2(t+2)-3]-2[(t+1)^2+2(t+1)-3]\\&\quad+t^2+2t-3=2.\end{aligned}$$

性质 10.1.1 $y_t=f(t)$ 的差分满足以下性质：

(1) $\Delta(Cy_t)=C\Delta y_t$（C 为常数）；　(2) $\Delta(y_t\pm z_t)=\Delta y_t\pm\Delta z_t$；

(3) $\Delta(y_t\cdot z_t)=z_t\Delta y_t+y_{t+1}\Delta z_t$；　(4) $\Delta\left(\frac{y_t}{z_t}\right)=\frac{z_t\Delta y_t-y_t\Delta z_t}{z_{t+1}\cdot z_t}$ $(z_t\neq 0)$.

证 这里只证明性质 (3)，其余性质请读者自行证明.

$$\begin{aligned}\Delta(y_t\cdot z_t)&=y_{t+1}z_{t+1}-y_tz_t=y_{t+1}z_{t+1}-y_{t+1}z_t+y_{t+1}z_t-y_tz_t\\&=z_t\Delta y_t+y_{t+1}\Delta z_t.\end{aligned}$$

10.1.2 差分方程的定义

定义 10.1.1 含有未知函数 y_t 的差分的方程称为**差分方程**，差分方程中出现的差分的最高阶数，称为**差分方程的阶**.

n 阶差分方程的一般形式可表示为

$$F(t, y_t, \Delta y_t, \cdots, \Delta^n y_t)=0, \tag{10.1.1}$$

其中 $F(t, y_t, \Delta y_t, \cdots, \Delta^n y_t)$ 为 t，y_t，Δy_t，…，$\Delta^n y_t$ 的已知函数，且 $\Delta^n y_t$ 必须出现在式 (10.1.1) 中.

利用差分公式，差分方程 (10.1.1) 可转化为函数 y_t 在不同时刻的取值的关系式. 于是差分方程又可以采用如下定义.

定义 10.1.2 含有两个或两个以上函数值 y_t，y_{t+1}，…的方程称为**差分方程**，差分方程中的未知函数下标的最大差称为**差分方程的阶**.

由定义 10.1.2，n 阶差分方程的一般形式为

$$F(t, y_t, y_{t+1}, \cdots, y_{t+n})=0, \tag{10.1.2}$$

其中 $F(t, y_t, y_{t+1}, \cdots, y_{t+n})$ 是 t，y_t，y_{t+1}，…，y_{t+n} 的已知函数，且 y_t，y_{t+n} 必须出现在式 (10.1.2) 中.

例如，按定义 10.1.1，$\Delta^2 y_t-2\Delta y_t+y_t=0$ 为二阶差分方程，按定义 10.1.2，该方程可以转化为

$$y_{t+2}-2y_{t+1}+y_t-2(y_{t+1}-y_t)+y_t=0,$$

即

$$y_{t+2}-4y_{t+1}+4y_t=0.$$

需要注意的是，定义 10.1.1 和定义 10.1.2 并不完全等价，按不同的定义计算出的差分方程的阶数可能不同. 例如，方程 $\Delta^2 y_t-y_t=0$，按定义 10.1.1，应为二阶差分方程，若改写为

$$\Delta^2 y_t-y_t=y_{t+2}-2y_{t+1}+y_t-y_t=y_{t+2}-2y_{t+1}=0,$$

按定义 10.1.2，则应为一阶差分方程.

在经济、管理等问题中遇到的通常是形如式（10.1.2）的方程，因此，本章将仅按照定义 10.1.2 来讨论差分方程的相关问题.

10.1.3 线性差分方程

形如

$$y_{t+n}+a_1(t)y_{t+n-1}+\cdots+a_{n-1}(t)y_{t+1}+a_n(t)y_t=f(t) \tag{10.1.3}$$

的差分方程，称为 **n 阶非齐次线性差分方程**，其中 $a_1(t)$，…，$a_{n-1}(t)$，$a_n(t)$ 和 $f(t)$ 为 t 的已知函数，且 $a_n(t)\neq 0$，$f(t)\neq 0$. 若 $f(t)\equiv 0$，则称

$$y_{t+n}+a_1(t)y_{t+n-1}+\cdots+a_{n-1}(t)y_{t+1}+a_n(t)y_t=0 \tag{10.1.4}$$

为式（10.1.3）对应的 **n 阶齐次线性差分方程.**

如果式（10.1.3）中的 $a_1(t)$，$a_2(t)$，…，$a_n(t)$ 均为常数，即

$$y_{t+n}+a_1y_{t+n-1}+\cdots+a_{n-1}y_{t+1}+a_ny_t=f(t), \tag{10.1.5}$$

则称为 **n 阶常系数非齐次线性差分方程**. 类似地，若 $f(t)\equiv 0$，则称

$$y_{t+n}+a_1y_{t+n-1}+\cdots+a_{n-1}y_{t+1}+a_ny_t=0 \tag{10.1.6}$$

为式（10.1.5）对应的 **n 阶常系数齐次线性差分方程.**

例如，方程 $y_{t+2}+y_{t+1}=5t$ 为一阶常系数非齐次线性差分方程；方程 $y_{t+2}-8y_{t+1}+7y_t=5t+3$ 为二阶常系数非齐次线性差分方程；方程 $ty_{t+3}-6y_{t+1}=t^2+3$ 为二阶非齐次线性差分方程，$ty_{t+3}-6y_{t+1}=0$ 是其对应的齐次线性差分方程.

10.1.4 差分方程的解

定义 10.1.3 若将已知函数 $y_t=\varphi(t)$ 代入方程（10.1.2），使其对 $t=0$，1，2，…成为恒等式，则称 $y_t=\varphi(t)$ 为方程（10.1.2）的**解**. 含有 n 个独立的任意常数的解 $y_t=\varphi(t, C_1, C_2, \cdots, C_n)$ 称为 n 阶差分方程（10.1.2）的**通解**. 在通解中，任意常数 C_1，C_2，…，C_n 取确定的值的解，称为方程（10.1.2）的**特解**.

例 10.1.2 设差分方程 $y_{t+1}-y_t=2$，验证 $y_t=C+2t$（C 为任意常数）是否为差分

方程的通解，并求满足条件 $y_0=5$ 的特解.

解 将 $y_t=C+2t$ 代入方程 $y_{t+1}-y_t=2$，

$$左边=y_{t+1}-y_t=C+2(t+1)-(C+2t)=2=右边,$$

所以 $y_t=C+2t$ 是方程的解，且含一个任意常数 C，故为方程的通解. 将 $y_0=5$ 代入，得 $C=5$，于是所求特解为 $y=5+2t$.

与微分方程类似，为了根据通解确定差分方程的某个特解，需要给出此特解应满足的定解条件. 对 n 阶差分方程（10.1.2），应给出 n 个定解条件. 常见的定解条件为

$$y_0=a_0,\ y_1=a_1,\ \cdots,\ y_{n-1}=a_{n-1},$$

其中 a_0，a_1，…，a_{n-1} 为 n 个已知常数.

若将例 10.1.2 中的方程改为 $y_{t+3}-y_{t+2}=2$，可以验证 $y_t=C+2t$ 仍为变形后的方程的解. 这是因为方程在变形过程中各项之间的时间差没有改变.

一般地，如果保持差分方程中时滞的结构不变，而将时间 t 提前或拖后一个相同的时间间隔，所得到的新的差分方程与原差分方程的解是相同的.

利用该结论求解差分方程时，可以对方程作适当整理，且讨论解的表达式时，仅考虑 $t=0,1,2,\cdots$ 的情形.

下面不加证明地给出 n 阶线性差分方程解的结构定理.

定理 10.1.1 若 $y_1(t)$，$y_2(t)$，…，$y_m(t)$ 是 n 阶齐次线性差分方程（10.1.4）的 m 个特解，则它们的线性组合

$$y(t)=C_1y_1(t)+C_2y_2(t)+\cdots+C_my_m(t)$$

也是方程（10.1.4）的解，其中 C_1，C_2，…，C_m 为任意常数.

定理 10.1.2 n 阶齐次线性差分方程（10.1.4）一定存在 n 个线性无关的特解，若 $y_1(t)$，$y_2(t)$，…，$y_n(t)$ 为差分方程（10.1.4）的 n 个线性无关的特解，则差分方程（10.1.4）的通解为

$$y(t)=C_1y_1(t)+C_2y_2(t)+\cdots+C_ny_n(t),$$

其中 C_1，C_2，…，C_n 为任意常数.

定理 10.1.3 n 阶非齐次线性差分方程（10.1.3）的通解等于其一个特解与对应的齐次方程（10.1.4）的通解之和.

定理 10.1.4 若 $\overline{y}_1(t)$，$\overline{y}_2(t)$ 分别是 n 阶非齐次差分方程

$$y_{t+n}+a_1(t)y_{t+n-1}+\cdots+a_{n-1}(t)y_{t+1}+a_n(t)y_t=f_1(t)$$

和

$$y_{t+n}+a_1(t)y_{t+n-1}+\cdots+a_{n-1}(t)y_{t+1}+a_n(t)y_t=f_2(t)$$

的两个特解，y 为其对应的齐次差分方程（10.1.4）的通解，则

$$y(t)=y+\overline{y}_1(t)+\overline{y}_2(t)$$

为方程

$$y_{t+n}+a_1(t)y_{t+n-1}+\cdots+a_{n-1}(t)y_{t+1}+a_n(t)y_t=f_1(t)+f_2(t)$$

的通解.

例 10.1.3 验证 $y_t=C_1 2^t+C_2 3^t-t-1$ 是差分方程 $y_{t+2}-5y_{t+1}+6y_t=1-2t$ 的通解，其中 C_1，C_2 为任意常数.

解 对应的齐次差分方程为

$$y_{t+2}-5y_{t+1}+6y_t=0.$$

可以验证 $y_1(t)=2^t$，$y_2(t)=3^t$ 是其两个线性无关的解，故其通解为

$$y=C_1 2^t+C_2 3^t.$$

同样可以验证，$\overline{y}(t)=-t-1$ 是所给的非齐次差分方程的一个特解. 于是所给的非齐次差分方程的通解为

$$y(t)=y+\overline{y}(t)=C_1 2^t+C_2 3^t-t-1.$$

习题 10.1

1. 单项选择题

(1) 下列等式是差分方程的是（　　）.

(A) $2\Delta y_t=y_t+2t$； (B) $-3\Delta y_t=3y_t+a^t$；

(C) $\Delta^2 y_t=y_{t+2}-2y_{t+1}+y_t$； (D) $y_t=3^t$.

(2) 下列差分方程为二阶的是（　　）.

(A) $y_{t+2}+4y_{t+1}=2^t$； (B) $y_{t+2}-4y_t=5$；

(C) $y_{t+2}-3y_{t+1}=t$； (D) $\Delta^2 y_t=y_t+4t^2$.

(3) 函数 $y_t=C2^t+8$（C 为任意常数）是差分方程（　　）的通解.

(A) $y_{t+2}-3y_{t+1}+2y_t=0$； (B) $y_t-3y_{t-1}+2y_{t-2}=0$；

(C) $y_{t+1}-2y_t=-8$； (D) $y_{t+1}-2y_t=8$.

(4) $y_t=C_1+C_2 2^t+\ln C_3 t$ 是（　）阶差分方程的通解.

(A) 1； (B) 2； (C) 3； (D) 4.

2. 计算下列函数的差分：

(1) $y_t=3^t$，求 $\Delta^2 y_t$；

(2) $y_t=t^3+3$，求 $\Delta^3 y_t$.

3. 证明下列各等式：

(1) $\Delta(y_t\pm z_t)=\Delta y_t\pm\Delta z_t$；

(2) $\Delta\left(\dfrac{y_t}{z_t}\right)=\dfrac{z_t\Delta y_t-y_t\Delta z_t}{z_{t+1}\cdot z_t}$ $(z_t\neq 0)$.

4. 设 Y_t，Z_t，U_t 分别是下列差分方程的解：

$$y_{t+1}+ay_t=f_1(t),\quad y_{t+1}+ay_t=f_2(t),\quad y_{t+1}+ay_t=f_3(t).$$

求证 $V_t=Y_t+Z_t+U_t$ 是差分方程 $y_{t+1}+ay_t=f_1(t)+f_2(t)+f_3(t)$ 的解.

§10.2 一阶常系数线性差分方程

一阶常系数非齐次线性差分方程的一般形式为

$$y_{t+1}+ay_t=f(t), \tag{10.2.1}$$

其中 a 为非零常数，$f(t)$ 为 t 的已知函数. 方程（10.2.1）对应的齐次线性差分方程为

$$y_{t+1}+ay_t=0. \tag{10.2.2}$$

首先讨论齐次方程（10.2.2）通解的求法. 将方程（10.2.2）改写为

$$y_{t+1}=(-a)y_t.$$

设 y_0 为某个已知常数，将 $t=0$，1，2，…代入方程 $y_{t+1}=(-a)y_t$，得

$$y_1=(-a)y_0,$$
$$y_2=(-a)y_1=(-a)^2y_0,$$
$$y_3=(-a)y_2=(-a)^3y_0,$$
……

一般地，由数学归纳法可证，方程（10.2.2）的通解为

$$y_t=C(-a)^t, \tag{10.2.3}$$

其中 $C=y_0$ 为任意常数.

对于非齐次方程（10.2.1），求解其通解的常用方法有两种，即“迭代法”和“常数变易法”，求方程（10.2.1）的特解的常用方法为“待定系数法”.

一、迭代法

将方程（10.2.1）改写为

$$y_{t+1}=(-a)y_t+f(t), \tag{10.2.4}$$

则有

$$y_1=(-a)y_0+f(0),$$
$$y_2=(-a)^2y_0+(-a)f(0)+f(1),$$
$$y_3=(-a)^3y_0+(-a)^2f(0)+(-a)f(1)+f(2),$$
……

一般地，由数学归纳法可证

$$y_t=(-a)^ty_0+(-a)^{t-1}f(0)+\cdots+f(t-1)=(-a)^ty_0+\overline{y}(t), \tag{10.2.5}$$

其中

$$\overline{y}(t)=(-a)^{t-1}f(0)+\cdots+f(t-1)=\sum_{i=0}^{t-1}(-a)^{i}f(t-i-1) \tag{10.2.6}$$

为方程（10.2.1）的特解，而$(-a)^t y_0=C(-a)^t$为方程（10.2.1）对应的齐次线性差分方程（10.2.2）的通解，因此由定理10.1.3可知，式（10.2.5）为非齐次差分方程（10.2.1）的通解.

例10.2.1 求方程$y_{t+1}-\frac{1}{3}y_t=2^t$的通解.

解 将$a=-\frac{1}{3}$，$f(t)=2^t$代入公式（10.2.6），有

$$\overline{y}(t)=\sum_{i=0}^{t-1}\left(\frac{1}{3}\right)^{i}2^{t-i-1}=2^{t-1}\sum_{i=0}^{t-1}\left(\frac{1}{6}\right)^{i}=2^{t-1}\frac{1-\left(\frac{1}{6}\right)^{t}}{1-\frac{1}{6}}$$

$$=\frac{1}{5}\left[6\cdot 2^{t-1}-\left(\frac{1}{3}\right)^{t-1}\right],$$

故所给方程的通解为

$$y_t=C\left(\frac{1}{3}\right)^{t}+\frac{1}{5}\left[6\cdot 2^{t-1}-\left(\frac{1}{3}\right)^{t-1}\right]=\overline{C}\left(\frac{1}{3}\right)^{t}+\frac{6}{5}\cdot 2^{t-1},$$

其中$\overline{C}=C-\frac{3}{5}$为任意常数.

二、待定系数法

求非齐次方程（10.2.1）的特解时直接利用公式（10.2.6）是不方便的，常用的方法是待定系数法. 其基本思想是，先设一个与非齐次项$f(t)$形式相同但系数待定的函数$\overline{y}(t)$为特解，代入方程后解出待定系数，从而确定所求特解. 下面介绍常见的一阶常系数非齐次线性差分方程的求法.

(1) $f(t)=P_m(t)$，其中$P_m(t)$为m次多项式.

方程（10.2.1）化为

$$y_{t+1}+ay_t=P_m(t), \tag{10.2.7}$$

根据$f(t)$的形式，可设方程（10.2.7）的特解为$y_t=Q(t)$，其中$Q(t)$为多项式，代入方程（10.2.7），得

$$Q(t+1)+aQ(t)=P_m(t).$$

于是，分两种情况进行讨论.

当$a\neq-1$时，要使方程恒等，则应设

$$\overline{y}(t)=Q_m(t)=a_0t^m+a_1t^{m-1}+\cdots+a_{m-1}t+a_m,$$

其中a_0，a_1，…，a_m为待定系数. 代入方程后，比较同次幂的系数，解方程确定待定系

数即可.

当 $a=-1$ 时，要使方程恒等，则应设

$$\overline{y}(t)=tQ_m(t)=a_0t^{m+1}+a_1t^m+\cdots+a_{m-1}t^2+a_mt,$$

代入方程，比较同次幂的系数，可以求出待定系数 a_0，a_1，…，a_m.

例 10.2.2 求差分方程 $y_{t+1}-y_t=3+2t$ 的通解.

解 因为 $a=-1$，故对应的齐次线性差分方程的通解为

$$y=C\cdot 1^t=C.$$

设 $\overline{y}(t)=a_0t^2+a_1t$，代入原方程，有

$$a_0(t+1)^2+a_1(t+1)-a_0t^2-a_1t=3+2t,$$

比较系数，得 $a_0=1$，$a_1=2$. 所以非齐次差分方程的特解为 $\overline{y}(t)=t^2+2t$，故所给方程的通解为

$$y_t=C+t^2+2t,$$

这里 C 为任意常数.

例 10.2.3 求差分方程 $y_{t+1}-2y_t=3t^2$ 的通解.

解 因为 $a=-2$，故对应的齐次方程的通解为

$$y=C\cdot 2^t.$$

设 $\overline{y}(t)=a_0t^2+a_1t+a_2$，代入原方程，有

$$a_0(t+1)^2+a_1(t+1)+a_2-2(a_0t^2+a_1t+a_2)=3t^2,$$

比较系数，得

$$a_0=-3,\ a_1=-6,\ a_2=-9,$$

故所给方程的通解为

$$y_t=C\cdot 2^t-3t^2-6t-9,$$

这里 C 为任意常数.

(2) $f(t)=bd^t$，即 $f(t)$ 为指数函数.

方程 (10.2.1) 化为

$$y_{t+1}+ay_t=bd^t, \tag{10.2.8}$$

其中 a，b，d 为非零常数. 根据 $f(t)$ 的形式，可设方程 (10.2.8) 的特解为

$$\overline{y}(t)=At^kd^t,$$

其中 A 为待定系数，代入方程，有

$$(t+1)^kAd+t^kAa=b,$$

于是，分两种情况进行讨论.

当 $a\neq -d$ 时，要使等式成立，应取 $k=0$，得 $A=\dfrac{b}{a+d}$，从而

$$\overline{y}(t)=\frac{b}{a+d}d^t;$$

当 $a=-d$ 时，要使等式成立，应取 $k=1$，得 $A=\dfrac{b}{d}$，从而

$$\overline{y}(t)=\frac{b}{d}td^t.$$

综上所述，方程（10.2.8）的通解可表示为

$$y_t=\begin{cases}C(-a)^t+\dfrac{b}{a+d}d^t, & a\neq -d\\ \left(C+\dfrac{b}{d}t\right)d^t, & a=-d\end{cases},$$

其中 C 为任意常数.

例 10.2.4 求差分方程 $y_{t+1}-\dfrac{1}{2}y_t=\left(\dfrac{5}{2}\right)^t$ 的通解，并求满足初始条件 $y_0=2$ 的特解.

微课

例 10.2.4

解 对应的齐次方程的通解为

$$y=C\left(\frac{1}{2}\right)^t.$$

因为

$$a=-\frac{1}{2},\quad b=1,\quad d=\frac{5}{2},\quad a\neq -d,$$

故设 $\overline{y}(t)=A\left(\dfrac{5}{2}\right)^t$ 代入方程，有

$$A\left(\frac{5}{2}\right)^{t+1}-\frac{1}{2}A\left(\frac{5}{2}\right)^t=\left(\frac{5}{2}\right)^t,$$

解得

$$A=\frac{1}{2},\quad \overline{y}(t)=\frac{1}{2}\left(\frac{5}{2}\right)^t,$$

所得方程的通解为

$$y_t=C\left(\frac{1}{2}\right)^t+\frac{1}{2}\left(\frac{5}{2}\right)^t.$$

由 $y_0=2$ 得 $C=\frac{3}{2}$，于是方程满足条件的特解为

$$y_t=\frac{3}{2}\left(\frac{1}{2}\right)^t+\frac{1}{2}\left(\frac{5}{2}\right)^t=\frac{1}{2^{t+1}}(3+5^t).$$

更为一般地，若 $f(t)=P_m(t)d^t$，P_m 为 m 次多项式，则可设差分方程的特解为

$$\overline{y}(t)=P_m(t)t^k d^t,$$

当 $a\neq-d$ 时取 $k=0$，当 $a=-d$ 时取 $k=1$.

(3) $f(t)=b_1\cos\omega t+b_2\sin\omega t$，其中 b_1，b_2，ω 为常数，且 $\omega\neq0$，b_1，b_2 不同时为零.

方程 (10.2.1) 化为

$$y_{t+1}+ay_t=b_1\cos\omega t+b_2\sin\omega t, \tag{10.2.9}$$

根据 $f(t)$ 的形式，设方程 (10.2.1) 的特解为

$$\overline{y}(t)=B_1\cos\omega t+B_2\sin\omega t,$$

其中 B_1，B_2 为待定系数，将其代入方程 (10.2.9)，并利用三角恒等式

$$\begin{cases}\cos(\omega t+\omega)=\cos\omega t\cos\omega-\sin\omega t\sin\omega\\ \sin(\omega t+\omega)=\sin\omega t\cos\omega+\cos\omega t\sin\omega\end{cases}, \tag{10.2.10}$$

得到

$$\begin{aligned}&[B_1(a+\cos\omega)+B_2\sin\omega]\cos\omega t+[-B_1\sin\omega+B_2(a+\cos\omega)]\sin\omega t\\ &=b_1\cos\omega t+b_2\sin\omega t,\end{aligned}$$

上式对 $t=0$，1，2，…恒成立的充分必要条件是

$$\begin{cases}B_1(a+\cos\omega)+B_2\sin\omega=b_1\\ -B_1\sin\omega+B_2(a+\cos\omega)=b_2\end{cases}, \tag{10.2.11}$$

方程组 (10.2.11) 的系数行列式为

$$D=\begin{vmatrix}a+\cos\omega & \sin\omega\\ -\sin\omega & a+\cos\omega\end{vmatrix}=(a+\cos\omega)^2+\sin^2\omega,$$

有以下两种情形：

①若 $D\neq0$，此时 $\omega\neq k\pi$，$k\in\mathbf{Z}$，故方程组 (10.2.11) 有非唯一解：

$$B_1=\frac{1}{D}[b_1(a+\cos\omega)-b_2\sin\omega],\ B_2=\frac{1}{D}[b_2(a+\cos\omega)+b_1\sin\omega]. \tag{10.2.12}$$

从而，得到方程 (10.2.9) 的特解为

$$\overline{y}(t)=B_1\cos\omega t+B_2\sin\omega t,$$

其中 B_1，B_2 由式 (10.2.12) 给出. 于是方程 (10.2.9) 的通解为

$$y_t=C(-a)^t+B_1\cos\omega t+B_2\sin\omega t,$$

这里，C 为任意常数.

②若 $D=0$，此时$\begin{cases}\omega=2k\pi\\a=-1\end{cases}$，或$\begin{cases}\omega=(2k+1)\pi\\a=1\end{cases}$，其中 $k\in\mathbf{Z}$.

设 $\overline{y}(t)=t(\overline{B}_1\cos\omega t+\overline{B}_2\sin\omega t)$ 是方程（10.2.1）的特解，其中 $\overline{B}_1$，$\overline{B}_2$ 为待定系数，将其代入方程（10.2.9），解得

$$\begin{cases}\overline{B}_1=b_1\\\overline{B}_2=b_2\end{cases},\quad 或\begin{cases}\overline{B}_1=-b_1\\\overline{B}_2=-b_2\end{cases},$$

于是方程（10.2.9）的通解为

$$y_t=C+(b_1\cos\omega t+b_2\sin\omega t)t,$$

其中 $\omega=2k\pi$，或者

$$y_t=C(-1)^t-(b_1\cos\omega t+b_2\sin\omega t)t,$$

其中 $\omega=(2k+1)\pi$.

值得注意的是，若 $f(t)=b_1\cos\omega t$ 或 $f(t)=b_2\sin\omega t$，作为特解的试解函数仍应取为

$$\overline{y}(t)=B_1\cos\omega t+B_2\sin\omega t.$$

例 10.2.5 求差分方程 $y_{t+1}-2y_t=-\cos t$ 的通解.

解 对应的齐次方程的通解为

$$y_t=C2^t.$$

设非齐次方程的特解为

$$\overline{y}(t)=B_1\cos t+B_2\sin t,$$

这里 B_1，B_2 为待定系数. 将其代入所给方程并利用三角恒等式（10.2.10），得

$$\begin{cases}B_1(\cos1-2)+B_2\sin1=-1\\-B_1\sin1+B_2(\cos1-2)=0\end{cases},$$

解得

$$B_1=\frac{2-\cos1}{5-4\cos1},\ B_2=\frac{-\sin1}{5-4\cos1}.$$

于是，所给的非线性差分方程的通解为

$$y_t=C2^t+\frac{2-\cos1}{5-4\cos1}\cos t-\frac{\sin1}{5-4\cos1}\sin t,$$

其中 C 为任意常数.

上面针对三类特殊形式的函数 $f(t)$，讨论了一阶差分方程（10.2.1）的特解的求法，

即待定系数法. 讨论中有这样一条规律：当设定试解函数时，除假设有与 $f(t)$ 形式相似但含有待定系数的试解函数外，有时还要将所设试解函数乘以 t，作为新的试解函数，再代入方程中去试. 这个规律对二阶或更高阶的常系数线性差分方程也适用，那时有可能要乘以 t^2，t^3，…，直到能求出特解为止.

另外，若 $f(t)$ 是上述三种类型的函数的线性组合，则可根据定理 10.1.4，设试解函数为同类型的线性组合，其系数为待定系数. 例如，对函数 $f(t)=2t-1+\mathrm{e}^t$，设试解函数为

$$\overline{y}(t)=a_0t+a_1+A\mathrm{e}^t,$$

其中 a_0，a_1，A 为待定系数.

习题 10.2

求下列差分方程的通解及特解：

(1) $6y_{t+1}+2y_t=8$，$y_0=2$；

(2) $y_{t+1}+4y_t=2t^2+t-1$，$y_0=1$；

(3) $y_{t+1}+y_t=2^t$，$y_0=1$；

(4) $y_{t+1}-y_t=2^t\cos\pi t$，$y_0=\dfrac{2}{3}$；

(5) $y_{t+1}-2y_t=\sin\dfrac{\pi t}{2}$，$y_0=2$.

*§ 10.3 二阶常系数线性差分方程

二阶常系数线性差分方程的一般形式为

$$y_{t+2}+ay_{t+1}+by_t=f(t), \tag{10.3.1}$$

其中 a，b 为已知常数，$b\neq0$，$f(t)$ 为 t 的已知函数.

方程（10.3.1）对应的齐次线性差分方程为

$$y_{t+2}+ay_{t+1}+by_t=0. \tag{10.3.2}$$

根据定理 10.1.3，为了求出方程（10.3.1）的通解，只需求出其一个特解及其对应的齐次方程（10.3.2）的通解，然后将二者相加，即得方程（10.3.1）的通解. 下面分别讨论齐次方程（10.3.2）的通解及非齐次方程（10.3.1）的特解的求法.

10.3.1 齐次方程的通解

根据定理 10.1.2，只需求出方程（10.3.2）的两个线性无关的特解，然后将它们线性组合，即得方程（10.3.2）的通解. 与二阶常系数齐次线性微分方程类似，由于方程

(10.3.2) 的系数都是常数，所以只要找到一类函数，使 y_{t+2}，y_{t+1} 均为 y_t 的常数倍即可. 显然，幂函数 λ^t 符合这类函数的特征，故设方程 (10.3.2) 有特解 $\overline{y}(t)=\lambda^t$，$\lambda$ 为非零待定常数. 将此特解代入方程 (10.3.2)，得

$$\lambda^t(\lambda^2+a\lambda+b)=0,$$

因为 $\lambda^t\neq0$，故 $\overline{y}(t)=\lambda^t$ 为方程 (10.3.2) 的特解的充分必要条件为

$$\lambda^2+a\lambda+b=0, \tag{10.3.3}$$

称方程 (10.3.3) 为方程 (10.3.2) 或方程 (10.3.1) 的**特征方程**，特征方程的解称为**特征根**或**特征值**. 因特征方程 (10.3.3) 是 λ 的一元二次方程，故有两个实根或共轭复根 (重根按重数计算)，与二阶常系数微分方程类似，可分为如下三种情形，分别讨论.

一、特征方程有两个相异实根

这时判别式 $\Delta=a^2-4b>0$，两个相异实根为

$$\lambda_1=\frac{1}{2}(-a-\sqrt{\Delta}),\quad \lambda_2=\frac{1}{2}(-a+\sqrt{\Delta}), \tag{10.3.4}$$

于是，齐次方程 (10.3.2) 有两个线性无关的特解

$$\overline{y}_1(t)=\lambda_1^t,\quad \overline{y}_2(t)=\lambda_2^t,$$

故方程 (10.3.2) 的通解为

$$y=C_1\lambda_1^t+C_2\lambda_2^t, \tag{10.3.5}$$

其中 λ_1，λ_2 由式 (10.3.4) 确定，C_1，C_2 为任意常数.

例 10.3.1 求差分方程 $y_{t+2}-5y_{t+1}+6y_t=0$ 的通解.

解 特征方程为

$$\lambda^2-5\lambda+6=(\lambda-2)(\lambda-3)=0,$$

故有两个相异实特征根 $\lambda_1=2$，$\lambda_2=3$，于是所给方程的通解为

$$y=C_1 2^t+C_2 3^t,$$

这里 C_1，C_2 为任意常数.

二、特征方程有两个相等的实根

这时判别式 $\Delta=a^2-4b=0$，特征方程 (10.3.3) 有两个相等的实根 $\lambda_1=\lambda_2=-\frac{1}{2}a$. 于是方程 (10.3.2) 有一个特解

$$\overline{y}_1(t)=\left(-\frac{1}{2}a\right)^t.$$

注意到 $a^2-4b=0$，直接验证可知

$$\overline{y}_2(t)=t\left(-\frac{1}{2}a\right)^t$$

也是方程（10.3.2）的一个特解. 显然，上述 $\overline{y}_1(t)$，$\overline{y}_2(t)$ 是线性无关的. 因此，方程（10.3.2）的通解为

$$y=(C_1+C_2t)\left(-\frac{1}{2}a\right)^t, \tag{10.3.6}$$

其中 C_1，C_2 为任意常数.

例 10.3.2 求差分方程 $y_{t+2}-4y_{t+1}+4y_t=0$ 的通解.

解 特征方程为

$$\lambda^2-4\lambda+4=(\lambda-2)^2=0,$$

故存在两个相等的特征根 $\lambda_1=\lambda_2=2$. 于是，由式（10.3.6）可知，所给方程的通解为

$$y=(C_1+C_2t)2^t,$$

其中 C_1，C_2 为任意常数.

三、特征方程有一对共轭复根

此时判别式 $\Delta=a^2-4b<0$，共轭复根为

$$\lambda_1=\frac{1}{2}(-a-\mathrm{i}\sqrt{-\Delta}),\quad \lambda_2=\frac{1}{2}(-a+\mathrm{i}\sqrt{-\Delta}).$$

这时，直接代入方程（10.3.2）验证可知，方程（10.3.2）有如下两个线性无关的特解

$$\overline{y}_1(t)=r^t\cos\omega t,\quad \overline{y}_2(t)=r^t\sin\omega t,$$

其中 r 和 ω 由下式确定

$$r=\sqrt{b},\quad \tan\omega=-\frac{1}{a}\sqrt{4b-a^2},\ \omega\in(0,\pi), \tag{10.3.7}$$

称 r 为复特征根的模，ω 为复特征根的幅角.

因此，方程（10.3.2）的通解为

$$y=r^t(C_1\cos\omega t+C_2\sin\omega t), \tag{10.3.8}$$

其中 r 和 ω 由式（10.3.7）确定，C_1，C_2 为任意常数.

例 10.3.3 求差分方程 $y_{t+2}-y_{t+1}+y_t=0$ 的通解.

解 特征方程为

$$\lambda^2-\lambda+1=0.$$

其判别式 $\Delta=(-1)^2-4=-3<0$，故有一对共轭复根

$$\lambda_1=\frac{1}{2}(1-\mathrm{i}\sqrt{3}),\quad \lambda_2=\frac{1}{2}(1+\mathrm{i}\sqrt{3}).$$

对比式（10.3.8）可知，$r=1$，$\tan\omega=\sqrt{3}$，$\omega=\frac{\pi}{3}$，所给方程的通解为

$$y=C_1\cos\frac{\pi}{3}t+C_2\sin\frac{\pi}{3}t,$$

这里 C_1，C_2 为任意常数.

10.3.2 非齐次方程的解

求常系数非齐次线性差分方程（10.3.1）的特解的常用方法与求一阶常系数非齐次线性差分方程的待定系数法类似. 对应非齐次项 $f(t)$ 的几种常见类型，方程（10.3.1）的特解的试解设定方法见表 10-1.

表 10-1 非齐次线性差分方程的特解形式

$f(t)$ 的形式	确定待定特解的条件	待定特解的形式	
$\rho^tP_m(t)$（$\rho>0$，$P_m(t)$ 是 m 次多项式）	ρ 不是特征根	$\rho^tQ_m(t)$	$Q_m(t)$ 是 m 次多项式
	ρ 是单特征根	$\rho^t tQ_m(t)$	
	ρ 是二重特征根	$\rho^t t^2Q_m(t)$	
$\rho^t(a\cos\theta t+b\sin\theta t)$（$\rho>0$）	$\delta=\rho(\cos\theta+\mathrm{i}\sin\theta)$	δ 不是特征根	$\rho^t(A\cos\theta t+B\sin\theta t)$，$A$，$B$ 为待定系数
		δ 是单特征根	$\rho^t t(A\cos\theta t+B\sin\theta t)$，$A$，$B$ 为待定系数
		δ 是二重特征根	$\rho^t t^2(A\cos\theta t+B\sin\theta t)$，$A$，$B$ 为待定系数

例 10.3.4 求差分方程 $y_{t+2}-y_{t+1}-6y_t=3^t(2t+1)$ 的通解.

解 特征方程为

$$\lambda^2-\lambda-6=0.$$

解得特征根为 $\lambda_1=-2$，$\lambda_2=3$，所以对应的齐次差分方程的通解为

$$y=C_1(-2)^t+C_2 3^t,$$

又因为

$$f(t)=3^t(2t+1)=\rho^tP_1(t),$$

其中 $m=1$，$\rho=3$，因 $\rho=3$ 是单根，故设特解为

$$\overline{y}(t)=3^t t(B_0+B_1t).$$

将其代入差分方程，得

$$3^{t+2}(t+2)[B_0+B_1(t+2)]-3^{t+1}(t+1)[B_0+B_1(t+1)]-6\cdot 3^t t(B_0+B_1 t)$$
$$=3^t(2t+1),$$

即

$$(30B_1 t+15B_0+33B_1)3^t=3^t(2t+1).$$

解得 $B_0=-\dfrac{2}{25}$，$B_1=\dfrac{1}{15}$，因此特解为

$$\overline{y}(t)=3^t t\left(\frac{1}{15}t-\frac{2}{25}\right).$$

故所求方程的通解为

$$y_t=y+\overline{y}(t)=C_1(-2)^t+C_2 3^t+3^t t\left(\frac{1}{15}t-\frac{2}{25}\right),$$

其中 C_1，C_2 为任意常数.

例 10.3.5 求差分方程 $y_{t+2}-3y_{t+1}+3y_t=5$ 满足初始条件 $y_0=5$，$y_1=8$ 的特解.

解 特征方程为

$$\lambda^2-3\lambda+3=0,$$

解得特征根为 $\lambda_{1,2}=\dfrac{3}{2}\pm\dfrac{\sqrt{3}}{2}\mathrm{i}$. 因为 $r=\sqrt{3}$，由 $\tan\omega=\dfrac{\sqrt{3}}{3}$，得 $\omega=\dfrac{\pi}{6}$. 所以对应的齐次差分方程的通解为

$$y=(\sqrt{3})^t\left(C_1\cos\frac{\pi}{6}t+C_2\sin\frac{\pi}{6}t\right).$$

由于 $f(t)=5=\rho^t P_0(t)$，其中 $m=0$，$\rho=1$. 因 $\rho=1$ 不是特征根，故设特解 $\overline{y}(t)=B$. 将其代入差分方程，得 $B-3B+3B=5$，从而 $B=5$. 于是所求特解 $\overline{y}(t)=5$. 因此所求方程的通解为

$$y_t=(\sqrt{3})^t\left(C_1\cos\frac{\pi}{6}t+C_2\sin\frac{\pi}{6}t\right)+5.$$

将 $y_0=5$，$y_1=8$ 分别代入上式，解得 $C_1=0$，$C_2=2\sqrt{3}$. 故所求特解为

$$y_t=2(\sqrt{3})^{t+1}\sin\frac{\pi}{6}t+5.$$

例 10.3.6 求差分方程 $y_{t+2}+y_t=2\cos\dfrac{\pi}{2}t+\sin\dfrac{\pi}{2}t$ 的通解.

解 特征方程为 $\lambda^2+1=0$，解得 $\lambda=\pm\mathrm{i}$，知 $r=1$，$\omega=\dfrac{\pi}{2}$，所以对应的齐次方程的通解为

$$y=C_1\cos\frac{\pi}{2}t+C_2\sin\frac{\pi}{2}t.$$

由于 $\rho=1$，$\delta=1\cdot\left(\cos\frac{\pi}{2}+\mathrm{i}\sin\frac{\pi}{2}\right)=\mathrm{i}$ 是其一单根，故设所给方程的特解为

$$\overline{y}(t)=t\left(A\cos\frac{\pi}{2}t+B\sin\frac{\pi}{2}t\right).$$

代入方程，得

$$-2A\cos\frac{\pi}{2}t-2B\sin\frac{\pi}{2}t=2\cos\frac{\pi}{2}t+\sin\frac{\pi}{2}t,$$

比较同类项系数，得 $A=-1$，$B=-\frac{1}{2}$，所以

$$\overline{y}(t)=t\left(-\cos\frac{\pi}{2}t-\frac{1}{2}\sin\frac{\pi}{2}t\right).$$

故所求方程的通解为

$$y_t=(C_1-t)\cos\frac{\pi}{2}t+\left(C_2-\frac{t}{2}\right)\sin\frac{\pi}{2}t,$$

其中 C_1，C_2 是任意常数.

习题 10.3

1. 差分方程 $y_t+y_{t-1}-6y_{t-2}=0$ 的通解是（　　）.

(A) $y_t=A\cdot 2^t+3^t$；　(B) $y_t=A\cdot 2^t+B\cdot 3^t$；

(C) $y_t=A\cdot(-2)^t+B\cdot 3^t$；　(D) $y_t=A\cdot 2^t+B\cdot(-3)^t$.

2. 求下列二阶齐次线性方程的通解：

(1) $y_t-8y_{t-1}+15y_{t-2}=0$；

(2) $y_{t+2}-6y_{t+1}+9y_t=0$；

(3) $y_{t+2}-2y_{t+1}+4y_t=0$.

3. 求下列差分方程的通解.

(1) $y_{t+2}-\frac{1}{9}y_t=1$；

(2) $y_{t+2}-2y_{t+1}+y_t=2$；

(3) $y_{t+2}-4y_{t+1}+4y_t=2^t$；

(4) $y_{t+2}-6y_{t+1}+9y_t=3^t\cos\pi t$；

(5) $y_{t+2}-y_t=\sin\frac{\pi t}{3}$.

*§10.4 差分方程在经济学中的应用

10.4.1 筹措教育经费模型

某家庭从现在开始，将每月工资的一部分存入银行，用于投资子女的教育. 计划 20 年后开始从投资账户中每月支取 1 000 元，直到 10 年后孩子大学毕业用完全部资金. 要实现这个投资目标，20 年内共要筹措多少资金？每月要在银行存入多少钱？假设投资的月利率为 0.5%.

设第 n 个月投资账户资金为 S_n 元，每月存入资金 a 元. 于是，20 年后关于 S_n 的差分方程模型为

$$S_{n+1}=1.005S_n-1\,000. \tag{10.4.1}$$

并且 $S_{120}=0$，$S_0=x$. 解方程 (10.4.1) 得方程的通解为

$$S_n=1.005^nC-\frac{1\,000}{1-1.005}=1.005^nC+200\,000,$$

其中 C 为任意常数. 又因为

$$S_{120}=1.005^{120}C+200\,000=0,$$
$$S_0=C+200\,000=x,$$

从而有

$$x=200\,000-\frac{200\,000}{1.005^{120}}\approx 90\,073.45.$$

从现在到 20 年内，S_n 满足的差分方程为

$$S_{n+1}=1.005S_n+a, \tag{10.4.2}$$

且 $S_0=0$，$S_{240}=90\,073.45$. 解方程 (10.4.2)，得通解

$$S_n=1.005^nC+\frac{a}{1-1.005}=1.005^nC-200a,$$

这里 C 为任意常数. 而

$$S_{240}=1.005^{240}C-200a=90\,073.45,$$
$$S_0=C-200a=0,$$

从而解得

$$a\approx 194.95,$$

即要达到投资目标，20 年内要筹措资金 90 073.45 元，平均每月要存入银行 194.95 元.

10.4.2 动态经济系统的蛛网模型

自由市场中有这样一种现象：当一个时期猪肉的上市量远大于需求量时，销售不畅会导致价格下跌，饲养户觉得养猪赔钱，于是转而经营其他农副产品. 一段时间后猪肉的上市量减少，供不应求导致价格上涨，原来的饲养户觉得有利可图，又重操旧业，这样下一个时期会重新出现供大于求从而价格下跌的局面. 在没有外界干预的条件下，这种现象将一直循环下去，在完全自由竞争的市场体系中，这种现象是永远不可避免的. 由于商品的价格主要由需求关系决定，商品数量越多，意味着需求量减少，因而价格越低. 而下一个时期商品的数量是由供给关系决定的，商品价格越低，生产的数量就越少. 当商品数量少到一定程度时，价格又出现反弹. 这样的需求和供给关系决定了市场经济中价格和数量必然是振荡的. 对有些商品而言，这种振荡的振幅越来越小，最后趋于平稳.

现以猪肉价格的变化与需求和供给关系来研究上述振荡现象.

设第 t 个时期（假定一年为一期）猪肉的产量为 Q_t^s，价格为 P_t，产量与价格的关系为

$$P_t=f(Q_t^s).$$

本期的价格又决定下一期的产量，因此，

$$Q_{t+1}^s=g(P_t).$$

这种产销关系可用下述过程来描述

$$Q_1^s\to P_1\to Q_2^s\to P_2\to Q_3^s\to P_3\to\cdots\to Q_t^s\to P_t\to\cdots,$$

设

$$A_1=(Q_1^s,P_1),A_2=(Q_2^s,P_1),A_3=(Q_2^s,P_2),A_4=(Q_3^s,P_2),\cdots,$$
$$A_{2k-1}=(Q_k^s,P_k),A_{2k}=(Q_{k+1}^s,P_k).$$

以产量 Q 和价格 P 分别作为坐标系的横轴和纵轴，绘出图 10-1. 这种关系很像一个蜘蛛网，故称为**蛛网模型**.

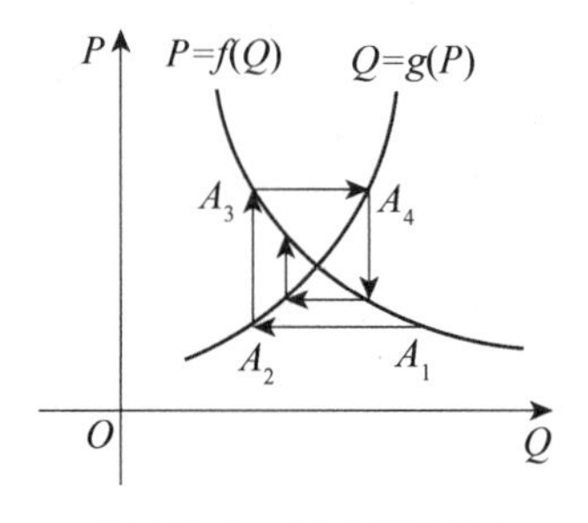

图 10-1 蛛网模型图

对于蛛网模型，假定商品本期的需求量 Q_t^d 取决于本期的价格 P_t，即需求函数为

$$Q_t^d=f(P_t)=\alpha-\beta P_t,$$

其中 α，β 为正的常数. 商品本期产量 Q_t^s 取决于前一期的价格 P_{t-1}，即供给函数为

$$Q_t^s=g(P_{t-1})=\lambda+\mu P_{t-1},$$

其中 λ，μ 为正常数. 根据上述假设，蛛网模型可以用下述联立方程来表示

$$\begin{cases}Q_t^d=\alpha-\beta P_t\\Q_t^s=\lambda+\mu P_{t-1}.\\Q_t^d=Q_t^s\end{cases}$$

蛛网模型分析了商品的产量和价格波动的三种情况. 现在只讨论一种情形：供给曲线斜率的绝对值大于需求曲线斜率的绝对值. 即当市场由于受到干扰而偏离原有的均衡状态以后，实际价格和实际产量会围绕均衡水平上下波动，但波动的幅度越来越小，最后会恢复到原来的均衡点.

如图 10－2 所示，假设在第 1 期由于某种外在原因的干扰，如恶劣的气候条件，实际产量由均衡水平 Q_e 减少为 Q_1. 根据需求曲线，消费者愿意支付 P_1 的价格购买全部的产量 Q_1，于是，实际价格上升为 P_1. 根据第 1 期较高的价格水平 P_1，按照供给曲线，生产者将第 2 期的产量增加为 Q_2；在第 2 期，生产者为了出售全部的产量 Q_2，接受消费者愿意支付的价格 P_2，于是，实际价格下降为 P_2. 根据第 2 期较低的价格水平 P_2，生产者将第 3 期的产量减少为 Q_3，如此循环下去，实际产量和实际价格的波动幅度越来越小，最后恢复到均衡点 e 所代表的水平.

由此可见，图 10－2 中的均衡点 e 所代表的均衡状态是稳定的. 也就是说，由于外在的原因，当价格和产量偏离均衡点（P_e，Q_e）后，经济制度中存在着自发的因素，使价格和产量自动地恢复到均衡状态.

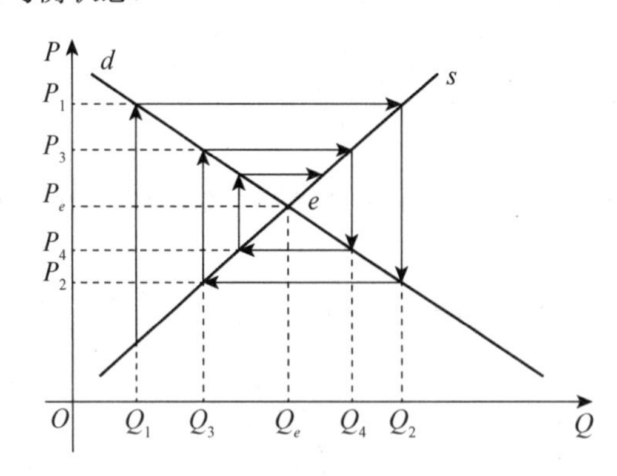

图 10－2　收敛型蛛网

下面看一个具体的实例.

例 10.4.1　据统计，某城市 2019 年的猪肉产量为 30 万吨，价格为 20.00 元/公斤. 2020 年生产猪肉 25 万吨，价格为 30.00 元/公斤. 已知 2021 年的猪肉产量为 28 万吨，若维持目前的消费水平与生产方式，并假定猪肉产量与价格之间是线性关系，且消除通货膨

胀因素，问若干年以后的产量与价格是否会趋于稳定？若稳定，请求出稳定的产量和价格.

解 设2019年猪肉产量为 x_1，猪肉价格为 y_1，2020年猪肉产量为 x_2，猪肉价格为 y_2，依此类推. 根据线性假设，需求函数 $y=f(x)$ 是一条直线，且 $A_1(30, 20)$ 和 $A_2(25, 30)$ 在直线上，因此，得出需求函数为

$$y_n=80-2x_n, \tag{10.4.3}$$

供给函数 $x=g(y)$ 也是一条直线，且 $B_1(25, 20)$ 和 $B_2(28, 30)$ 在直线上，因此得出供给函数为

$$x_{n+1}=19+\frac{3}{10}y_n, \tag{10.4.4}$$

将式（10.4.3）代入式（10.4.4），得到关于 x_n 的差分方程

$$x_{n+1}=43-\frac{3}{5}x_n. \tag{10.4.5}$$

利用迭代法解方程（10.4.5）. 于是有

$$x_{k+1}-x_k=\left(-\frac{3}{5}\right)^{k-1}(x_2-x_1),$$

所以

$$x_{n+1}-x_1=\sum_{k=1}^{n}(x_{k+1}-x_k)=(x_2-x_1)\sum_{k=1}^{n}\left(-\frac{3}{5}\right)^{k-1},$$

从而

$$x_{n+1}=x_1+(x_2-x_1)\sum_{k=1}^{n}\left(-\frac{3}{5}\right)^{k-1}=30-5\sum_{k=1}^{n}\left(-\frac{3}{5}\right)^{k-1},$$

于是，

$$\lim_{n\to\infty}x_{n+1}=30-5\times\frac{1}{1+\frac{3}{5}}=\frac{215}{8}=26.875(\text{万吨}).$$

类似于上述推导过程，得到关于 y_{n+1} 的表达式

$$y_{n+1}=y_1+(y_2-y_1)\sum_{k=1}^{n}\left(-\frac{3}{5}\right)^{k-1}=20+10\sum_{k=1}^{n}\left(-\frac{3}{5}\right)^{k-1}$$

于是，

$$\lim_{n\to\infty}y_{n+1}=20+10\times\frac{1}{1+\frac{3}{5}}=\frac{105}{4}=26.25(\text{元/公斤}).$$

因此，若干年以后的产量与价格都会趋于稳定，其稳定的产量为 26.875 万吨，稳定的价格为 26.25 元/公斤.

习题 10.4

1. 设某人贷款 20 万元购房，月利率为 0.5%，20 年还清，每月分期等量付款，问每月应还款多少万元？

2. 设 Q_t，S_t，P_t 分别表示某产品的 t 期需求量、供给量和价格，且 Q_t，S_t，P_t 和 P_{t-1} 满足关系式

$$\begin{cases} Q_t = a - bP_t \\ S_t = -c + dP_{t-1},\ t=1, 2, 3, \cdots, \\ Q_t = S_t \end{cases}$$

其中 a，b，c，d 均为正的常数，已知初始价格为 P_0，那么

(1) 求 P_t；(2) 当 $d<b$ 时，求 $\lim\limits_{t\to+\infty} P_t$.

本章小结

差分方程是经济学和管理学中最常见的一种离散型数学模型．本章介绍了差分的概念、差分方程的概念、求解及应用．

首先，介绍了差分的概念和性质．在此基础上，给出了差分方程、阶、通解、特解、线性差分方程的定义．可以看到，差分方程的概念与常微分方程既有联系又有区别．其次，定义了一阶常系数齐次线性差分方程和一阶常系数非齐次线性差分方程，并介绍了一阶常系数齐次线性差分方程和三种带有特殊的非齐次项的一阶常系数线性差分方程通解的求法．再次，本章介绍了常系数齐次线性差分方程、非齐次差分方程的概念，并给出了二阶常系数齐次线性差分方程和三种带有特殊的非齐次函数的差分方程通解的求法．最后，讨论了差分方程在经济学中的应用.

总复习题 10

1. 设 a，b 为非零常数，且 $1+a\neq 0$，试证通过变换 $u_t = y_t - \dfrac{b}{1+a}$ 可将非齐次方程 $y_{t+1}+ay_t=b$ 变换为 u_t 的齐次方程，并由此求出 y_t 的通解.

2. 求差分方程 $y_{t+1}-y_t=t2^t$ 的通解.

3. 求下列二阶齐次线性差分方程的通解：

(1) $y_{t+2}+4y_t=0$；

(2) $y_{t+2}-y_{t+1}+y_t=0$；

(3) $y_{t+2}-4(a+1)y_{t+1}+4a^2y_t=0$ （a 为常数，$a>-\frac{1}{2}$）.

4. 求下列二阶非齐次线性差分方程的通解或满足条件的特解：

(1) $y_{t+2}+3y_{t+1}+2y_t=20+4t+6t^2$ （$y_0=1$，$y_1=0$）；

(2) $3y_{t+2}-2y_{t+1}-y_t=10\cdot\sin\frac{\pi}{2}t$ （$y_0=1$，$y_1=0$）；

(3) $y_{t+2}-3y_{t+1}+2y_t=3\cdot 5^t$；

(4) $y_{t+2}-3y_{t+1}+2y_t=3\cdot 5^t+\sin\frac{\pi}{2}t$.

附录Ⅰ 常用公式

1. 一些常用的三角公式

(1) 基本公式

$\sin^2\alpha+\cos^2\alpha=1$;

$1+\tan^2\alpha=\sec^2\alpha$;

$1+\cot^2\alpha=\csc^2\alpha$.

(2) 两角和、两角差公式

$\sin(\alpha+\beta)=\sin\alpha\cos\beta+\cos\alpha\sin\beta$;

$\sin(\alpha-\beta)=\sin\alpha\cos\beta-\cos\alpha\sin\beta$;

$\cos(\alpha+\beta)=\cos\alpha\cos\beta-\sin\alpha\sin\beta$;

$\cos(\alpha-\beta)=\cos\alpha\cos\beta+\sin\alpha\sin\beta$.

(3) 和差化积公式

$\sin\alpha+\sin\beta=2\sin\frac{\alpha+\beta}{2}\cos\frac{\alpha-\beta}{2}$;

$\sin\alpha-\sin\beta=2\cos\frac{\alpha+\beta}{2}\sin\frac{\alpha-\beta}{2}$;

$\cos\alpha+\cos\beta=2\cos\frac{\alpha+\beta}{2}\cos\frac{\alpha-\beta}{2}$;

$\cos\alpha-\cos\beta=-2\sin\frac{\alpha+\beta}{2}\sin\frac{\alpha-\beta}{2}$.

(4) 积化和差公式

$\sin\alpha\sin\beta=-\frac{1}{2}[\cos(\alpha+\beta)-\cos(\alpha-\beta)]$;

$\cos\alpha\cos\beta=\frac{1}{2}[\cos(\alpha+\beta)+\cos(\alpha-\beta)]$;

$\sin\alpha\cos\beta=\frac{1}{2}[\sin(\alpha+\beta)+\sin(\alpha-\beta)]$.

(5) 倍角公式

$$\sin(2\alpha)=2\sin\alpha\cos\alpha=\frac{2\tan\alpha}{1+\tan^2\alpha};$$

$$\cos(2\alpha)=\cos^2\alpha-\sin^2\alpha=1-2\sin^2\alpha=2\cos^2\alpha-1=\frac{1-\tan^2\alpha}{1+\tan^2\alpha};$$

$$\tan(2\alpha)=\frac{2\tan\alpha}{1-\tan^2\alpha}.$$

(6) 半角公式

$$\sin^2\frac{\alpha}{2}=\frac{1-\cos\alpha}{2};\qquad \cos^2\frac{\alpha}{2}=\frac{1+\cos\alpha}{2}.$$

(7) 万能公式

$$\sin\alpha=\frac{2\tan\frac{\alpha}{2}}{1+\tan^2\frac{\alpha}{2}};\qquad \cos\alpha=\frac{1-\tan^2\frac{\alpha}{2}}{1+\tan^2\frac{\alpha}{2}};\qquad \tan\alpha=\frac{2\tan\frac{\alpha}{2}}{1-\tan^2\frac{\alpha}{2}}.$$

2. 一些常用的代数公式

(1) 常用不等式

对于任意的实数 a，b，均有

$$||a|-|b||\leqslant|a\pm b|\leqslant|a|+|b|;$$

$2ab\leqslant a^2+b^2$，等号成立当且仅当 $a=b$ 时；

$\frac{2ab}{a+b}\leqslant\sqrt{ab}\leqslant\frac{a+b}{2}\leqslant\sqrt{\frac{a^2+b^2}{2}}$，等号成立当且仅当 $a=b$ 时.

(2) 部分数列的前 n 项和公式

$$1+2+\cdots+n=\frac{1}{2}n(n+1);$$

$$1^2+2^2+\cdots+n^2=\frac{1}{6}n(n+1)(2n+1);$$

$$1^3+2^3+\cdots+n^3=(1+2+\cdots+n)^2=\frac{1}{4}n^2(n+1)^2;$$

$$a+aq+aq^2+\cdots+aq^{n-1}=\frac{a-aq^n}{1-q},\ q\neq1.$$

(3) 排列组合公式

$$n!=n(n-1)(n-2)\cdots2\cdot1,\ 0!=1.$$

排列数 $\mathrm{P}_n^m=n(n-1)(n-2)\cdots(n-m+1)$，$\mathrm{P}_n^0=1$，$\mathrm{P}_n^n=n!$.

组合数 $C_n^m=\dfrac{n(n-1)(n-2)\cdots(n-m+1)}{m!}=\dfrac{n!}{m!(n-m)!}$，$C_n^0=1$，$C_n^n=1$.

（4）乘法与因式分解公式（n 为正整数）

$(a+b)^3=a^3+3a^2b+3ab^2+b^3$；

$(a-b)^3=a^3-3a^2b+3ab^2-b^3$；

$a^3-b^3=(a-b)(a^2+ab+b^2)$；

$a^3+b^3=(a+b)(a^2-ab+b^2)$；

$a^n-b^n=(a-b)(a^{n-1}+a^{n-2}b+\cdots+ab^{n-2}+b^{n-1})$；

$$(a+b)^n=\sum_{k=0}^{n}C_n^k a^{n-k}b^k=a^n+C_n^1a^{n-1}b+C_n^2a^{n-2}b^2+\cdots+C_n^{n-1}ab^{n-1}+C_n^nb^n.$$

（5）对数公式

$\log_a(xy)=\log_a x+\log_a y$；

$\log_a \dfrac{x}{y}=\log_a x-\log_a y$；

$\log_a x^b=b\log_a x$；

$\log_a x=\dfrac{\log_c x}{\log_c a}$；

$a^{\log_a x}=x$.

注　在上述对数公式中，要求 $x>0$，$y>0$，$a>0$，$a\neq1$，$c>0$，$c\neq1$.

附录Ⅱ 参考答案

第 6 章习题参考答案

习题 6.1

1. e−1.

2. (1) 2;　(2) 0;　(3) $\frac{9\pi}{2}$;　(4) $\frac{\pi(b-a)^2}{8}$.

3. $\int_0^1 \frac{1}{1+x}dx$.

4. $\int_0^1 \sqrt{1+x}\,dx$.

习题 6.2

1. (1) $\int_0^1 x^2 dx > \int_0^1 x^4 dx$;　(2) $\int_1^2 e^x dx < \int_1^2 e^{x^2} dx$;

(3) $\int_{-\frac{\pi}{2}}^0 \sin x\,dx < \int_0^{\frac{\pi}{2}} \sin x\,dx$;　(4) $\int_0^1 e^x dx > \int_0^1 (x+1)dx$.

2. (1) $2e^{-\frac{1}{4}} \leqslant \int_0^2 e^{x^2-x} dx \leqslant 2e^2$;　(2) $2\pi \leqslant \int_{\frac{\pi}{4}}^{\frac{5\pi}{4}} (2+\sin^2 x)\,dx \leqslant 3\pi$;

(3) $\frac{\pi}{4}(\sqrt{3}-1) \leqslant \int_1^{\sqrt{3}} x\arctan x\,dx \leqslant \frac{\sqrt{3}}{3}\pi(\sqrt{3}-1)$;

(4) $\frac{3}{11}(3-\sqrt{2}) \leqslant \int_{\sqrt{2}}^3 \frac{x}{2+x^2}dx \leqslant \frac{\sqrt{2}}{4}(3-\sqrt{2})$.

3. (1) 4;　(2) −1;　(3) 7.

4. 0.

5. $I_1 > I_2 > I_3$.

6. 略.

习题 6.3

1. (1) $-xe^{-x^2}$；(2) $\dfrac{2x}{\sqrt{2+x^8}}$；(3) $2x\sin(\pi x^2)-\sin(\pi\sin x)\cdot\cos x$；

(4) $e^x\int_0^x f(t)\,dt+e^x f(x)-xf(x)$.

2. (1) $\dfrac{1}{2}$；(2) $\dfrac{1}{3}$；(3) e；(4) $\dfrac{1}{4}$；(5) $-\dfrac{1}{2}$；(6) 2.

3. (1) $\dfrac{\pi}{6}$；(2) $\dfrac{2}{3}$；(3) $1-\dfrac{\pi}{4}$；(4) 2；(5) $2\sqrt{2}$.

4. $\dfrac{23}{6}$.

5. $\dfrac{x}{2}\cos(2x)-\dfrac{x^2}{2}\sin(2x)$.

6. 0.

7. $2\int_0^{3x}\varphi(t)\,dt-3x\varphi(3x)$.

8. $\dfrac{y[\ln(1+x)-2x\ln(1+x^2)]}{\sin y}$.

9. 略.

习题 6.4

1. (1) $\dfrac{1}{6}$；(2) $\dfrac{\pi}{6}+\dfrac{\sqrt{3}}{8}$；(3) $\dfrac{1}{12}$；(4) $\dfrac{3}{2}$；(5) $\dfrac{19}{3}$；(6) $2-2\ln2$；

(7) $1-\dfrac{3}{4}\ln3$；(8) $\ln2$；(9) $\dfrac{5}{2}$；(10) $\dfrac{4\sqrt{2}-6}{\pi}$；(11) $\sqrt{2}-\dfrac{2\sqrt{3}}{3}$；

(12) $2\ln2-1$；(13) $\dfrac{1}{4}\ln2$；(14) $\dfrac{\pi}{6}$；(15) $\dfrac{8}{3}$；(16) $\dfrac{\pi}{6}$；

(17) $1+\ln\left(\dfrac{2}{1+e}\right)$；(18) $\dfrac{\pi}{8}$；(19) $\dfrac{\pi}{8}-\dfrac{1}{2}\arctan\sqrt{2}$.

2. (1) $\dfrac{\sqrt{2}}{2}\left(1-\dfrac{\pi}{4}\right)$；(2) $6\ln2-2$；(3) $2(\sin1+\cos1-1)$；(4) $\dfrac{1}{2}(1+e^{-\pi})$；

(5) $\dfrac{\pi}{4}-\dfrac{1}{2}\ln2-\dfrac{\pi^2}{32}$；(6) $\dfrac{1}{2}e(\sin1+\cos1)-1$；(7) $8e-16$；

(8) $\dfrac{\pi}{8}+\dfrac{1}{2}\ln\dfrac{\sqrt{2}}{2}$；(9) $\dfrac{1}{2}$；(10) $\dfrac{e}{1+e}+\ln2-\ln(1+e)$；

(11) $(\sqrt{7}-1)e^{\sqrt{7}}$；(12) $2\ln(2+\sqrt{5})-\sqrt{5}+1$.

3. (1) $\dfrac{2}{3}$；(2) 0；(3) $\dfrac{4}{3}$；(4) 0；(5) 4；(6) $\dfrac{\pi}{2}$.

4. 4.

5. $c-b+a$.

6. $\frac{\pi}{2}$.

7～8. 略.

9. $\frac{4}{\pi}-1$.

10. $e^{f(1)}$.

习题 6.5

1. (1) 收敛，1； (2) 发散； (3) 收敛，π； (4) 收敛，ln2； (5) 发散；(6) 收敛，1； (7) 发散； (8) 收敛，$2-2\ln 2$； (9) 收敛，$\frac{\pi^2}{4}$.

2. (1) 不正确，该积分为瑕积分，$x=-1$ 为瑕点；
(2) 不正确，该积分为无穷限积分，不适合利用函数奇偶性计算.

3. (1) 当 $k\geqslant 0$ 时发散；当 $k<0$ 时收敛于 $-\frac{1}{k}$；

(2) 当 $k\geqslant -1$ 时发散；当 $k<-1$ 时收敛于 $-\frac{1}{1+k}$；

(3) 当 $k\geqslant -1$ 时发散；当 $k<-1$ 时收敛于 $-\frac{1}{1+k}$；

(4) 当 $k\geqslant -1$ 时发散；当 $k<-1$ 时收敛于 $\frac{1}{(1+k)^2}$；

(5) 当 $k\geqslant -1$ 时发散；当 $0<k<1$ 时收敛于 $\frac{1}{1-k}$.

4. $\frac{5}{2}$.

5. $n!$.

习题 6.6

1. $\frac{1}{3}$.

2. $\frac{3}{2}-\ln 2$.

3. e.

4. (1) $s=\frac{5}{6}$；$V_x=\frac{23}{15}\pi$； (2) $s=\frac{1}{6}$；$V_x=\frac{3}{20}\pi$； (3) $s=\frac{15}{2}-2\ln 2$；$V_x=\frac{81}{2}\pi$.

5. (1) $V_y=\frac{6}{7}\pi a^{\frac{7}{3}}$； (2) $V_x=\frac{1}{2}\pi^2$.

6. $V_x=\frac{\pi}{30}$.

7. $s=a^2$.

8. $s=\pi a^2$.

9. $s=6\pi a^2$.

10. $R(x)=20x-5x^3$；　$\overline{R}(x)=20-5x^2$.

11. $C(x)=50+20e^{0.5x}-\frac{3}{2}x^2$；　$\overline{C}(x)=\frac{50+20e^{0.5x}}{x}-\frac{3}{2}x$.

12. (1) $R(x)=8x-\frac{5}{2}x^2$；　$C(x)=2x+\frac{1}{6}x^2+4$；　$L(x)=6x-\frac{8}{3}x^2-4$；

(2) 产量为$\frac{9}{8}$时，利润最大.

总复习题6

1. (1) C；　(2) A.

2. $\frac{2\sqrt{2}}{\pi}$.

3. $\int_0^{\frac{\pi}{2}}\tan x\,dx>\int_0^{\frac{\pi}{2}}\tan(\sin x)\,dx>\int_0^{\frac{\pi}{2}}\sin(\sin x)\,dx$.

4. (1) 0；(2) 0.

5. $\frac{1}{3}$.

6. (1) e；　(2) $\frac{1}{4}$；　(3) $-\frac{1}{6}$；　(4) $\frac{2}{3}$；　(5) $\frac{1}{4}$；　(6) 0.

7. $x^3-\frac{41}{38}x-\frac{15}{19}$.

8. 最小值为$-\frac{3}{8}$；最大值为3.

9. $2x$.

10. $4\cos 2x\sqrt{1+3\sin^3 2x}$.

11. $a+b$.

12. $\Phi(x)=\begin{cases}0, & x<0\\ \frac{1}{2}-\frac{1}{2}\cos x, & 0\leqslant x\leqslant\pi.\\ 1, & x>\pi\end{cases}$

13. 0.

14. 9.

15. (1) $\ln 2-\frac{\pi^2}{64}$；　(2) $\frac{\pi}{8}\ln 2$；　(3) $\frac{\pi}{2}$；　(4) $2-\frac{2}{e}$；　(5) $\frac{\pi}{2\sin\alpha}$；

(6) $\begin{cases} \dfrac{1}{3}x^3-\dfrac{2}{3}, & x<-1 \\ x, & -1\leqslant x\leqslant 1. \\ \dfrac{1}{4}x^4+\dfrac{3}{4}, & x>1 \end{cases}$

16. (1) $2-\dfrac{\pi}{2}$； (2) $4\sqrt{2}$； (3) $\dfrac{32}{3}$.

17. $N>P>M$.

18. 8.

19. $\dfrac{1}{2}(\ln x)^2$.

20. (1) 收敛，$\dfrac{3}{2}\sqrt{\pi}$； (2) 收敛，2； (3) 收敛，$\dfrac{\pi}{4}\mathrm{e}^{-2}$.

21. -1.

22. 当 $q\leqslant -1$ 时发散；当 $-1<q<0$ 时收敛于 $\dfrac{1}{1+q}a^{1+q}$.

23. $\dfrac{\pi}{2}$.

24. (1) $s=\dfrac{2}{3}(2\sqrt{2}-1)-\ln 2$； (2) $V_x=\pi$；$V_y=\left(\dfrac{16}{5}\sqrt{2}-\dfrac{14}{5}\right)\pi$.

25. $V=\left(2\ln 2-\dfrac{1}{2}\right)\pi a$.

26. 3.

27. $4\sqrt{2}$.

28. $s_1=\dfrac{5}{4}\pi-2$；$s_2=2-\dfrac{\pi}{4}$.

29. $V_x=\dfrac{\pi}{2}$.

30. $24\pi^2$.

31. $a=0$；$b=A$.

32～38. 略.

第 7 章习题参考答案

习题 7.1

1. 空间中点的坐标在第Ⅰ到Ⅷ卦限的符号分别为（+，+，+），（−，+，+），（−，−，+），（+，−，+），（+，+，−），（−，+，−），（−，−，−），（+，−，−）.

2. 略.

3. $(a, -b, -c)$，$(a, b, -c)$，$(-a, -b, -c)$.

4. $x^2+y^2+z^2-2x-6y+4z=0$.

5.（1）$x=2$ 在平面解析几何中表示垂直于 x 轴的直线，在空间解析几何中表示垂直于 x 轴的平面；

（2）$x^2-y^2=1$ 在平面解析几何中表示双曲线，在空间解析几何中表示母线平行于 z 轴的双曲柱面.

6.（1）化简 $\begin{cases} x^2+y^2=16 \\ z=2 \end{cases}$，圆柱面 $x^2+y^2=16$ 与平面 $z=2$ 的交线；

（2）化简 $\begin{cases} x^2+9z^2=40 \\ y=1 \end{cases}$，椭圆柱面 $x^2+9z^2=40$ 与平面 $y=1$ 的交线.

习题 7.2

1. $f(x)=(x+1)^2-1$，$z=\sqrt{y}+x-1$.

2.（1）$\{(x, y) \mid y^2-2x+1>0\}$；

（2）$\{(x, y) \mid x+y>0, x-y>0\}$；

（3）$\{(x, y) \mid x \geqslant 0, y \geqslant 0, x^2 \geqslant y\}$；

（4）$\{(x, y, z) \mid x^2+y^2-z^2 \geqslant 0, x^2+y^2 \neq 0\}$.

3. 略.

4.（1）2；　（2）0；　（3）0.

5. $\{(x, y) \mid y^2-2x=0\}$.

6. $f(x, y)$ 在任意点处连续.

习题 7.3

1.（1）$\dfrac{\partial z}{\partial x}=3x^2y-y^3$，$\dfrac{\partial z}{\partial y}=x^3-3xy^2$；

（2）$\dfrac{\partial z}{\partial x}=\dfrac{1}{2x\sqrt{\ln(xy)}}$，$\dfrac{\partial z}{\partial y}=\dfrac{1}{2y\sqrt{\ln(xy)}}$；

（3）$\dfrac{\partial z}{\partial x}=y[\cos(xy)-\sin(2xy)]$，$\dfrac{\partial z}{\partial y}=x[\cos(xy)-\sin(2xy)]$；

（4）$\dfrac{\partial z}{\partial x}=\dfrac{1}{y}-\dfrac{y}{x^2}$，$\dfrac{\partial z}{\partial y}=-\dfrac{x}{y^2}+\dfrac{1}{x}$；

（5）$\dfrac{\partial u}{\partial x}=\dfrac{z}{y}\left(\dfrac{x}{y}\right)^{z-1}$，$\dfrac{\partial u}{\partial y}=-\dfrac{z}{y}\left(\dfrac{x}{y}\right)^{z}$，$\dfrac{\partial u}{\partial z}=\left(\dfrac{x}{y}\right)^{z}\ln\dfrac{x}{y}$.

2.（1）$z'_x\big|_{\substack{x=1\\y=0}}=2\mathrm{e}$，$z'_y\big|_{\substack{x=1\\y=0}}=0$；　（2）$z'_x\big|_{\substack{x=1\\y=1}}=\dfrac{1}{4}$，$z'_y\big|_{\substack{x=1\\y=1}}=\dfrac{1}{4}$；

（3）$z'_x\big|_{\substack{x=1\\y=1}}=1$，$z'_y\big|_{\substack{x=1\\y=1}}=1+2\ln 2$；

(4) $u'_x\big|_{\substack{x=2\\y=1\\z=0}}=\dfrac{1}{2}$，$u'_y\big|_{\substack{x=2\\y=1\\z=0}}=1$，$u'_z\big|_{\substack{x=2\\y=1\\z=0}}=\dfrac{1}{2}$.

3. $f'_x(0,0)=0$，$f'_y(0,0)$不存在.

4. (1) $\dfrac{\partial^2 z}{\partial x^2}=6xy^2$，$\dfrac{\partial^2 z}{\partial y^2}=2x^3-18xy$，$\dfrac{\partial^2 z}{\partial x\partial y}=6x^2y-9y^2-1$；

(2) $\dfrac{\partial^2 z}{\partial x^2}=-\dfrac{2\sin x^2+4x^2\cos x^2}{y}$，$\dfrac{\partial^2 z}{\partial y^2}=\dfrac{2\cos x^2}{y^3}$，$\dfrac{\partial^2 z}{\partial x\partial y}=\dfrac{2x\sin x^2}{y^2}$；

(3) $\dfrac{\partial^3 u}{\partial x\partial y\partial z}=(1+3xyz+x^2y^2z^2)e^{xyz}$.

5. 略.

6. 略.

习题 7.4

1. (1) $dz=\left(y+\dfrac{1}{y}\right)dx+x\left(1-\dfrac{1}{y^2}\right)dy$；

(2) $dz=-\dfrac{1}{x}e^{\frac{y}{x}}\left(\dfrac{y}{x}dx-dy\right)$；

(3) $du=yzx^{yz-1}dx+zx^{yz}\ln x\,dy+yx^{yz}\ln x\,dz$.

2. $dz=\dfrac{1}{3}dx+\dfrac{2}{3}dy$.

3. -0.20.

4. (1) 1.021；(2) 1.05.

5. $-30\pi\ \text{cm}^3$.

6. 可微.

习题 7.5

1. (1) $\dfrac{dz}{dt}=e^{\sin t-2t^3}(\cos t-6t^2)$；　　(2) $\dfrac{dz}{dx}=\dfrac{e^x(1+x)}{1+x^2e^{2x}}$；

(3) $\dfrac{\partial z}{\partial x}=\dfrac{2x}{y^2}\ln(3x-2y)+\dfrac{3x^2}{y^2(3x-2y)}$；　$\dfrac{\partial z}{\partial y}=-\dfrac{2x^2}{y^3}\ln(3x-2y)-\dfrac{2x^2}{y^2(3x-2y)}$；

(4) $\dfrac{\partial z}{\partial x}=2(2x+y)^{2x+y}[\ln(2x+y)+1]$；　$\dfrac{\partial z}{\partial y}=(2x+y)^{2x+y}[\ln(2x+y)+1]$.

2. $\dfrac{\partial^2 z}{\partial x\partial y}=\cos x f'_2-2f''_{11}+(2\sin x-y\cos x)f''_{12}+\dfrac{1}{2}y\sin 2x f''_{22}$.

3. $\dfrac{\partial u}{\partial x}=f'_1+yf'_2+yzf'_3$，$\dfrac{\partial u}{\partial y}=xf'_2+xzf'_3$，$\dfrac{\partial u}{\partial z}=xyf'_3$.

4. (1) $\dfrac{dy}{dx}=\dfrac{xy\ln y-y^2}{xy\ln x-x^2}$；

(2) $\dfrac{dy}{dx}=-\dfrac{e^x-y^2}{\cos y-2xy}$；

(3) $\dfrac{\partial z}{\partial x}=\dfrac{yz-\sqrt{xyz}}{\sqrt{xyz}-xy}$，$\dfrac{\partial z}{\partial y}=\dfrac{xz-2\sqrt{xyz}}{\sqrt{xyz}-xy}$；

(4) $\dfrac{\partial z}{\partial x}=\dfrac{1-(1-x)e^{z-x-y}}{1+xe^{z-x-y}}$，$\dfrac{\partial z}{\partial y}=1$.

5. $\dfrac{\partial z}{\partial x}=\dfrac{z}{x+z}$，$\dfrac{\partial z}{\partial y}=\dfrac{z^2}{y(x+z)}$和$\dfrac{\partial^2 z}{\partial x\partial y}=\dfrac{xz^2}{y(x+z)^3}$.

6. $\dfrac{\partial^2 z}{\partial x^2}=-\dfrac{16xz}{(3z^2-2x)^3}$，$\dfrac{\partial^2 z}{\partial y^2}=-\dfrac{6z}{(3z^2-2x)^3}$.

习题 7.6

1. (1) 极小值 $f(1,1)=-1$；

(2) 极小值 $f(2,1)=-28$；极大值 $f(-2,-1)=28$；

(3) 极大值 $f(1,0)=e^{-\frac{1}{2}}$；极小值 $f(-1,0)=-e^{-\frac{1}{2}}$；

(4) 若 $a>0$，则有极大值 $f\left(\dfrac{a}{3},\dfrac{a}{3}\right)=\left(\dfrac{a}{3}\right)^3$；若 $a<0$，则有极小值$f\left(\dfrac{a}{3},\dfrac{a}{3}\right)=\left(\dfrac{a}{3}\right)^3$.

2. 极小值 $\dfrac{a^2b^2}{a^2+b^2}$.

3. 最大值为 1；最小值为 0.

4. 最大值为 $z(4,1)=7$；最小值为 $z(2.90,-1)\approx-16.051$.

5. 最大利润 $L(3,6)=86$（万元）.

6. (1) 电台广告费用为 0.75 万元，报刊广告费用为 1.25 万元，利润最大；

(2) 广告费用全部投入报刊广告最好.

习题 7.7

1. 略.

2. 45π.

3. $\sqrt[3]{3/2}$.

4. (1) $\iint\limits_D (x+y)^2 d\sigma \geqslant \iint\limits_D (x+y)^3 d\sigma$；

(2) $\iint\limits_D \ln(x+y)\,d\sigma \leqslant \iint\limits_D [\ln(x+y)]^2 d\sigma$.

5. (1) $2\leqslant I\leqslant 8$；

(2) $36\pi\leqslant I\leqslant 100\pi$.

习题 7.8

1. (1) $\dfrac{20}{3}$；(2) $\dfrac{1}{2}(1-\cos 2)$；(3) $\dfrac{1}{6}\left(1-\dfrac{2}{e}\right)$.

2. (1) $\pi(e^9-1)$；(2) $\frac{3}{4}\pi$；(3) $\frac{\pi}{4}(5\ln 5-4)$.

3. (1) $\frac{9}{4}$；(2) $2(e-1)$.

4. $\frac{11}{15}$.

5. (1) $\int_0^1 dy\int_{e^y}^{e} f(x, y)dx$； (2) $\int_{-2}^0 dx\int_{2x+4}^{4-x^2} f(x, y)dy$；

(3) $\int_0^1 dy\int_{2-y}^{1+\sqrt{1-y^2}} f(x, y)dx$； (4) $\int_0^2 dx\int_{2x}^{6-x} f(x, y)dy$.

总复习题7

1. (1) $\{(x, y)|2<x^2+y^2\leqslant 4\}$；(2) $\{(x, y)|-y^2\leqslant x\leqslant y^2, 0<y\leqslant 2\}$.
2. 极限不存在.

3. (1) $\frac{\partial z}{\partial x}=\frac{-y}{x^2+y^2}$，$\frac{\partial z}{\partial y}=\frac{x}{x^2+y^2}$；

(2) $\frac{\partial z}{\partial x}=\frac{1}{x+\ln y}$，$\frac{\partial z}{\partial y}=\frac{1}{y(x+\ln y)}$；

(3) $\frac{\partial z}{\partial x}=\left[y\sin(\sqrt{x}+\sqrt{y})+\cos(\sqrt{x}+\sqrt{y})\frac{1}{2\sqrt{x}}\right]e^{xy}$，

$\frac{\partial z}{\partial y}=\left[x\sin(\sqrt{x}+\sqrt{y})+\cos(\sqrt{x}+\sqrt{y})\frac{1}{2\sqrt{y}}\right]e^{xy}$.

4. (1) $dz=\frac{y(x^2+y^2)-2x}{(x^2+y^2)^2}e^{xy}dx+\frac{x(x^2+y^2)-2y}{(x^2+y^2)^2}e^{xy}dy$；

(2) $dz=x^{\ln y}\left(\frac{\ln y}{x}dx+\frac{\ln x}{y}dy\right)$；

(3) $dz=x^y y^z z^x\left[\left(\frac{y}{x}+\ln z\right)dx+\left(\frac{z}{y}+\ln x\right)dy+\left(\frac{x}{z}+\ln y\right)dz\right]$.

5. (1) $\frac{\partial^2 z}{\partial x^2}=\frac{2x(x^2-3y^2)}{(x^2+y^2)^3}$，$\frac{\partial^2 z}{\partial x\partial y}=\frac{2y(3x^2-y^2)}{(x^2+y^2)^3}$，$\frac{\partial^2 z}{\partial y^2}=\frac{-2x(x^2-3y^2)}{(x^2+y^2)^3}$；

(2) $\frac{\partial^2 z}{\partial x^2}=y^x(\ln y)^2$，$\frac{\partial^2 z}{\partial x\partial y}=y^{x-1}(1+x\ln y)$，$\frac{\partial^2 z}{\partial y^2}=x(x-1)y^{x-2}$.

6. (1) $\frac{\partial z}{\partial x}=4x$，$\frac{\partial z}{\partial y}=4y$；　　(2) $\frac{du}{dx}=2e^x\sin x$；

(3) $\frac{\partial z}{\partial x}=e^{2x}\sin 2y$，$\frac{\partial z}{\partial y}=e^{2x}\cos 2y$；

(4) $\frac{du}{dt}=t^2(t^2+1)^3\left(\frac{2\cos 4t}{t}+\frac{6t\cos 4t}{1+t^2}-4\sin 4t\right)$.

7. $\frac{\partial^2 z}{\partial x^2}=y^4 f''_{11}+4xy^3 f''_{12}+4x^2y^2 f''_{22}+2yf'_2$；

$\frac{\partial^2 z}{\partial x\partial y}=2xy^3 f''_{11}+5x^2y^2 f''_{12}+2x^3 yf''_{22}+2yf'_1+2xf'_2$；

$\frac{\partial^2 z}{\partial y^2}=4x^2y^2 f''_{11}+4x^3yf''_{12}+x^4 f''_{22}+2xf'_1$.

8. $\frac{\partial^2 z}{\partial x^2}=2f'+4x^2f''$，$\frac{\partial^2 z}{\partial x\partial y}=4xyf''$，$\frac{\partial^2 z}{\partial y^2}=2f'+4y^2f''$.

9. $\frac{\partial^2 z}{\partial x\partial y}=xe^{2y}f''_{11}+e^yf''_{13}+xe^yf''_{21}+f''_{23}+e^yf'_1$.

10. (1) $\frac{\partial z}{\partial x}=\frac{yz}{\cos z-xy}$，$\frac{\partial z}{\partial y}=\frac{xz}{\cos z-xy}$；

(2) $\frac{\partial z}{\partial x}=\frac{yz}{z^2-xy}$，$\frac{\partial z}{\partial y}=\frac{xz}{z^2-xy}$，$\frac{\partial^2 z}{\partial x^2}=\frac{-2xy^3z}{(z^2-xy)^3}$.

11. 略.

12. (1) 极小值 $f(1,1)=-5$；(2) 极大值 $f(-4,-2)=8e^{-2}$.

13. 极大值 $f\left(\frac{16}{7},0\right)=-\frac{8}{7}$；极小值 $f(-2,0)=1$.

14. 极小值 $f(2,2)=3$.

15. 最大值 $f(3,0)=f(0,3)=6$，最小值 $f(1,1)=-1$.

16. (1) $\frac{7}{6}$；　(2) 96；　(3) -3；　(4) $\frac{e-1}{4}$；　(5) $\frac{R^3}{3}\left(\frac{\pi}{2}-\frac{2}{3}\right)$；

(6) $\frac{2a^2}{3}$；　(7) 5π；　(8) $\frac{9}{8}\ln 3-\ln 2-\frac{1}{2}$；　(9) $\frac{\pi^2}{6}$.

17. (1) $\int_0^1 dx\int_0^x f(x,y)\,dy+\int_1^2 dx\int_0^{\sqrt{2x-x^2}} f(x,y)\,dy$；

(2) $\int_{-1}^2 dy\int_{y^2}^{y+2} f(x,y)\,dx$.

18. $\frac{1}{2}(e-1)$.

19. $\int_0^{\frac{\pi}{2}} d\theta\int_0^{2a\sin\theta} f(r^2)r\,dr$.

20. $\int_0^1 dx\int_0^{\sqrt{x-x^2}} f(x,y)dy$.

21. $f(x,y)=xy+\frac{1}{8}$.

22. 最大利润为 16 000 元.

23. 当 $x=3$，$y=1$，即 $p=14$，$q=8$ 时总利润最大.

24. $x_1=6\left(\frac{P_2\alpha}{P_1\beta}\right)^{\beta}$，$x_2=6\left(\frac{P_1\beta}{P_2\alpha}\right)^{\alpha}$.

第 8 章习题参考答案

习题 8.1

1. (1) 收敛，$-\frac{1}{4}$；　(2) 收敛，$\frac{1}{4}$；　(3) 收敛，$-\frac{8}{17}$；　(4) 发散；
(5) 收敛，$\frac{7}{2}$；　(6) 收敛，$\frac{1}{4}$；　(7) 发散；　(8) 发散.

2. $u_n=\frac{2}{n(n+1)}$，$S=2$.

习题 8.2

1. (1) 发散；　(2) 收敛；　(3) 发散；　(4) 收敛；　(5) 发散；
(6) 收敛；　(7) 收敛；　(8) 收敛；　(9) 发散；　(10) 收敛；
(11) 发散；　(12) 收敛；　(13) 发散；　(14) 发散；　(15) 收敛；
(16) 发散；　(17) 收敛.
2. (1) 收敛；　(2) 发散；　(3) 发散；　(4) 收敛；　(5) 收敛；
(6) 发散；　(7) 收敛；　(8) 收敛；　(9) 收敛.
3. (1) 收敛；　(2) 发散；　(3) 收敛；　(4) 收敛.
4. 略.
5. (1) 当 $a>1$ 时，级数收敛；当 $0<a\leqslant 1$ 时，级数发散.
(2) 发散.
(3) 当 $0<a<1$ 时，级数收敛；当 $a>1$ 时，级数发散；当 $a=1$ 时，为 p 级数；当 $0<k\leqslant 1$ 时，级数发散；当 $k>1$ 时，级数收敛.

习题 8.3

1. (1) 条件收敛；　(2) 发散；　(3) 绝对收敛；　(4) 条件收敛；
(5) 条件收敛；　(6) 绝对收敛；　(7) 条件收敛；　(8) 条件收敛；
(9) 绝对收敛；　(10) 绝对收敛；
(11) 当 $p>1$ 时，绝对收敛，当 $0<p<1$ 时，条件收敛.
2. 略.

习题 8.4

1. (1) 1，$(-1, 1)$；　(2) 1，$(-1, 1]$；　(3) 1，$[-1, 1]$；
(4) $+\infty$，$(-\infty, +\infty)$；　(5) $\frac{2}{3}$，$\left[-\frac{5}{3}, -\frac{1}{3}\right)$；　(6) $\frac{1}{3}$，$\left(\frac{1}{3}, 1\right)$；

(7) $\sqrt{5}$，$(-\sqrt{5}, \sqrt{5})$；　(8) $\frac{1}{\sqrt{3}}$，$\left(-\frac{1}{\sqrt{3}}, \frac{1}{\sqrt{3}}\right)$；　(9) $\frac{1}{5}$，$\left[-\frac{1}{5}, \frac{1}{5}\right)$；

(10) $\frac{1}{3}$，$\left(-\frac{1}{3}, \frac{1}{3}\right)$.

2. (1) $\frac{1}{2}\ln\frac{1+x}{1-x}$，$x\in(-1, 1)$；

(2) $\frac{1}{4}\ln\frac{1+x}{1-x}+\frac{1}{2}\arctan x-x$，$x\in(-1, 1)$；

(3) $\frac{x^2}{(1-x)^2}-x^2-2x^3$，$x\in(-1, 1)$；

(4) $\frac{x^2-4x+5}{(x^2-4x+3)^2}$，$x\in(1, 3)$.

习题 8.5

1. (1) $f(x)=\sum_{n=0}^{\infty}\frac{1}{(2n)!}x^{2n}$，　$x\in(-\infty, +\infty)$；

(2) $a^x=e^{x\ln a}=\sum_{n=0}^{\infty}\frac{\ln^n a}{n!}x^n$，　$x\in(-\infty, +\infty)$；

(3) $\cos^2 x=\frac{1+\cos 2x}{2}=\frac{1}{2}+\sum_{n=0}^{\infty}\frac{(-1)^n\cdot 2^{2n-1}}{(2n)!}x^{2n}$，$x\in(-\infty, +\infty)$；

(4) $\ln(2+x)=\ln 2+\ln\left(1+\frac{x}{2}\right)=\ln 2+\sum_{n=1}^{\infty}\frac{(-1)^{n-1}}{n2^n}x^n$，$x\in(-2, 2]$；

(5) $\ln(x^2+3x+2)=\ln 2+\sum_{n=1}^{\infty}\frac{(-1)^{n-1}}{n}\left(1+\frac{1}{2^n}\right)x^n$，$x\in(-1, 1]$.

2. (1) $\ln x=(x-1)-\frac{1}{2}(x-1)^2+\frac{1}{3}(x-1)^3-\frac{1}{4}(x-1)^4+\cdots+(-1)^{n-1}\frac{1}{n}(x-1)^n+\cdots$，$x\in(0, 2]$；

(2) $\frac{1}{3-x}=\frac{1}{2}\frac{1}{1-\left(\frac{x-1}{2}\right)}=\sum_{n=0}^{\infty}\frac{1}{2^{n+1}}(x-1)^n$，　$x\in(-1, 3)$；

(3) $e^x=\sum_{n=0}^{\infty}\frac{e}{n!}(x-1)^n$，　$x\in(-\infty, +\infty)$；

(4) $\ln\frac{1}{6-5x+x^2}=-[\ln(3-x)+\ln(2-x)]=-\ln[2-(x-1)]-\ln[1-(x-1)]$；

$$=-\ln 2-\ln\left[1-\left(\frac{x-1}{2}\right)\right]-\ln[1-(x-1)]$$

$$=-\ln 2+\sum_{n=0}^{\infty}\frac{1}{n+1}\left(\frac{x-1}{2}\right)^{n+1}+\sum_{n=0}^{\infty}\frac{1}{n+1}(x-1)^{n+1}$$

$$=-\ln 2+\sum_{n=0}^{\infty}\frac{1}{n+1}\left(1+\frac{1}{2^{n+1}}\right)(x-1)^{n+1}，\quad x\in[0, 2).$$

总复习题 8

1. (1) 收敛; (2) $p>0$; (3) $\frac{1}{2}$; (4) 发散; (5) 0; (6) 收敛;

(7) $-\frac{x}{1+x}$; (8) $[-1, 1)$; (9) $(0, 6)$.

2. (1) C; (2) C; (3) D; (4) D; (5) B; (6) C; (7) A;
(8) A; (9) A; (10) A; (11) B; (12) C; (13) B.

3. 1.

4. 1.

5. (1) 收敛; (2) 收敛; (3) 收敛; (4) 收敛.

6. 略.

7. (1) 条件收敛; (2) 条件收敛; (3) 条件收敛.

8. (1) $[-8, 2]$; (2) $(-2, 2)$.

9. (1) $\frac{2+(x-2)^2}{[2-(x-2)^2]^2}$, $x\in(2-\sqrt{2}, 2+\sqrt{2})$, 3;

(2) $\left(\frac{x^2}{4}+\frac{x}{2}+1\right)e^{\frac{x}{2}}$, $x\in(-\infty, +\infty)$.

10. $\sum_{n=0}^{\infty}\frac{(-1)^n 2^{2n}}{(2n+1)!}x^{2n+2}$, $x\in(-\infty, +\infty)$.

11. $\frac{1}{4}\sum_{n=0}^{\infty}\left[(-1)^n-\frac{1}{3^n}\right]x^n$, $x\in(-1, 1)$.

12. $\sum_{n=1}^{\infty}(-1)^n\frac{(x+1)^{2n}}{n}$, $x\in[-2, 0]$.

第 9 章习题参考答案

习题 9.1

1. (1) 一阶; (2) 二阶; (3) 一阶; (4) 三阶; (5) 一阶; (6) 四阶.

2. (1) 否; (2) 是; (3) 是; (4) 否.

3. $y=2e^{-x}$.

4. $\frac{1}{2}x^2+x+C=u(x)$.

5. $y'y+2x=0$.

6. $f(x)+2xf'(x)=0$.

习题 9.2

1. (1) $y=e^{Cx^{\frac{1}{3}}}$；　(2) $2y(\ln|x-1|+C)=1$；　(3) $\sec x+\tan y=C$；
(4) $e^{-y}=1-Cx$；　(5) $y=C\sin x-1$；　(6) $7^{3x}+3\cdot 7^{-y}=C$；
(7) $3e^{x}+\ln|\tan y|=C$；
(8) 当 $\sin\frac{y}{2}\neq 0$ 时，通解为 $\ln\left|\tan\frac{y}{4}\right|=C-2\sin\frac{x}{2}$；当 $\sin\frac{y}{2}=0$ 时，特解为 $y=2k\pi$，$k\in\mathbf{Z}$.

2. (1) $y^2=x^2-Cx$；　(2) $y=xe^{Cx+1}$；　(3) $y+\sqrt{x^2+y^2}=Cx^2$；
(4) $e^{-\frac{y}{x}}+\ln|x|=C$.

3. (1) $\cos y=\sec x$；　(2) $y=2x\tan\left(2\ln x+\frac{\pi}{4}\right)$.

4. (1) $y-x+3=C(y+x+1)^3$；　(2) $\ln[4y^2+(x-1)^2]+\arctan\frac{2y}{x-1}=C$.

5. $y=x$.

6. $p=15\times\left(\frac{8}{3}\right)^{\frac{t}{20}}$.

7. $C(x)=2x+\ln(1+x)+C_0$.

8. $x=e^{-p^3}$.

习题 9.3

1. (1) $y=Ce^{x}-\frac{1}{2}(\sin x+\cos x)$；(2) $y=x^3+cx$；(3) $ce^{\cos x}+\cos x+1$；
(4) $y=\dfrac{\frac{4}{3}x^3+C}{x^2-1}$；　(5) $y=(C+x^2)\sin x$；　(6) $x=1+Cy^2e^{\frac{1}{y}}$，$y=0$.

2. (1) $y=\frac{2}{3}(4-e^{-3x})$；　(2) $y=x\sec x$；
(3) $y=(1-x^2)^{\frac{1}{4}}-\frac{1}{3}(1-x^2)$；　(4) $y=(x+1)^2e^{x}$.

3. (1) $\frac{3}{2}x^2+\ln\left|1+\frac{3}{y}\right|=C$；　(2) $xy^{-3}+\frac{3}{4}x^2(2\ln x-1)=C$；
(3) $y^3=(Ce^{x}-1-2x)^{-1}$；　(4) $y=\frac{1}{\ln x+Cx+1}$.

4. $y=2(e^{x}-x-1)$.

5. $y=2(e^{x}-x-1)$.

6. (1) $\csc(x+y)-\cot(x+y)=\frac{C}{x}$；　(2) $(x-y)^2=-2x+C$.

7. $P=\left(P_0-\frac{b+1}{a}\right)e^{-ax}-x+\frac{b+1}{a}$.

习题 9.4

1. (1) $y=e^x+\cos x+C_1x+C_2$; (2) $y=\frac{x^2}{2}\ln x-\frac{3}{4}x^2+C_1x+C_2$;

(3) $y=\frac{x^3}{9}+C_1\ln x+C_2$; (4) $1+C_1y^2=(C_1x+C_2)^2$.

2. $y=e^x$.

3. $y=x^3+4x+1$.

习题 9.5

1. (1) 线性无关; (2) 线性无关; (3) 线性相关; (4) 线性无关.

2. $y=C_1\cos 6x+C_2\sin 6x$.

3. $y=C_1x^2+C_2e^x+3$.

习题 9.6

1. (1) $y=C_1e^x+C_2e^{6x}$; (2) $y=(C_1+C_2x)e^{4x}$;

(3) $y=C_1\cos 2x+C_2\sin 2x$; (4) $y=e^{2x}(C_1\cos 2x+C_2\sin 2x)$;

(5) $y=C_1e^{2x}+C_2e^{-2x}+C_3\cos 4x+C_4\sin 4x$; (6) $y=C_1e^{3x}+C_2\cos 3x+C_3\sin 3x$.

2. (1) $y=xe^{5x}$; (2) $y=-\frac{1}{3}e^x\cos 3x$.

习题 9.7

1. (1) $y^*=b_0x+b_1$; (2) $y^*=b_0x^2+b_1x$;

(3) $y^*=b_0e^x$; (4) $y^*=(b_0x^3+b_1x^2+b_2x+b_3)e^x$.

2. (1) $y=\frac{1}{2}(x+1)^2+(C_1\cos x+C_2\sin x)e^x$;

(2) $y=(1-12x)e^{-2x}+C_1e^{-5x}+C_2e^{2x}$;

(3) $y=(1+x)^2+C_1e^{2x}+C_2e^{4x}$;

(4) $y=\frac{1}{102}(5\sin x+14\cos x)+e^{3x}(C_1\cos 4x+C_2\sin 4x)$.

3. (1) $y=e^x+e^{3x}+e^{5x}$; (2) $y=\left(x+\frac{x^2}{2}\right)e^{4x}$.

总复习题 9

1. (1) $\arctan y=\frac{1}{2}(1+x)^2+C$; (2) $y^3+x^3=Cx^2$; (3) $\sqrt{\frac{y}{x}}=\ln x+C$;

(4) $y=\left(C-\frac{2}{3}\cos 3x\right)\cos 3x$； (5) $Cx^2y^2-x^{\ln x}=0$；

(6) $y=\frac{x^3}{3}+C_1x^2+C_2$； (7) $y=C_1\cos 2x+C_2\sin 2x+\frac{3}{4}+\frac{x}{3}\sin x-\frac{2}{9}\cos x$；

(8) $y=\left(C_1\cos\frac{\sqrt{3}}{2}x+C_2\sin\frac{\sqrt{3}}{2}x\right)e^{\frac{x}{2}}$；

(9) $y=C_1e^x+C_2e^{2x}-x(x+2)e^x$；

(10) $y=(C_1\cos 2x+C_2\sin 2x)e^{-x}+\left(\frac{1}{20}\cos 2x+\frac{1}{10}\sin 2x\right)e^x$；

(11) $y=C_1+C_2x+C_3x^2+C_4e^{2x}+C_5e^{-2x}$；

(12) $y=C_1+C_2x+C_3x^2+C_4x^3+C_5x^4+C_6x^5$.

2. (1) $xy=1$； (2) $y=e^{-x}\sin x$； (3) $-\frac{1}{4}e^{2x}+\frac{1}{8}e^{4x}+\frac{1}{8}$；

(4) $y=\frac{5}{8}\cos x+4\sin x-\frac{1}{8}\cos 3x$.

3. $y=\sqrt[3]{x}$.

4. $y=(e^{-1}+\ln\ln x)x$.

5. $f(x)=Ce^x$.

6. $R(x)=(20x^2-2x^3)^{\frac{1}{3}}$.

7. $C(x)=3e^x(1+2e^{3x})^{-1}$.

8. (1) $F'(x)+2F(x)=4e^{2x}$； (2) $F(x)=e^{2x}-e^{-2x}$.

第10章习题参考答案

习题 10.1

1. (1) A； (2) B； (3) C； (4) C.

2. (1) $\Delta^2y_t=4\cdot 3^t$； (2) $\Delta^3y_t=6$.

3. 略.

4. 略.

习题 10.2

(1) $y_t=C\left(-\frac{1}{3}\right)^t+1$； $y_t=\left(-\frac{1}{3}\right)^t+1$.

(2) $y_t=-\frac{36}{125}+\frac{1}{25}t+\frac{2}{5}t^2+A(-4)^t$； $y_t=-\frac{36}{125}+\frac{1}{25}t+\frac{2}{5}t^2+\frac{161}{125}(-4)^t$.

(3) $y_t=\frac{2^t}{3}+A(-1)^t$； $y_t=\frac{2^t}{3}+\frac{2}{3}(-1)^t$.

(4) $y_t=C-\frac{2^t}{3}\cos\pi t$；$y_t=1-\frac{2^t}{3}\cos\pi t$.

(5) $y_t=C2^t-\frac{1}{5}\cos\frac{\pi t}{2}-\frac{2}{5}\sin\frac{\pi t}{2}$；$y_t=\frac{11}{5}2^t-\frac{1}{5}\cos\frac{\pi t}{2}-\frac{2}{5}\sin\frac{\pi t}{2}$.

习题 10.3

1. D.

2. (1) $y_t=C_1 3^t+C_2 5^t$，C_1，C_2 为任意常数；

(2) $y_t=(C_1+C_2 t)3^t$，C_1，C_2 为任意常数；

(3) $y_t=2^t\left(C_1\cos\frac{\pi t}{3}+C_2\sin\frac{\pi t}{3}\right)$，$C_1$，$C_2$ 为任意常数.

3. (1) $y_t=C_1\left(-\frac{1}{3}\right)^t+C_2\left(\frac{1}{3}\right)^t+\frac{9}{8}$，$C_1$，$C_2$ 为任意常数；

(2) $y_t=C_1+C_2 t+t^2$，C_1，C_2 为任意常数；

(3) $y_t=(C_1+C_2 t)2^t+\frac{1}{8}t^2\cdot 2^t$，$C_1$，$C_2$ 为任意常数；

(4) $y_t=(C_1+C_2 t)3^t+\frac{1}{36}3^t\cos\pi t$，$C_1$，$C_2$ 为任意常数；

(5) $y_t=C_1+C_2(-1)^t-\frac{1}{2}\left(\frac{\sqrt{3}}{3}\cos\frac{\pi t}{2}+\sin\frac{\pi t}{2}\right)$，$C_1$，$C_2$ 为任意常数.

习题 10.4

1. 约 0.143 3 万元.

2. (1) $P_t=\left(P_0-\frac{a+c}{b+d}\right)\left(-\frac{d}{b}\right)^t+\frac{a+c}{b+d}$，$t=0, 1, 2, \cdots$；

(2) $\frac{a+c}{b+d}$.

总复习题 10

1. $y_t=C(-a)^t+\frac{b}{1+a}$，其中 C 为任意常数.

2. $y_t=C+(t-2)2^t$，其中 C 为任意常数.

3. (1) $y_t=2^t\left(C_1\cos\frac{\pi}{2}t+C_2\sin\frac{\pi}{2}t\right)$，$C_1$，$C_2$ 为任意常数；

(2) $y_t=C_1\cos\frac{\pi}{3}t+C_2\sin\frac{\pi}{3}t$，$C_1$，$C_2$ 为任意常数；

(3) $y_t=C_1[2(a+1+\sqrt{2a+1}]^t+C_2[2(a+1-\sqrt{2a+1}]^t$，$C_1$，$C_2$ 为任意常数.

4. (1) $y_t=-7(-1)^t+5(-2)^t+t^2-t+3$；

（2）$y_t=\frac{3}{2}-\frac{3}{2}\left(-\frac{1}{3}\right)^t+\cos\frac{\pi}{2}t-2\sin\frac{\pi}{2}t$；

（3）$y_t=C_1+C_2 2^t+\frac{1}{4}\times 5^t$，$C_1$，$C_2$ 为任意常数；

（4）$y_t=C_1+C_2 2^t+\frac{1}{4}\times 5^t+\frac{3}{10}\cos\frac{\pi}{2}t+\frac{1}{10}\sin\frac{\pi}{2}t$，$C_1$，$C_2$ 为任意常数.

附录Ⅲ 参考文献

［1］吉米多维奇. 数学分析习题集. 北京：人民教育出版社，1978

［2］A. Jeffrey. Advanced Engineering Mathematics. San Diego：Harcourt/Academic Press，2002

［3］H. B. Wilson，L. H. Turcotte，D. Halpern. Advanced Mathematics and Mechanics Applications Using (3rd Edition). London：Chapman and Hall/CRC，2003

［4］金路，童裕孙，於崇华，张万国. 高等数学上册. 3 版. 北京：高等教育出版社，2008

［5］金路，童裕孙，於崇华，张万国. 高等数学下册. 3 版. 北京：高等教育出版社，2008

［6］李忠，周建莹. 高等数学上册. 2 版. 北京：北京大学出版社，2009

［7］李忠，周建莹. 高等数学下册. 2 版. 北京：北京大学出版社，2009

［8］华东师范大学数学系. 数学分析上册. 4 版. 北京：高等教育出版社，2010

［9］华东师范大学数学系. 数学分析下册. 4 版. 北京：高等教育出版社，2010

［10］R. Larson，B. H. Edwards. Calculus (9th Edition). Belmont：Brooks/Cole，2010

［11］吴赣昌. 高等数学上册. 4 版. 北京：中国人民大学出版社，2011

［12］吴赣昌. 高等数学下册. 4 版. 北京：中国人民大学出版社，2011

［13］E. Kreyszig，H. Kreyszig，E. J. Norminton. Advanced Engineering Mathematics (10th Edition). Hoboken：John Wiley & Sons，2011

［14］同济大学数学系. 高等数学上册. 7 版. 北京：高等教育出版社，2014

［15］同济大学数学系. 高等数学下册. 7 版. 北京：高等教育出版社，2014

［16］刘强，孙激流. 微积分同步练习与模拟试题. 北京：清华大学出版社，2015

［17］刘强，贾尚晖. 微积分复习指导与深化训练. 北京：电子工业出版社，2016

［18］刘强，袁安锋，孙激流. 高等数学（上册）同步练习与模拟试题. 北京：清华大学出版社，2016

［19］刘强，袁安锋，孙激流. 高等数学（下册）同步练习与模拟试题. 北京：清华大学出版社，2017

[20] 袁安锋，刘强，窦昌胜. 高等数学深化训练与考研指导. 北京：电子工业出版社，2017

[21] 刘强，陶桂平，梅超群. 高等数学深化训练与大学生数学竞赛教程. 北京：电子工业出版社，2017